基于低碳环保节能的

供电环境土建改造与风险评估研究

JIYU DITAN HUANBAO JIENENG DE
GONGDIAN HUANJING TUJIAN GAIZAO YU FENGXIAN PINGGU YANJIU

张平　廖宏　向明姣　陈梅◎著

·长沙·

图书在版编目(CIP)数据

基于低碳环保节能的供电环境土建改造与风险评估研究／张平等著. --长沙：中南大学出版社，2024. 12.

ISBN 978-7-5487-6110-5

Ⅰ. TM727

中国国家版本馆 CIP 数据核字第 202487S4U1 号

基于低碳环保节能的供电环境土建改造与风险评估研究

JIYU DITAN HUANBAO JIENENG DE GONGDIAN HUANJING TUJIAN GAIZAO YU FENGXIAN PINGGU YANJIU

张平　廖宏　向明姣　陈梅　著

□出 版 人　林绵优
□责任编辑　陈应征
□责任印制　唐　曦
□出版发行　中南大学出版社
　　社址：长沙市麓山南路　　邮编：410083
　　发行科电话：0731-88876770　　传真：0731-88710482
□印　　装　广东虎彩云印刷有限公司

□开　　本　787 mm×1092 mm 1/16　□印张 12.75　□字数 315 千字
□版　　次　2024 年 12 月第 1 版　□印次 2024 年 12 月第 1 次印刷
□书　　号　ISBN 978-7-5487-6110-5
□定　　价　128.00 元

前言

Foreword

本书依托深圳市工业园区供电改造项目，由文献综述、基础理论、基于理论分析的评价指标体系研究、基于机器学习的项目风险评价与预警系统构建研究以及安全风险应对研究五个主要部分组成，其中，第 1 章为综述部分，阐述了项目研究的背景、意义和目的，对国内外电网土建改造项目及风险管理的理论研究现状进行了系统的介绍；第 2 章简要阐述了电网改造项目中所涉及的一些概念和相关的理论基础，并说明了风险生成的一般性机制；第 3 章展开介绍了风险的定义、特征、分类，随后说明了风险管理的定义和目标；第 4 章阐述了供电环境改造工程项目风险识别的方法和过程，以及配电网改造工程项目的风险因素；第 5 章对风险评价的相关理论进行了介绍，详细给出了六种风险评价的理论分析方法；第 6 章结合指标体系的构建原则对风险评价的指标体系分别从投资规划决策期、可行性研究期，以及施工期风险三个方面进行了指标体系的构建；第 7 章深入探讨了深度学习和神经网络在风险评价方面的应用；第 8 章详细分析了支持向量机模型在项目风险评价中的应用潜力，并讨论了不同变种和改进算法。这些方法不仅可以帮助读者更好地理解项目风险，还可以提供更准确的风险评估；第 9 章讨论了一种解决多维异常值检测问题的新方法，可以获得更好的数据边界；第 10 章探讨了五种电力负荷预测的智能模型，并给出了将它们应用到深圳市工业园区的具体方案；第 11 章提出采取风险规避、风险转移、风险缓解，以及风险利用四种方法应对深圳市工业园区供电改造工程的安全风险，并且详细介绍了安全风险监控的目的、内容和方法，强调有效的安全风险监控措施是确保安全风险管理顺利实施的关键保障；第 12 章总结了本文的主要结论，指出了本文的局限性与未来的研究方向。

其中，第 1 章、第 11 章和第 12 章内容由研究生徐升负责整理完成；第 2 章、第 3 章和第 4 章内容由研究生肖俊荣负责整理完成；第 5 章和第 6 章内容由研究生康旭东负责整理完成；第 7 章和第 8 章内容由研究生杨玉山负责整理完成；第 9 章和第 10 章内容由研究生吴焕江负责整理完成。

谨对以上人员在本书编写过程中所提供的帮助和支持表示衷心的感谢。

编者

2023. 10

目 录

Contents

第1章　绪　论

1.1　研究背景、意义和目的

在改革开放的四十年历程中，中国经济高速增长，社会进步迅猛，与之相应，能源需求持续攀升。特别是近年来，随着经济社会的快速发展，能源需求量呈现出日益增长的趋势，电力作为基础能源之一，在支撑国家经济运行和社会发展中发挥着不可替代的作用。为满足这一巨大的用电需求，我国电力工程建设迎来了历史上前所未有的高潮，电力设备与基础设施得到了广泛的建设与扩展，为国家发展提供了强大支撑。

以天津地区 10 kV 配电网为例，过去十年间配电网设备数量以每年 11.6%的速度增长，这充分表明了电力工程领域的迅猛发展。然而，电力工程建设的高速扩张也引发了一系列亟待解决的问题，其中土建改造与风险评估成为急需关注的重要议题。

在电力工程施工管理过程中，土建改造是一个不容忽视的关键环节。随着设备数量的增加及技术的不断创新，电力设施需要不断进行更新和升级，以适应新的能源需求和技术标准。然而，土建改造涉及基础设施的拆除、建设和维护等复杂过程，存在着工程进度管理、资源协调、安全保障等诸多挑战，需要有系统性的研究和规划，以确保电力工程的顺利推进和稳定运行。

同时，电力工程建设的高速扩张也带来了一系列风险和挑战，包括但不限于环境影响、工程质量、安全隐患等方面。为了保障电力工程的可持续发展，必须进行全面的风险评估，既要识别潜在的风险源，又要制订相应的风险应对策略，以确保电力工程建设和运营过程中的安全性、稳定性和可靠性。

因此，针对电力工程建设中的土建改造与风险评估问题，开展深入的研究具有重要的现实意义。通过深入探讨和分析，可以为电力工程的规划、建设和管理提供科学的理论指导和实际操作建议，为我国电力事业的可持续发展注入新的动力，促进能源供给与社会需求的平衡发展。

1.1.1　研究背景

如今，全球面临着严峻的环境挑战和能源紧缺问题，低碳环保与节能已成为国际社会的共同追求。在此背景下，电力行业作为能源供应的重要支柱，其能源消耗和环境影响备受关注。传统电力供应模式不仅存在能源效率低下的问题，还对环境造成了沉重负担，因此急需进行低碳环保节能的供电环境土建改造，以适应现代社会对清洁能源的需求。

中国作为全球最大的碳排放国，也是世界上最大的能源消费国之一，其能源转型和环境保护任务尤为紧迫。中国政府积极倡导可持续发展，提出了一系列环保和能源减排的目标，强调加快推进低碳转型，实现绿色可持续发展。供电环境的土建改造不仅可以提高电力传输和分配的效率，还可以降低电力系统的能耗和碳排放，为中国能源的绿色升级注入新的活力。

在中国，随着城市化的不断推进，人口持续涌入城市，特别是一线城市。为了降低电力系统的能耗和碳排放，同时满足人们日益增长的用电需求，众多城市电网已着手展开电网改造和配电网建设工程。在这一背景下，电网改造工程必须综合考虑多个关键因素，包括：

(1)电力供应可靠性：城市高度依赖可靠的电力供应，因此电网改造的首要目标是确保电力系统具备高度的可靠性，以防止停电事件对城市造成不利影响。这需要采用多重策略，包括设备升级、容量增加和冗余设计，以应对突发故障或自然灾害等不可预见的挑战。此外，采用智能监控和远程管理技术，可以实时监测电力网络的运行状况，快速识别问题并采取措施，以确保电力供应的持续性和可靠性。电力系统的备份和紧急应对计划也应充分准备，以最大程度地降低停电事件的潜在影响，确保城市正常运行。

(2)电力容量提升：随着电力需求的不断增长，电网改造工程必须着重在提升电力容量方面采取措施，以满足人们不断增加的用电需求。这通常包括升级变电站、增设变压器、扩建输电线路和增加发电机组等措施，以增加电网的容量和负载承受能力。此外，还可以考虑引入新的高效能源发电技术，如燃气轮机和燃料电池，以提高电力系统的总产能。电力容量的提升是确保城市电力供应稳定性的关键步骤，以满足不断增加的电力需求，支持城市的发展和促进经济繁荣。

(3)可持续能源整合：为降低环境影响和减少碳排放，电网改造工程应积极考虑可再生能源的整合，如太阳能、风能和潮汐能，以减少对传统化石能源的依赖。这一过程涉及建设太阳能光伏电池和风力涡轮发电设施，以捕获可再生能源并将其纳入电力系统。整合可再生能源可以降低电力系统的温室气体排放，减轻环境负担，同时提高电力系统的可持续性。然而，这需要合理的规划和技术支持，以确保可再生能源的可靠性和稳定性，以满足城市电力需求。

(4)智能化技术采用：通过采用智能化技术，如智能计量和监控系统，电网改造工程可以显著提高电力系统的效率和管理水平，加强对电力供应的实时监测。智能计量系统允许准确测量电力使用状况，提供详细的能源数据，帮助用户更好地管理能源消耗。监控系统则实时监测电力系统的运行状况，自动检测故障并提供迅速的反应。这不仅提高了电力系统的可靠性，还有助于降低成本和减少能源的浪费。智能化技术还可以支持电力系统的远程控制和调整，以满足变化的电力需求，从而提高电网的灵活性和响应性。通过智能化技术的采用，电网改造工程可以更好地满足城市电力需求，提高运行效率，减少故障时间，提供更好的用户体验。

(5)安全性和抗灾能力增强：电网改造工程的一个重要方面是提高电力系统的安全性，以增强其抵御自然灾害和应对紧急情况的能力，确保电力供应不受干扰。这包括采取一系列措施，如设备防护、备用电源的设置、定期检查和维护，以确保电力设施能够在不利条件下继续运行。此外，电网改造还应考虑地理位置和气象条件，以制订应急计划，应对可能发生的自然灾害，如风暴、洪水和地震。此外，培训工作人员和建立通信网络也是提高安全性和抗灾能力的重要措施，以确保在紧急情况下能够快速响应和协调。这些措施有助于减少停电时间，保障城市电力供应的连续性，降低社会和经济的损失。安全性和抗灾能力的增强是电网改造工程的重要目标之一，以确保城市电力供应在各种情况下都能够稳定可靠。

然而，供电环境的土建改造并非一帆风顺。在技术层面，如何在保证电力供应的稳定性前提下，实现电力设施的升级和创新，是一项极具挑战性的任务。这要求充分考虑现有设施的运行不中断，采用智能化监测系统来实时监测电力流动，以及在施工中采用先进的技术，如临时电源和备用电缆，以确保电力供应的连续性。同时，必须有效管理电力网络的复杂性，确保升级不会引发电力系统的不稳定性。

在管理方面，需要合理规划工程进度，确保工程质量，以及保障施工人员和公众的安全。这涉及精确的项目计划和监管，以确保施工过程的顺利进行，而不会对城市的正常运行产生不利影响。此外，应采取紧急应对措施，以处理可能出现的问题，如突发事件或设备故障。

另外，社会因素、环境考虑，以及法律法规的遵循也是电力供应改造过程中的重要因素。应积极与当地社区互动，考虑居民和企业的需求和担忧，以建立合作伙伴关系，共同解决问题。同时，必须遵守环保法规，减少工程对环境的负面影响，并采取措施确保施工安全和人员健康。

1.1.2 研究意义

深入开展基于低碳环保节能理念的供电环境土建改造与风险评估研究，有着深远的理论和实践价值。

此研究对于推动我国能源体系的低碳转型具有重要意义。通过改进供电环境，可有效增进能源利用效率，减少能源的不必要浪费，从而降低碳排放水平。这对我国应对气候变化和环境污染问题，积极推动可持续发展目标的实现至关重要。电力供应的低碳化是应对全球气候变化挑战的重要举措之一。通过引入可再生能源、提高电力系统的能源效率，以及减少传统能源的使用，电力供应可以显著减少二氧化碳等温室气体的排放。因此，电网改造工程的推进将为我国能源体系的低碳化提供有力支持。

此外，本研究的成果对于一线大城市的电力工程实践具有不可或缺的指导意义。供电环境的土建改造是电力工程中的关键环节，直接影响电力供应的稳定性和可靠性。通过对风险评估和管理策略等方面的深入研究，本研究为电力工程的决策者和从业人员提供了实用的建议和方法，以确保供电环境改造工程的顺利进行。这项研究为电力工程领域的专业人士提供了宝贵的见解，有助于他们更深入地理解电力系统改造所面临的挑战和机遇。对风险评估的深入研究，有助于决策者更好地识别和应对电力工程中潜在的风险，以确保工程的顺利推进。此外，对管理策略的研究有助于制订有效的项目管理计划，包括工程进度控制、质量管理和安全保障，以确保工程的质量和安全性。在大城市电力工程实践中，电力供应的连续性和可靠性至关重要，任何中断都可能对城市的正常运行产生不利影响。因此，这项研究的成果可以帮助电力工程从业人员更好地理解电力工程的复杂性，并提供了有力的指导，以确保供电环境改造工程能够按计划顺利进行，从而维护城市电力供应的稳定性和可靠性。

最后，这项研究为推动我国电力工程领域的技术创新提供了有力支持。在低碳环保和节能的大趋势下，供电环境土建改造需要积极融入各种新技术和新理念，为电力工程领域的技术创新提供广阔的发展空间。这将催生出更高效、更环保的电力系统解决方案，促使我国电力工程领域在技术和管理方面取得新的突破。这一技术创新的推动将有助于电力行业更好地应对未来的挑战，包括提高能源利用效率、增加可再生能源比重、改善电力系统的稳定性和可靠性等。通过引入新技术和先进的管理方法，我国的电力工程领域将能够更灵活地适应不断变化的需求，为可持续能源发展和电力供应的可靠性提供更为可行的解决方案。这将不仅有益于我国电力行业的可持续发展，还有助于在全球范围内推动电力工程领域的创新与进步。

综上所述，基于低碳环保节能的供电环境土建改造与风险评估研究，对于推动我国能源体系的低碳转型、提升电力工程的创新能力、实现可持续发展，具有深远的理论意义和实践价值。这一研究将在中国电力工程领域产生重要影响，同时为全球范围内的能源可持续发展提供有益的借鉴与经验。

1.1.3 研究目的

本研究旨在深入探究基于低碳环保节能理念的供电环境土建改造与风险评估，以及其在深圳市工业园区供电改造项目中的实际应用。本项目旨在贯彻党中央国务院的清理转供电加价决策部署，响应党史学习教育中“我为群众办实事”活动的要求，积极推动深圳市工业园区供电环境的全面提升。随着深圳园区建设迅速推进，经济不断蓬勃发展，人民生活水平不断提高，供电负荷与用电量亦急剧增长。在这一背景下，研究的主要目的如下：

首先，本研究旨在分析园区电网改造在提升供电环境的可靠性和适应性方面的关键作用。通过深入研究园区电网的现状和问题，以及现代低碳、节能、环保的电力技术，力图为工业园区保障更稳定、高效的电力供应，满足日益增长的电力需求，同时减少对传统能源的依赖，从而促进园区电力系统向更加可持续的方向发展。

其次，本研究旨在探讨供电环境土建改造对于推动社会经济发展的积极影响。随着供电环境的综合升级改造，园区的电力供应将更加稳定可靠，不仅有助于保障企业正常生产经营，还能吸引更多投资，促进产业集聚，进一步提升园区的经济发展水平。通过降低供电故障风险，提高用电效率，本研究将有助于营造良好的发展环境，为园区吸引人才和创新创业提供有力支持。

再次，本研究旨在评估园区电网改造过程中可能涉及的风险与挑战。通过全面分析不同层面、不同阶段的风险因素，从技术、管理、环境等多个维度进行评估，以识别可能影响改造工程顺利进行的潜在问题，为决策者提供科学的风险防范策略，确保改造工程的平稳推进。

最后，本研究旨在为供电环境土建改造在其他类似地区的应用提供有益借鉴。深圳作为中国的经济特区，具有较强的代表性和示范效应。通过深入研究深圳市工业园区供电环境综合升级改造项目，可以总结出一套适用于其他地区的改造策略、技术手段和管理方法，为全国范围内类似项目的顺利实施提供有益经验。

综上所述，本研究的主要目的在于探究低碳环保节能的供电环境土建改造与风险评估在深圳市工业园区综合升级改造项目中的实际应用，以及其对园区电力可靠性、社会经济发展和风险防范的积极影响，为类似项目的实施提供指导和借鉴。

1.2 国外研究现状

1.2.1 国外电网改造研究现状

在20世纪的后半叶，西方发达国家充分利用自身的经济优势，积极启动本国农村电网改造计划。这些国家由于工业化程度高、农村电网改造计划启动早、计划方案成熟且布局合理，因此基本上实现了农村电网系统与城市电网系统在技术水平和管理水平上的持平状态。如今，这些西方发达国家已将节能减排作为主要发展理念，并大力倡导电网的智能化。它们的关注重点已经转向全球未来电网发展的趋势。智能电网是一种先进的电网系统，具备自愈性、集成性、优化性、兼容性和互动性等特征。这一系统是在当前电网现状基础上构建的，旨在将电力企业与社会互相关联，将电力系统的发展与可持续发展联系起来，开创了电力系统的新模式。这种新模式有望为电力行业带来更高的效率和可持续性，促进电力供应的稳定性和可靠性，进一步推动全球电力领域的创新和进步。因此，西方发达国家在电力领域的经验和智能电网的引领将为未来的电力行业发展提供有益的启示和指明方向。这一发展趋势也将对全球电力系统的未来产生深远影响，为实现可持续能源供应和环境保护作出积极贡献。

在电网管理模式方面，H. Lee Wills 等人提出美国的农村电网改造标准和原则是由政府和公民组织共同制定并实施的，早期就建立了电网技术和管理的自动化体系。与中国的电网国有化不同，美国农村电网的发展采用了私有化的方式，在市场机制的作用下，各州的电力供应企业积极竞争，加大了对高科技和新型化设备的投入。他们配备了最先进的负荷控制系统、信息管理系统，以及配电管理自动化系统，这些系统具备高度的可靠性，同时管理所需的人员相对较少，但效率非常高。这种私有化的电网管理模式使美国的电力市场具有了高度竞争性，供电企业不断寻求创新和技术进步，以提供更高质量的服务。这种市场驱动的管理方式在激励企业提高效率、降低成本、保障更可靠的电力供应方面表现出色。此外，私有化模式还鼓励投资高科技和自动化设备，有助于提高电力系统的性能和管理水平。相比之下，中国的电网管理模式更倾向于国有化，由国有企业主导，这也在一定程度上影响了市场竞争的活跃度。然而，随着中国电力市场的不断改革，私有资本的参与逐渐增多，市场竞争也逐渐增强，这有望推动中国电网管理模式向更加多元化和市场化的方向发展，以提高电力供应的效率和可靠性。当然，美国这一电网控制模式的弊端在于各州分区管理、电网分离，从而很难形成整体化、统一化的系统模式。

在电网改造技术方面，国际上的学者们已经积极进行了研究，尤其是在电力负荷预测和分区电网管理方面，他们提出了一系列创新的方法和技术，这些研究成果对于电力行业的发展具有重要的参考价值。首先，电力负荷预测在农村电网和城市电网之间存在明显的差异，因此有必要采用不同的方法进行电力负荷预测。国外学者 Michael J. Buri 等人在这一领域进行了深入研究，并提出了创新的电力负荷预测方法。这些方法不仅考虑了不同地区的电力负荷特点，还充分利用了先进的预测技术，为电力供应的可靠性和效率提供了有力支持。这些方法的参考价值较大，有望为国内的电力负荷预测技术提供借鉴和启示。其次，针对国际上普遍采用的分区电网管理模式，国外学者们已经研究并开发了许多技术。例如，Xiaohu Tao 等人介绍了一种针对中压配电网与大范围分布式电源的规划两步启发式方法。这些方法能够有效解决电源的分布式构造问题，使电网结构更加科学化和合理化。这为电网的智能化提供了重要的技术基础，有助于提高电力系统的可管理性和可靠性。此外，在电网规划技术领域，许多学者也为该领域的发展作出了重要贡献。例如，Snjezana Blagajac 和 Yu. Y. X 等研究者提到了运用地理信息系统(GIS)等辅助技术，通过可靠的定量分析，为电网规划提供了有力支持，从而提出了最优的解决方案，以解决电网规划中现存的问题。最后，在电网的安全性方面，国际学者也进行了技术探讨。例如，M. Skok 等人针对影响电网安全性的不稳定因素，提出了一种多阶段电网规划技术。这一技术以新型的进化算法为基础，具有广泛的应用潜力，可以用于解决各种状况下的电网规划问题，从而提高电网的安全性。

1.2.2 国外风险管理现状

在农网改造工程项目中，风险评价是一个重要的环节，它涵盖了工程项目风险管理的范畴。而工程项目风险管理则是更广泛项目复杂系统风险管理领域的一部分，旨在确保项目的成功实施。国际上早在较早的时候就开始了对安全风险管理的深入研究。在 20 世纪初，有了关于安全风险管理的初步理论。1915 年，研究者 M. Greenwood 进行了详尽的研究和调查，为早期安全风险管理理论的构建作出了贡献。随着时间的推移，这一领域的研究逐渐深入。到了 20 世纪 20 年代末，研究者 Boehm 进一步推进了安全风险管理理论的发展，他认识到安全风险管理可以分为两个主要领域：评估和控制。安全风险控制方面包括监控、调整和方案设计等内容，而安全风险评估则包括风险的识别和分析。这一区分有助于更好地管理和控制各种安全风险。随着 21 世纪的到来，安全风险控制理论得到了迅速的发展。通过对安全风险与安全文化之间的关系进行深入比较和分析，Dester 和 Blockley 得出了一个重要结论，即提升安全文化水平可以极大地增强公司的安全风险管理效果。此外，研究者 Laitinen 还重新定义了安全风险管理的层级，并提出了一种五级制的理论，以优化安全风险管理的研究工作。这一理论有望为安全风险管理领域的进一步发展提供重要的指导和框架。

随着安全风险理论的日益成熟，国外学者们开始深入研究风险识别方法，以更全面地理解和应对各种潜在危险。Jannadi 和 Assaf 提出了一种综合方法，将查表法与实际施工现场管理相结合，认为这能够更准确地识别潜在的安全风险。这一方法的独特之处在于将理论与实践相结合，以便更全面地把握风险情况。此外，Guenab 和 Boulanger 运用首要安全风险辨识法(PHA 法)成功识别了铁路工程中的安全风险要素。PHA 法是一种常用于系统安全分析的方法，通过系统性的方法确定可能的风险因素，有助于更清晰地理解和管理风险。Carter 则强调了准确的安全风险识别对于工程施工的关键性。他认为，确保准确性可以减少潜在的事故和损失，从而提高项目的安全性和成功性。最后，Perlman 等人的对比性实验研究突显了模拟现场情景方法的有效性。这种方法允许安全风险管理人员更好地模拟实际工程环境，从而更准确地识别风险因素。这个研究强调了实验和实践在提高风险识别准确性和可行性方面的重要性。综合而言，这些学者的研究丰富了风险识别方法的理论和实践，有望提高工程项目的安全管理水平。

国外学者们在安全风险评价领域的研究逐步加深，为提高工程项目的安全管理水平作出了重要贡献。其中，Kampmann. J的研究采用了蒙特卡洛法，将安全风险进行分类和归类，并进行计算机模拟，以全面评价和管控安全风险。这种方法通过精确的数值模拟，有助于更准确地量化和分析各种潜在风险，从而为制订有效的安全管理策略提供了支持。此外，Stanton运用系统工程理论，对建筑行业的安全风险进行评价，强调了综合性方法的重要性。他的研究突出了系统性思考对于安全风险评价的关键作用，有助于更全面地理解和管理风险。同时，Benekos和Diamantidis提出了定性与定量相结合的方法，以更全面地反映工程现有的安全风险管理水平。这种综合方法可以更准确地识别和度量风险，为安全决策提供更多信息。还有研究者Teo和Ling运用APH法(层次分析法)对施工工程项目进行安全风险评价，并强调了全过程安全风险管理的重要性。这种方法可以帮助工程项目在各个阶段有效地管理风险。此外，Taylan等人采用多种评价方法相结合的方式进行安全风险评价，并取得了良好的效果。这种多角度的评估有助于更全面地理解和管理潜在的风险。

最后，Sou-Sen Leu将贝叶斯网络引入安全风险评价，通过不断的实践发现了传统方法的局限性。这一方法的应用显著提高了施工过程中的安全风险管理效果。Mahboob进一步深化了贝叶斯网络的应用，着重研究如何将现场实际情况与安全风险评估相结合，为安全风险管理提供了更精确的工具。这些研究丰富了安全风险评价的方法学，有望为工程项目的安全管理提供更多创新和改进的可能性。

1.3 国内研究现状

1.3.1 国内电网改造研究现状

中国作为一个农业大国，农村人口占比较大，农网在整个电网系统中所占比例较大，它直接反映了国家电网体系的整体发展状况。然而，中国的工业化和农网改造起步相对较晚，同时经济支持相对于西方发达国家较为有限，这导致中国的农村电网改造依然处于高速发展的阶段。回顾20世纪中叶，当时中国正处于建国初期，国家的发展重点主要集中在城市建设上。因此，对农村电网的经济和技术投入相对较少。此外，当时农村经济相对落后，电力需求也较低，这导致了农村电网发展缓慢。随着改革开放的进行，中国的农村地区逐渐得到政策上的支持，基础设施开始改善，经济也逐渐复苏。中小企业的兴起和农民生活水平的提高增加了农村电力需求，这与农村电网发展的滞后状态之间形成了明显的供求矛盾。从1998年到2002年，中国政府共安排了2885亿元用于农网改造。2003年以后，又陆续实施了县城电网改造、中西部农网完善和无电地区电力建设等项目。尤其是自2008年下半年以来，农网改造和无电地区电力建设再次成为国家扩大内需的重要投资领域，相关部门共分三批投资，总资金达到5624亿元，其中中央预算内投资达1320亿元。

截至目前，全国已累计安排了4622亿元用于农村电网建设和改造，以及无电地区电力建设，自1998年以来解决了大约3500万无电人口的基本用电问题。相关数据显示，通过自1998年以来的“两改一同价”农网改造工作，中国农村地区的电压合格率从1998年的78%提高到了95%以上，供电可靠性也从87%提高到了99%。这些改造和投资不仅提高了农村电网的可靠性和质量，还为中国农村地区的发展提供了重要的支持，促进了经济的增长和社会的稳定。因此，中国农村电网改造在改善电力供应和促进农村发展方面发挥了重要作用。

在经历了多轮的农网改造过程中，全国各地都充分考虑当地的社会经济状况和农网发展现状，根据国家设定的农网改造标准和原则，制订了符合当地电力需求和企业自身发展的合理计划。这些计划涵盖了多个关键方面，包括电力负荷预测、电网布局、供电电压等级、变电所的位置规划、主要设备的选择、调压方式、无功补偿优化方案等工作。通过这些技术和管理方面的措施，农网改造得以保障供电的经济性、节能性和安全性。首先，电力负荷预测工作在农网改造中具有重要作用。准确的电力负荷预测可以帮助规划者了解未来电力需求的变化趋势，从而为电网布局和设备选型提供依据。同时，电网布局方案应根据电力负荷分布情况进行合理规划，以确保电力能够高效传输到需要的地方。其次，供电电压等级和变电所的布点是农网改造中的关键因素。合理的电压等级和变电所布点可以提高电网的运行效率和可靠性，降低能量损失。主设备的选择和调压方式的优化也能够提高电力传输效率，减少能源浪费。此外，无功补偿方案的优化可以改善电网的功率因数，提高电力传输效率，减少线损。这对于维持电网的稳定性和降低运营成本至关重要。

除了技术层面，农网改造也需要做好效益评价工作。这包括从经济和社会两个角度对农网改造的效益和问题进行全面分析。通过深入研究和总结经验，可以找出改造过程中的优点和不足，以便进一步提升农网改造工程的质量和效益。

在电网改造技术方面，国内学者在电力负荷预测领域进行了大量研究。例如，王福莹和刘远龙等研究者提出了针对性的电力负荷预测技术和方法，这些建议的提出适用于不同的地区和电网状况，借鉴价值较大。袁季修提出的电网规划理论将规划过程划分为近期、中期和长期三个阶段。他提出近阶段的规划为长远计划提供了基础和前提，而长远计划又为近阶段规划提供了方向和目标。这种综合性的电网规划体系有助于确保电力系统在不同时间段内能够满足不同的需求，提高电力供应的可靠性和适应性。

在电网改造领域，各地根据自身的自然环境、社会经济发展状况，以及电网存在的问题，精心制订了可行性较高的改造方案，依托国家政策和本地资源，以确保改造计划的成功实施。彭新良等研究者在改造巴彦淖尔农垦区电网时，从多个角度出发，采取了多层次的技术改进措施。他们关注了配变台区的改造、线路改造、供电方式的选择、三相负荷的平衡、无功补偿、电网安全保护，以及低压计量装置的选用等方面，综合考虑了电网改造项目的多个层面，以提高电力系统的可靠性和效率，确保电力供应的稳定性，推动了农村电网的发展。王宇在电网改造工程方面承担了多个子工程，包括10 kV配电线路改造工程、沙锅屯区域配电改造工程、申屯区域配电改造工程、暖池塘区域配电改造工程、沙锅屯区域低压综合台区改造工程、申屯区域低压综合台区改造工程、暖池塘区域低压综合台区改造工程，以及计量装置改造工程。在这些工程中，他成功解决了一系列电网改造问题，包括线路主干和分歧线路的线径选择、线路延伸和迂回问题、配电变压器的安装地点和容量确定、无功补偿设备的位置和补偿容量确定，以及计量装置改造等五个关键方面的问题。这些工程的实施为该地区的电网改善提供了重要技术支持，提高了电力系统的可靠性和效率。

彭新良从社会效益和经济效益两个维度对电网改造工程的效益进行了全面评估。在经济效益方面，他详细计算和分析了改造迂回线路降损带来的节电效益、增大主干导线截面降损效益、减少停电时间和增加供电量效益、减少线路维护成本、配电变压器更新改造降损节电效益，以及 10 kV 配电线路无功补偿降损节电效益。这些经济效益的分析提供了对电网改造项目的经济可行性的重要依据。同时，靳福东和褚占军采用后评价的理论和数学模型，对农网改造工程进行了综合评价，包括技术、社会和经济层面。通过评价，他们识别了改造过程中的问题，并提出了有益的建议，为未来的改造工程提供了指导。这种综合性的评价方法有助于确保电网改造项目在各个方面都能够取得显著的效益，提高电力系统的性能和可持续性。

1.3.2 国内风险管理现状

国内学者对安全风险管理的研究确实相对较晚，主要集中在 20 世纪中后期。然而，随着中国经济的快速增长和工程项目数量的迅速增加，对安全风险管理的需求也逐渐凸显。进入 21 世纪，中国在经济技术领域取得的快速发展，以及对安全问题的高度重视，推动了安全风险管理理论和方法在国内的广泛应用。这一时期，越来越多的研究者投入到安全风险管理的研究工作中。他们关注各个领域，包括建筑工程、交通运输、环境保护等，并积极探讨国内工程项目中的安全问题。这些研究努力提高了国内的安全风险管理水平，并为中国的工程和建设项目提供了更有效的安全管理方法。

在工程安全领域，安全风险的准确识别被广泛认为是推进工程安全的首要步骤。赵蕊强调了这一点，强调了确定安全风险因素的重要性。而欧阳波则提出了一种利用归纳法来识别安全风险的方法，该方法能够根据具体工程条件得到相应的安全风险要素。方东平则采用专家调查法作为安全风险识别的初始步骤，并随后进行结果的综合总结，从而得出识别结果。此外，苏旭明则从人、物、环境和管理四个关键角度来推进安全风险识别过程。宋海侠则运用头脑风暴法来识别项目中的风险因素，并特别强调了这种方法的便捷性和高度灵活性。金德民深入阐释了多种安全风险识别方法，包括检查表法、工作分解结构法、影像图法等三种定性分析方法，以及模糊事故树法、因子分析法、神经网络方法等三种定量分析方法。他还提出了每种方法适用于不同类型工程项目的建议[30]。这种多元化的方法论和技术选择，为工程安全风险识别提供了广泛的选项，以满足不同项目的需求和特点。因此，在工程领域，识别安全风险的方法不仅多样化，而且需要根据具体情况进行灵活选择，以确保工程安全的推进。

在安全风险评价领域，不同的研究者提出了各种不同的方法和模型，以满足不同项目和条件下的需求。麦晓庆认为，定量的安全风险评价在实际应用中具有较强的适用性，因此选择了模糊综合评价法作为一种有效的工具。这种方法可以更全面地考虑不确定性因素，使评价结果更具可信度。王莉则根据实际施工特点提出了一体化模式，将人工神经网络与定性方法相结合，以更好地适应复杂的施工环境。周国华采用了灰色汇集方法，对安全风险进行了详尽的评价推导，这有助于更全面地了解风险情况。周姝强调了每个工程的安全风险评价都不是静态的，需要考虑发展因素，确保评价结果的完整性。张军则提出了在传统的检查表法基础上融入工程特色的方法，以灵活地进行安全风险评价。张登伦充分利用了 SPSS 等软件的强大算法，将因子分析法应用于工程施工的安全风险评价。李俊松将 SQL Server 和 Visual C 语言软件应用于大型工程施工的安全风险评价，进一步提高了评价的准确性和效率。刁枫使用层次分析法来计算和评价工程施工过程中的识别因子。赵巍飞则将熵权法应用于工程项目的风险评价，以更好地权衡各种因素的影响。这些研究者提出的不同方法和技术选择提供了多样性和灵活性，以适应不同工程项目的需要。在实际应用中，选择适当的安全风险评价方法需要考虑项目特点、数据可用性和研究目标，以确保评价的准确性和可信度。

1.4 主要研究内容

本研究依托深圳市工业园区供电改造项目，融合了理论分析和机器学习等多学科方法，以应对施工区段的出现的各种难点和问题，这些问题在工程项目中常常具有挑战性。我们着眼于深入研究该项目的施工要点和难题，力求为项目实施提供全面的指导和可行性评估。在此背景下，我们特别强调了机器学习算法的应用，以进行复杂环境下电力改造施工的可靠度评价，这将在项目决策中发挥关键作用。

(1)基于理论分析方法的改造项目评价指标体系结构研究

①确立项目评价的主要因素：我们将运用理论分析方法，来确立改造项目评价所需的关键因素。这些因素包括项目的实施程度、技术水平、经济效益，以及项目的未来发展潜力。通过基于科学原则的方法，我们将为后续的研究奠定坚实的基础，以确保评价体系的可行性和有效性。

②科学性与实用性的结合：我们强调在评价指标体系的建立过程中，将科学性与实用性相结合。这意味着我们不仅追求理论的严谨性，还将着眼于评价指标的系统性、全面性、操作性，以及适应性和可拓展性等方面，以确保评价体系在实际项目中的可操作性。

③建立项目实施程度评价指标：我们将专门关注项目实施程度的评价指标的建立。这涉及对项目实施后是否达到决策及可行性研究阶段所设定的预期目标进行全面考察，以及详细分析任何导致项目与预期目标产生偏差的主观和客观原因。这将为项目的实际进展提供有力的反馈和改进建议。

(2)基于机器学习方法的深圳市工业园区供电改造工程项目风险预警系统构建

在深圳市工业园区供电改造工程项目中，风险管理至关重要。为了更好地识别、评估和应对潜在风险，我们将构建一套风险预警系统，该系统基于机器学习方法，将现场作业环境和工艺流程与电缆敷设和电力电缆试验等多种作业类型的潜在风险相结合。以下是我们的研究步骤。

① 风险识别：首先，我们将结合实际的现场作业环境和工艺流程，对电缆敷设和电力电缆试验等多种作业类型的风险种类和风险等级进行全面识别。这将涵盖各种可能的风险情景、从人员安全到设备损坏等多个方面。

② 数据整理：我们将梳理典型的工业园区电力升级改造案例，详细列出风险的产生与

等级的各种影响因素。这些因素将形成我们风险模型的核心数据。这也包括对历史案例中所涉及的数据进行系统整理和清洗，以确保数据的质量和可用性。

③ 机器学习算法研究：我们将进行广泛的调研，涵盖各种机器学习分类算法，如支持向量机、逻辑回归、相关向量机等。这一步骤旨在深入了解各种算法的优缺点，以确定最适合用于风险预测的备选方法。

④ 模型建立与验证：根据所选的机器学习分类算法，我们将利用已整理的训练样本数据来建立深圳市工业园区的风险源和风险发生概率模型。然后，我们将在测试样本上对这些模型进行验证，以计算各种算法的分类误差。最终，我们将对比各种方法的性能，以确定最优的算法。这将成为我们风险预警系统的核心。

综合而言，本研究将以科学、系统的方法来分析深圳市工业园区供电环境综合升级改造项目的各个方面，旨在为项目的顺利实施和可持续发展提供战略性的支持和指导。同时，通过结合理论分析与机器学习，我们将进一步提高评估的准确性和实用性，以应对复杂环境下的挑战。

第 2 章 电网改造与理论基础

2.1 电网改造

电网改造是指将电网进行更新和改造，对多个方面进行更新的措施，其中包括对电力输送和分配系统、电力设备系统、电力线路系统等方面的单独或整体性的改造。一般而言，传统的电网结构相对薄弱，线路和设备由于使用年限的增加而愈发陈旧，用户不断增多使配电变压器的负载变高而能耗增加，线路中的无功补偿的容量愈发不足，输电配电的损失率增高。更新改造可以减少电能的损失，提高电路供电的质量，对电力线路老化、配电设施陈旧等安全隐患进行整治，对相关的配电设备进行及时的更换和调配。

电网改造是利用国内外的新型技术和先进设备、技术、材料或者新工艺对使用多年的落后生产设备或者技术进行相对全面的改造，进行系统化升级，对辅助设施进行完善或者更新，提高生产效能及电网传输过程中的安全性、可靠性并对综合指标进行优化。我国的电力建设瓶颈主要在于电网的网架架设，重视发电但轻视供电过程一直是国内电网建设的惯性思维。近年来电源设备的大规模集中建设和集中投产，使得电网建设难以跟上电源设备的发展速度，导致电网的滞后问题不断突出。据统计，我国的电源建设和电网建设的比例严重失衡，近 70%的供电系统的资金向电源建设倾斜，这样失调的比例违背了发展的合理性，不是一种长期可持续的发展模式。同时，电网建设和发展的整体投资的不足，使得电网崩溃而停电的风险大大提升。目前我国正在运行和使用的电网方面的设备和系统都存在问题，部分设备老化，供电线路和电线系统需要更新升级，急需对供电系统及设备进行全面更新升级。

为贯彻党中央国务院清理转供电加价决策部署，落实党史学习教育“我为群众办实事”活动要求，深圳市政府计划用两年时间完成全市工业园区供电环境综合升级改造。本项目涉及的首批工业园区高达 335 个，由于园区快速建设的推进，深圳市经济迅速发展，人民的生活水平不断提高，园区的用电负荷不断增长，对供电的质量要求不断提升，同时区域内和区域间的电网规划需要进行改进和更新，不断增加的需求量要求供电设备更新换代、供电系统进行升级改革。

2.1.1　电网改造工程的目的

深圳市政府规划内的首批 355 个工业园区正迅速进行供电系统的改造工程。这项工程的背后有几个关键因素，包括园区建设的快速推进、经济的迅猛发展，以及人民生活水平的提高。随着这些园区的用电负荷和用电量不断增长，对供电质量的要求也日益提高，这进一步促使了对区域电网规划提升的需求。目前，部分电网设备已经老化，需要进行技术改造以确保电力供应的可靠性和质量。因此，电力企业正在开展技术改造工程，旨在对辖区内的电网进行更新和改进。本项目的电网改造的目的如下：

(1) 整治供电安全隐患。针对配电设施设备老化、维护管理水平低等问题，推动配电设施设备升级改造，加强日常安全监管，切实整治供电安全隐患。

(2) 遏制转供电违法加价。支持深圳供电局抄表结算到工业园区内最终用户，并运维管理共用配电设施设备。从源头上遏制转供电违法加价，切实降低园区企业电力成本，进一步优化营商环境。

(3) 建设低碳智能基础设施。建设低碳节能配电设施设备和以电力为支撑的智能基础设施，助力实现“双碳”目标，提升园区智能化发展水平。

对于供电设备改造的主要目的如下：

(1) 提高电网可靠性和技术水平。通过对电网中现有的运行不可靠或技术滞后的设备进行升级，提高电力供应的稳定性和技术水平。

(2) 提高电网的灵活性以适应不断变化的电力需求。这包括对现有电网进行局部调整，以更灵活地分配电力资源。

(3) 增加电网的输送能力。通过对现有设备进行容量扩展和升级，以缓解电力短缺问题。

总体而言，电力企业的技改工程对于确保电网的可靠性、安全性，以及提升输电能力至关重要。电网改造工程的主要目标是满足园区建设的迅速增长所带来的不断增加的用电需求，满足人们对电力供应的日益增长的需求，采用现代化的园区电网规划，提高供电的可靠性和应用新技术，以满足园区的生产和生活用电需求，同时促进社会经济的发展。

2.1.2　电网改造工程的特点

(1) 对劳动力资源的需求量较大

电网改造工程建设的技术含量相对而言比较低，主要的工作内容是将电网线路进行简单的设置和安装。在具体的工作实施过程中，劳动力和项目资金的投入量会由于工程体量大而变得非常大，这在一定程度上提高了施工的造价。工程体量大也意味着施工人员多，并且工作内容都是密集型的建设，在工程的管理中很难形成较良好的管理体系，这一问题就会导致管理存在隐患。

(2) 施工人员安全意识淡薄

电网建设人员类型多导致人员的流动性很大、作业风险高，这两个特点是电网改造工程的两大特点。我国的电网建设的施工人员的工作的专业技能素质和综合素质等各方面普遍较低。这类工程的施工要求施工人员有较高的安全意识，如果施工过程中的施工人员缺乏相应的安全意识，施工过程的安全性就难以保证。在具体的施工过程中，工人只需要对照图纸进行机械性的施工，所以施工存在一定的盲目性，因而在施工过程中需要对相关人员进行知识的普及，并进行专业知识的培训，加强监管力度，增强安全意识，以保证施工过程的安全性和施工成果的完整性。

(3)工程施工区域环境复杂多样

电网建设工程在全国范围内都是大面积大范围分布，并且各片区的分布都是极其复杂且广泛的，在工程施工过程中有较多的风险，这些风险有较强的潜在性和不确定性。为保证电网建设过程中的安全性，对施工工程进行科学有效的管理是非常必要的，这不仅能提高电网建设工程的安全性，还可以提高施工质量，加快工期，避免电网建设工程中出现危险。在科学有效的管理之下，工程的灵活性也会有一定程度的提高。

输电电力工程的施工线路通常可根据电流类型和架设方式分类。电流类型包括直流和交流输电线路，而架设方式包括架空输电线路、地下电缆和海底电缆。当输电线路穿越复杂的地形，需要考虑不同的基础类型和塔式结构时，施工就会对工人的专业知识、要求和质量提出高要求。由于路径和地形的多样性，选择和设计塔式结构也会有所不同。如果输电线路跨度较大，就会增加高空作业的复杂性和对质量要求的挑战。本工程中电网的改造工程范围大、人员投入较多、网络架构技术含量低。施工专业性虽然相对较低，但是所辐射的人员范围广，将会导致工程人员安全意识低、作业风险大等普遍性问题需要解决。

2.1.3 电网改造工程的实施

1.施工预备工作

(1)对线路施工人员的根本要求

本工程要求施工人员都参加过多次供电网的工程施工，对电气线路设备有所了解，可以熟练操作相关设备，在业务安装方面有着较高的专业素养，有丰富的理论知识可以应对紧急情况。在上岗前要对所有的施工人员进行施工培训，使其了解安全施工和电气工程相关的知识，全面把握相关工作规程，了解应急预案和急救措施，遇到紧急情况的时候可以正确有效地进行施救。

(2)开工前的预备工作

1)施工技术资料预备

总工负责协调和管理施工技术资料的准备工作，而施工技术资料的编制则由工程部承担。在工程正式开工之前，必须完成一系列技术资料的准备，包括施工组织设计、安全管理实施细则、工程质量保障措施，以及达标投产的实施方法等。

在技术资料准备阶段，工程部负责与工程法人、监理工程师和设计部门保持紧密联系，以确保及时获取与施工相关的图纸，并了解工程法人和监理工程师对工程准备的具体要求。此外，工程部还参与图纸审查，并为参与工程施工的人员提供必要的技术培训，从而在技术层面保障开工工作的顺利进行。

2)材料预备

本工程施工的相关材料的预备工作全程需要在工程经理和工程总工的组织监督下开展，各类材料应当运送至工地的仓库，由专门负责的人员进行管理，以确保在施工开始之前充分准备好这些材料，保障后续工程的顺利进行。

3) 通信方面的预备

工程经理部配备了电话机、传真机和计算机，以实现各部门和人员之间的实时直接联系。这样，各方的工作人员都能够在施工开始前做好充分准备，并进行有效的沟通。

4) 施工场地的预备

在工程经理的组织下才能开展施工场地的预备工作，工程部负责对施工场地的详细工作进行协调布置，同时该部分工作需要完成相关施工手续的办理。

5) 施工机械的支配

需要在开工之前将施工机械预备完成，包括杉木抱杆、杆叉、挖杆坑用的铁锹、运输车，同时各施工人员应装备各自的放线工具，以进一步地完善工程机械的前期准备工作。

2. 施工总体工序支配

本工程方案开工日期为2021年7月至2024年10月，方案工期为40个月。

3. 保证线路平安施工的技术措施

(1) 立杆工作

1) 本工程的主要施工场所为工业园区，所以在进行挖坑、爆破、打地锚等作业时应在施工位置附近设围栏，夜间工作时在立杆上加挂红灯；爆破前确保四周人员疏散完成；打地锚作业在施工过程中需要负责人进行专门监督。

2) 为了确保杆塔的稳定性，当在运行线路的杆塔旁挖坑时，必须采取防倒杆措施。

3) 在进行杆塔的组立之前，应该仔细检查杆身的外观，只有在确认外观合格的情况下才能进行组立。

4) 在杆塔的组立过程中，需要有专人进行指挥，并且事先需要规定好指令信号和组立方法。组立过程中应确保分工明确，严格服从指挥。所使用的组立器械必须经过严格检查，不得随意使用其他工具代替。在组立杆塔之前，必须事先开好适当的“马道”，并严格按照杆塔组立的施工工艺进行操作，特别注意控制着力点在杆塔重心位置，以避免杆塔失去控制。

5) 除了施工过程中指定的人员，其他人员必须在规定的距离之外站立(一般规定为杆塔高度的1.2倍)。严禁任何人员在重物下方穿行或停留。本工程在工业园区中进行施工，应另设专人进行看护，施工场所应该避开人员密集的区段，避免施工过程危及行人，如需在人流量较大的区域施工，则需要加强管控和看护。组立到位的电杆在确保位置无误之后，及时进行回填夯实，并将牵引绳具撤离。

(2) 杆上工作

电网施工过程中不可避免地需要登杆进行操作，在杆上工作的危险系数较高，需要特别注意施工安全，工作过程应符合以下规定。

1) 当遇大雾、雷雨天和5级以上大风等不佳天气时立即停止登杆工作。

2) 所有杆上作业的施工人员必须根据有关规定系好双保险的安全绳、戴平安帽。上杆前仔细检查杆体、自身器具和保护措施是否安全、有无缺陷，并确认杆根埋土埋足够深，夯实坚固，否则应采取更加牢靠的加固措施。

3) 安全绳的固定端应系在电杆或坚固的构件上，扣好扣环，确认不会从杆顶、横担端头脱落，转移作业位置之后，再开始进行作业，以确保安全绳的保护作用。

4)利用梯子登杆(或在墙面工作)时，要将梯子支放稳妥并有专人在梯子下方扶持保证安全或将下端绑扎坚固。

5)在杆塔上工作的人员必须非常小心，以防止物体掉落。在传递物品的过程中，应使用绳索等工具，严禁抛掷物品，以避免意外发生。杆塔下方不应有无关人员逗留，以减少潜在的危险。屋顶工作被视为高处作业，工作人员不能麻木不仔细，必须切实遵循安全措施。操作人员应该小心地行走和操作，以防止摔倒。

6)必须采取相关的安全措施，以确保工作人员的安全。这包括使用绝缘工具、穿戴适当的防护装备，以及遵循与电力线路相关的特殊安全规定。

7)登杆作业必须设专人监护。

8)在低压主干线上引下接户线时，必须进行停电施工。这是为了防止电击和其他电力危险。施工前必须进行验电以确认线路已经断电，并且必须挂接地线以确保工作安全进行。这些步骤是为了保护工程人员和周围的人员免受电力危险的影响。

(3)导线架设

1)导线的放线或紧线工作应统一指挥、统一信号，每个工作小组应派专业人员领队。

2)当施工导线的线路与带电线路发生穿插、跨越或接近时，应采取有效措施以避免施工过程受到带电线路的影响，确保施工人员的安全和带电线路的正常工作。由于本工程是在工业园区内进行，因此必须严格遵守相关规定，确保施工安全，并采用合适的方案进行施工和管理。

3)放线过程中应确保看管人员、现场指挥人员，以及施工人员之间的通信联络通畅，视野清晰。严禁在无通信联络及视野不清的状况下放线。

4)导线紧线前应确认杆根坚固，避免立杆晃动发生危险，当立杆安全系数不够时，应对杆体采取临时加固措施。

5)在进行拉线工作之前，必须仔细检查导线接头确保其坚固，同时要确保导线没有被施工现场的物品卡住。在处理线路紧张时，施工人员决不能站在导线上方或者位于导线转角内侧，以免发生意外，从而危害到施工人员的人身安全。

6)当进行线路更换工作并利用旧导线来牵引新导线时，必须在施工过程中持续监视新旧导线连接处，以确保它们不会被异物或其他物品卡住。这样的预防措施是为了避免电杆倒塌等意外情况的发生。

7)邻近带电导线工作

当施工区域邻近区域内有无法停电或者由于客观原因无法进行停电操作的带电线路时，若工作过程可能会受到带电线路的影响时，需要采取事故预防措施，主要有以下的预防方法。

确保安全措施有效，保持作业区与带电导线间的安全距离符合规范。对于靠近作业地点的接地导线，须使用绳索控制，防止其移动到危险区域或触及带电导线。在作业时，应留意绳索和工具与带电导体的间隔。

作业导线和地线要紧贴地面。作业用的机械和工具(如牵引线车、防线滑轮)也要适当接地，以释放邻近高压线感应电荷。若导线误接触高压线，随时接地以保护施工人员安全。

进行带电线路下方导线架设时，用绝缘拉绳控制导地线，避免过度牵引，确保安全间距以防闪络放电。若需要在带电线路上方作业且下方线路无法停电，应由专业人员深入调查并制订详细施工方案，通常采用跨越架施工方法。检修线路的导线、底线和牵引绳，与带电导线保持足够安全距离。施工过程中要防止导线和地线脱落或滑动。

(4)撤线、撤杆

1)在执行停电工作和穿越带电线路的任务时，工作负责人需要先完成必要的手续，并向施工人员详细说明工作内容、工作方法及安全事项。

2)撤除旧线时，必须按照合理的顺序进行操作。在登杆前，应采取临时加固措施以确保杆体的稳定。如果需要叉杆或临时拉线，应首先撤出杆体两侧的导线，然后再撤中间的导线，以避免对杆体施加过大的扭矩。在拆除过程中，绝对不允许使用剪短导线的方法来拆除旧导线。施工过程中，要确保与工程无关的人员已撤离到施工影响区之外。

3)在撤除杆体之前，必须将杆体上的所有组件完全拆除。施工人员在登杆之前必须检查杆体的稳定性和临时加固措施的完好性。通常情况下，不应采取破坏性的方法来推倒杆体进行拆除工作。

4)使用吊车拔电杆时，起重绳索应系在电杆的重心以上位置，必须确认起重臂上方及周围没有任何带电设备。在起拔过程中，要密切注意吊车和电杆的稳定性。

(5)装卸和运输电杆

1)在装运电杆时，必须确保电杆摆放整齐，绝不允许超载。在分散卸车时，每次卸载后都必须重新绑扎电杆，确保它们牢牢固定，然后才能继续运输，以避免电杆滚动造成伤害。

2)当使用人力扛抬电杆时，所有人必须保持一致的步调，同时抬和放下电杆必须协调，以确保安全，避免不必要的伤害。

3)当使用人力车分散运输电杆时，必须尽量降低电杆的重心，并且要确保它们被牢固地绑扎，以预防电杆滚动造成伤害。

4. 安全文明施工措施

(1)在施工前做好准备工作，根据每日工作计划妥善安排设备和材料的摆放，合理确定存放时间，一旦当天使用完成，立即进行清理，确保工地保持整洁。

(2)要求有组织地摆放管理工具，确保设备和材料井然有序，绝对禁止乱丢乱放。所有机械和工具应保持清洁，并妥善存放在安全的位置。专人负责现场工具和材料的保管，并每天进行记录和检查，严禁随意弃置。

(3)施工人员应接受必要的安全培训，并熟悉施工区域的安全规定和紧急应急程序。

(4)现场设置明显的安全标志(包括安全警示牌)、禁止通行标志和警戒线等，以提醒人员注意安全，并规范施工区域。

(5)施工人员应穿戴适当的个人防护装备(如安全鞋、安全帽、防护手套和防尘口罩等)，以确保个人安全，并防止施工过程中的意外伤害。

(6)在气候恶劣或天气不稳定的情况下，应采取相应的安全措施(如安装避雷针)、防滑措施和设立临时遮挡物，以确保施工人员的安全。

(7)在高空作业时，必须设置可靠的防护措施，如设置安全网、安全带和护栏，以防止意外坠落和高处伤害。

(8)定期检查和维护施工设备和机械，确保其正常工作和安全可靠。在使用过程中，应注意设备的故障报警和安全保护装置的有效性。

(9)定期进行施工现场安全检查和巡视，及时发现和处理潜在的安全隐患，确保施工现场的安全和秩序。

(10)建立施工现场安全管理制度，包括安全会议和安全预案等，确保施工人员遵守安全规定和操作程序。

(11)定期组织安全培训和演练活动，增强施工人员的安全意识和应急处理能力。

(12)与周边环境和社区保持良好的沟通和合作，尊重居民的合法权益，减少施工对周边环境的负面影响。

安全文明施工是保障施工人员和周边公共安全的重要举措，通过有效实施这些措施，可以最大限度地减少施工过程中的安全风险和事故发生。

2.2 相关理论

2.2.1 事故致因理论

事故致因理论包含多种理论方法，在事故致因理论的发展过程中，提出了各种各样的观点和理论，常见的理论有以下几类，各类观点均解释了事故发生的原因，对事故发生的原因进行归类，并且可以将这些理论运用到实际工程当中，在实际操作中避免事故的发生。以下将对这些事故致因理论进行介绍。

1. 事故频发倾向论

事故频发倾向论，指的是一种个人的内在倾向，使得某些人更容易在工作中经历事故，并且这一倾向相对稳定。通常情况下，被归类为具有事故频发倾向的人在生产操作或工作实践中难以保持精神集中，可能会遇到引发情绪波动的问题。在这种心理状态下，他们很难将注意力集中在生产操作上，难以迅速适应环境变化，对于外部条件的快速变化也无法做出安全的应对。事故频发倾向论强调，事故的发生不仅受个人因素影响，也与生产环境和条件密切相关。

事故发生比较频繁的工作人员普遍存在以下性格特征：

(1)感情冲动，容易兴奋；

(2)脾气暴躁；

(3)厌倦工作，没有耐心；

(4)慌慌张张，不沉着；

(5)动作生硬且工作效率低；

(6)喜怒无常，感情多变；

(7)理解能力差，判断和思考能力差；

(8)极度喜悦和悲伤；

(9)缺乏自制力;

(10)处理问题轻率、冒失;

(11)运动神经迟钝,动作不灵活。

事故频发者的特征表如表 2-1 所示。

表 2-1　事故频发者的特征比例

性格特征	易冲动	不协调	不守规矩	缺乏同情心	心理不平衡
事故频发者百分比/%	38.9	42.0	34.6	30.7	52.5
其他人百分比/%	21.9	26.0	26.8	0	25.7

2. 事故因果论

事故因果论是说明事故因果关系的一系列理论。事故或现象的发生通常与其根本原因之间存在紧密的、必然的因果关系。这意味着事件的"因"和"果"之间常常存在着强烈的关联性,可以看作是相互关联的,前一事件的结果往往成为后续事件的原因。其中各事件相互连接,相互影响。即:

(1)人员伤亡的发生是事故的结果。

(2)事故的发生可以归因于以下因素:人员的不安全行为及设备或物品的不安全状态。

(3)人员的不安全行为或设备/物品的不安全状态通常与个体的缺陷相关。

(4)个体的缺陷可能由不良环境引发,也可能是天生的遗传因素造成的。

(5)在海因里希的理论中,他通过使用多米诺骨牌的比喻来形象地描述事故的因果关系,也就是说,事故的发生是一系列事件按特定顺序相互关联、依次发生的结果。就像当一张多米诺骨牌倒下时,它会引发连锁反应,导致后续的骨牌逐一倒下。

海因里希模型这五张骨牌依次是:

(1)遗传及社会环境(M)。遗传及社会环境是导致人类缺陷的根源。遗传成分可能导致不良性格特征,如鲁莽、固执、粗心等;社会环境则可能对教育产生不利影响,促使不良性格得以形成。这些构成了事故因果链的基本要素之一。

(2)人的缺陷(P)。人的缺陷由遗传和社会环境共同塑造,是导致不安全行为或物品状态不安全的主要原因。这些缺陷包括各种不良性格特征,以及安全生产知识和技能的不足等后天因素。

(3)人的不安全行为和物品的不安全状态(H)。人的不安全行为或物品的不安全状态指的是那些曾经导致事故发生或可能导致事故发生的行为或机器、物质状态,它们是事故发生的根本原因。例如,在起重机下停留、未发出信号即启动机器、工作期间的不当行为或拆卸安全防护设备等都属于人的不安全行为;没有适当防护的传动装置、暴露的带电部件或照明不足等则属于物品的不安全状态。

(4)事故(D)。即由物体、物质或辐射等对人体造成意外、不可控制伤害的事件。例如,坠落、物体撞击等导致人员受伤的事件都是典型的事故。

(5)伤害(A)。由事故直接导致的人身伤害。

人们通常使用多米诺骨牌来形象地描述这种事故因果链，如图 2-1 所示。在多米诺骨牌串中，如果推倒其中一张骨牌，将引发连锁反应，导致其余骨牌相继倒下。如果移除其中一张骨牌，连锁反应将中断，从而防止事故的发生。

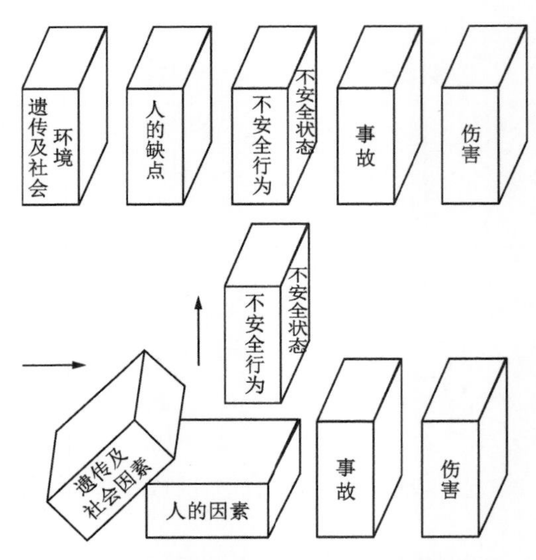

图 2-1 海因里希因果连锁论的概述图

因果之间是多层相继发生的，所以根据因果集成原则，可以将这些事件通过因果关系看作是一个连锁的事件链。每个事件链中的环节都密不可分，以确保事件能够有序发展。因此，当需要预防事故时，我们可以采取适当的措施来对抗潜在风险。通过使用合理的对策，我们可以消除事件链中的某个关键原因，从而切断整个事件链，以预防事故的发生。事故因果连锁理论认为，伤害事故并非孤立事件，每起伤害事故都涉及大量相互关联的事件，这些事件相继发生，最终导致事故的发生。尽管伤害事故在瞬间发生，但其发展过程包括了多个相互关联的事件。可以用多米诺骨牌原理形象地描述事件链及其预防，将一系列事件视为多米诺骨牌，只需移除其中一块骨牌，即可阻止最终的伤害事故发生。因此在安全管理当中，作用的中心就是防止人的不安全的发生，消除机械或者物质的危害，从各个方面切断事件链，即可达到最终防止事故发生的目的。

从积极的角度来看，这一理论提出，通过消除因果关系链中的任何一个关键因素，就可以打破连锁反应，阻止伤害事故的持续发展，从而实现对伤害事故的控制。该理论还强调，企业安全工作的核心任务是消除中间环节的关键因素，通过干预人员的不安全行为和物品的不安全状态，预防人员不安全行为和物品不安全状态的发生，以中断事故的发展过程，避免事故的发生。另外，社会环境的改善将使人普遍有更加良好的安全保护意识，在企业工作的过程中，加入安全培训的环节，保证人们有较好的安全技能，能够进行应急的抢救措施，也可以在不同程度上改善事件链的稳定性或者中止事故的发生，达到预防和控制事故的目的。

不过，值得指出的是，这一理论仍有其不足之处，它在分析事故的致因关系时过于简化和强调人为因素。然而，正因为该理论的形象化表述，以及在事故致因研究中的开创性作用，所以才使其在历史上具有重要地位。随后，许多学者在此基础上进行了深入的修正和完善，进一步丰富了因果连锁理论，取得了显著的成果。

3. 轨迹交叉论

轨迹交叉理论，一种用于研究伤亡事故根本原因的理论，可总结出以下要点：当设备或物品处于故障状态(即不安全状态)并与操作失误两个事件链的轨迹交叉时，事故就会发生。事故的发生往往缘于企业管理不善、员工专业技能和安全意识不足、机械设备长时间未维护，以及设备的安全系统不够完善等，从而导致人的不安全行为或物品的不安全状态。

轨迹交叉理论的核心观点在于，人为错误往往难以完全控制，但我们可以控制设备和物品的故障。

2.2.2　协同治理理论

协同治理理论是一种新兴的综合理论，它将自然科学中的协同理论和社会科学中的治理理论融合在一起，以解释社会系统的协同发展问题。这一理论提供了深刻的洞察力，特别是在探讨社会系统中各个子系统之间的协作和互动方面。

协同现象可以从多个学科的角度进行研究，包括社会学、政治学、经济学、物理学、生物学、化学等。这意味着协同学原理不仅具有广泛的适用性，还在方法论上为研究社会现象的机制和普遍规律提供指导。

治理旨在维护社会秩序，不论是通过官方公共管理机构还是民间组织，其目的都是来引导、控制和规范公民的各种活动，以最大限度地提高公共利益。治理包括四个主要方面：公共权威、管理规则、治理机制和治理方式。

治理理论的研究方法可以总结为三种：基于政府管理的治理、基于社会自组织的治理，以及基于网络化的治理。治理的核心在于优化管理合作关系网络，以实现和增进公共利益，各社会部门共同合作，协同管理公共事务。协同管理指的是各主体之间进行合作，相互依存，共商对策，一起行动，同担风险所形成的管理体系和局面，旨在形成一个合理且有序的治理结构，以促进公共利益的实现。协同治理包含了治理的部分，需要将治理的过程协同起来，不限于简单的合作，是在治理的理论基础之上综合了治理的协同关系，协同治理理论普遍被认为有以下四种内涵和特征：

1. 治理主体和权威的多元化

协同治理之所以可以完成，其前提在于治理主体的多元化。多元化的治理主体为治理的过程提供了非常好的协同治理基础，这些主体包括政府组织、非官方的民间组织、企业甚至家庭和公民个人等所有的社会组织和行为体。这些主体都可以参与到社会公共事务的治理之中。各主体之间由于价值观念和利益需求有所不同，所拥有的社会资源也不尽相同，因此在整个协同治理的体系之中扮演着不同的角色，不同主体之间会出现不同的利益关系。整个系统之中，他们会形成竞争和合作两种关系，这两种关系总是伴随着出现，其原因在于，没有任何一个组织或者行为体具有独立完成目标的知识、资源，以及环境条件，所以多元化的发展是实现目标的过程中必须形成的。

多元化的发展带来的就是多元化的治理权威性，协同治理的权威性就从政府的核心权威分散开来，在其他社会主体之中也会形成一定的权威性，即各个社会主体都可以在一定范围内处理社会公共事务时发挥其权威性，以便更加高效地完成工作。

2. 各子系统的协同性

知识和资源分布在不同组织之间，当某个组织或个体需要发展目标时，必须依靠其他组织提供的知识或资源，组织之间的资源交换和知识传授需要通过谈判协商来进行，谈判能否顺利进行不仅取决于各参与者之间的资源，还取决于参与者之间共同遵守的系统规则，交换发生的环境也是影响谈判的过程和结果。所以协同治理的过程中，需要保证各主体之间的平等自愿原则，可以出现主导地位的组织，但并不是以单方面命令性质的发号施令达到交换目的，而是秉持相互合作、协商对话的原则，拒绝强制推进谈判和交换的进行。考虑每个组织和个体的意见，进行协商合作，考虑社会系统多主体之间的复杂的动态性和多样性，协调子系统之间的关系，在这样的模式下发展的社会系统模式有着更好的发展潜力，更利于实现整个系统的稳步高效发展[45]。

3. 自组织机构间的协同

政府在社会系统的发展过程中有着举足轻重的作用，与之俱来的就是政府制度的限制，为了实现自我控制和自主发展，逐渐形成了自组织机构，这一部分组织是协同治理过程当中非常重要的部分。政府是影响社会系统发展、系统中各主体关系的组织者和行动者，在社会系统中起到非常重要的作用，并且具有一定的主导性。自组织机构在协同治理过程中扮演着关键角色，其自主性既表示自由，也表明在决策和执行方面需要对自身行为和结果承担责任，这构成了自组织机构的重要特征。这类主体具有更高程度的自主权，因此自组织体系的建立通常需要减少政府的监管和控制，甚至在某些社会领域要求政府撤离。这种方式可以促使社会系统的各项功能通过自组织机构之间的协同合作得以充分发挥。

虽然自组织机构要求更大程度的自由，但是政府这一主体的作用并非无关紧要，正相反，政府的作用会越来越重要。在整个协同治理的过程中，各组织之间的协同合作需要政府的介入，嵌入整个系统中对各个组分进行协调。政府作为嵌入整个社会的重要行为主体，在系统规则、目标规划、过程推进等区块中都有不可或缺的作用。

4. 共同规则的制定

多行为主体参与的协同治理是一种集体行为，协同治理的过程就是探究形成共同认可的规则的过程，在这一过程中，保证各个行为组分之间相互信任和良好合作，是协同治理稳步进行的基石。系统的规则决定着治理成果的质量，影响着治理结构的稳定性和平衡性，所以合理的共同规则是协同治理中非常重要的一环。在规则的制定过程中，政府可能并非占主导地位，但确实是规则的最终决定者，政府的意向极大程度地影响了规则制定的大方向，也影响着规则的执行方式，在这一影响下，各个系统主体之间的竞争与合作是促成规则形成的关键。

此外，值得强调的是，协同治理的核心建立在对世界的共同认知和信仰的基础之上，其基本信念是理性可以协助将主体之间的冲突化解为分歧。然而，当各主体的不理性行为导致各方的根本利益和原则立场无法调和时，协同治理的合作将无法达成，协同治理理念将会失效。

协同治理理论的诞生源于对治理理论的重新检视。协同学的理论和方法论为这种检视提供了基础和启示。治理理论的特征关键在于协同，即调节竞争与协助之间的关系，寻求有效的结构对各系统主体之间进行有效的平衡，“协同治理”这个词正好能够反映治理理论的核心特质。在协同治理的过程中，虽然各行为主体之间依旧存在竞争关系，但是这类竞争蕴含着合作，在协作之下竞争，实现整体大于部分之和，实现最终的集体获利。

2.2.3　风险管理理论

风险管理是一个项目或者企业必须考虑的问题，风险管理指的是在一个肯定有风险的环境中把可能造成的负面影响尽可能降至最低的管理过程。这一问题对现代的企业尤为重要，既可以降低损耗，排除危险，又可以提高项目的完成效率和质量，保护企业的整体利益。

风险管理当中包括了对风险的度量、评估和应变策略。理想的风险管理，需要对事件进行次序排列，优先处理产生最大损失的事情，延后处理风险相对较低的事件，以保证将负面影响降到最低。在实际操作过程中，由于风险的危害和发生的可能性并非对应关系，并不一致，因此在进行优化排序时需要权衡风险和可能性的比重，以达到较好的结果，做出最优的决定。

风险管理具体包含以下含义：

(1) 风险管理的对象是风险，对风险进行管理以降低风险。

(2) 风险管理的目标是通过对风险的控制，降低成本和减少风险发生的可能性，达到最高的安全保障。

通常，风险管理可以划分为两大类别：一是经营管理型风险管理；二是保险型风险管理。将保险管理置于首要位置，并将安全管理视为一种辅助手段。

风险管理是为了降低成本或者获得最高的安全保障。随之而来的，这一管理问题并非单一的安全生产问题，同时包含了对风险的识别、评估和处理过程，涉及生产的各个方面，对项目或企业的风险评估是一个系统完整的工程。

在确定风险管理的目标时需要满足以下三个基本要求：

(1) 风险管理的目标需要与风险管理的主体所期望的总体目标一致，保证目标的一致性。

(2) 目标需要充分考虑客观事实，保证目标在客观事实上有实现的可能性，具有可实施性的目标才具有风险管理的意义。

(3) 以总体目标为蓝图，根据目标的重要性进行分类，明确风险管理目标的优先级，然后按照它们的重要性和紧急性进行分级管理，以增强整体风险管理的效果。

风险管理的具体目标要和风险是否发生联系起来，以风险是否发生为界限，分为两种目标：损前目标和损后目标。

1. 损前目标

(1)经济目标。在发生损害之前，必须以最经济的方式来预防潜在风险事故，以防止损失的发生。这需要对整个风险管理计划、方案和措施的经济性和合理性进行仔细分析，包括对安全计划、保险和损失防范技术的成本进行精确评估。

(2)安全状况目标。当人们认识到风险存在时，有助于提高安全防范意识，减少风险事件的发生，并积极配合制订风险防范计划。

(3)履行外部责任目标(如政府政策、法律法规等)。

2. 损后目标

(1)生存目标。保证自然灾害或意外事故不至于使各组分受到致命的打击。实现生存目标是保证在灾害发生之后的一段时间里能够恢复灾害发生前的正常生产和经营的前提。

(2)保持企业生产经营的连续性目标。风险事件发生后，对人们的生产生活等各方面都将会带来不同程度的损失和危害，轻则影响，重则使之瘫痪，公共事业单位即使在风险发生时也有义务提供不间断的服务。

(3)收益稳定目标。企业连续稳定的经营可以保证收益的稳定，使生产持续增长。对于大部分投资者而言，收益稳定的企业比高风险的企业更加有吸引力，稳定的收益可以给企业带来正常的发展。为不断实现收益稳定的目标，企业就需要提高对风险管理的重视程度，增加风险管理的支出。

(4)社会责任目标。风险发生后，会影响企业部门的利益，影响工作进度，进一步会影响相关的员工、客户及供货渠道人员等的利益，所以应尽可能地减轻企业受损对人们甚至整个社会的不利影响。因此风险管理人员需要有辨识风险的能力，可以分析风险并给出适当的应对风险的对策和措施。

风险管理在企业和项目的发展过程中预防风险的发生是非常有效的，能够有效地对各种风险进行管理。对于企业或项目而言，风险管理有以下意义：

1)有利于企业作出正确的决策；

2)有利于保护企业资产的安全和完整；

3)有利于实现企业的经营活动目标。

2.2.4 贝叶斯网络

这个理论模型由 Judea Pearl 于 1988 年提出，它是一个有向无环图(directed acyclic graph，DAG)的抽象表示，由代表不同变量的节点及连接这些节点的有向边组成。贝叶斯网络模型基本结构如图 2-2 所示。

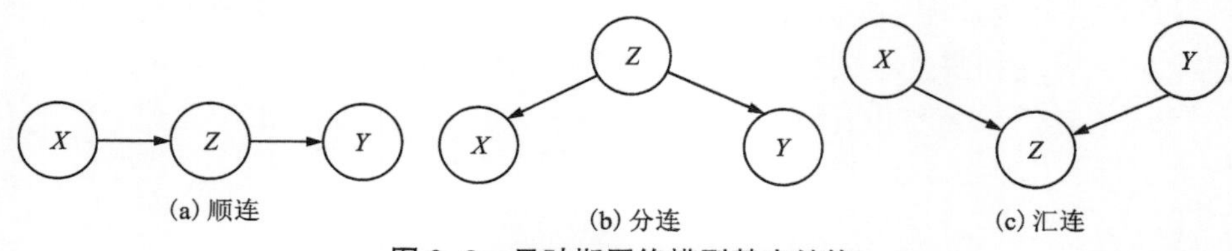

图 2-2 贝叶斯网络模型基本结构

这些节点变量可以代表各种不同的抽象概念，例如测试结果、观察到的现象、意见征询等。贝叶斯网络还能够从不完全、不精确或不确定的知识或信息中进行推理，使其成为处理复杂问题的有力工具。

贝叶斯网络的基本结构有三种方式，即顺连、分连和汇连，也可以称之为链式模式、分叉模式、对撞模式。

在贝叶斯网络中，如果两个变量直接相连则表示这两个变量之间有着直接的依赖关系。

如果两个变量之间没有直接的连接，信息不能直接传递，在这种情况下，信息需要通过其他变量来建立联系，以便在两个变量之间传递信息。这时，对其中一个变量的了解不会直接影响对另一个变量的信度，因此它们被视为条件独立。举例来说，考虑变量 X 和变量 Y，如果它们之间没有直接的联系，那么 X 的信息无法直接传递到 Y，并且了解 X 的信息不会直接影响我们对 Y 的信度。然而，如果变量 X 和变量 Y 通过第三个变量 Z 间接相连，这是贝叶斯网络中的一种基本情况，那么我们可以将贝叶斯网络分解成三种基本结构，即顺连、分连和汇连。对于顺连，其概率可以表示为：

$$P(a, b, c)=P(a)\times P(c|a)\times P(b|c) \tag{2-1}$$

对于分连，其概率可以表示为：

$$P(a, b, c)=P(c)\times P(a|c)\times P(b|c) \tag{2-2}$$

对于汇连，其概率可以表示为：

$$P(a, b, c)=P(a)\times P(b)\times P(c|a, b) \tag{2-3}$$

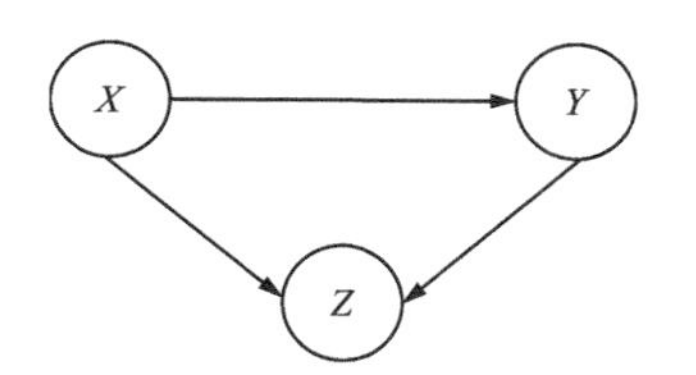

图 2-3　简单贝叶斯网络模型

结合上述三种基本结构可以构建一个简单的贝叶斯网络模型（见图 2-3），其联合概率可以由条件概率表示出来：

$$P(a, b, c)=P(c|a, b)\times P(b|a)\times P(a) \tag{2-4}$$

贝叶斯网络利用图形化的方法来表示概率并计算概率，克服了很多概念层面的困难，同时解决了很多计算问题。引入统计学相关知识，使贝叶斯网络在数据处理方面有优于其他方法的计算能力。相较于规划挖掘、决策树、人工神经网络、密度估计、分类、回归和聚类等方法，贝叶斯网络模型有以下非常显著的优点：

1. 贝叶斯网络利用有向无环图表示数据之间的联系，清晰地表达出数据与数据之间的联系，表达直观。基于图形在运用概率学知识进行数据分析时，可以更好地针对变量之间的关系和条件进行模型的建立，便于计算。

2. 对于缺少数据的不完备的数据库，贝叶斯网络依然有着精确的剪力模型并计算的能力，贝叶斯网络可以反映出数据库中各数据之间的概率关系、剪力模型，传统的算法中缺少数据将会使建立的模型出现偏差，但是贝叶斯网络可以精确地完成计算。

3. 贝叶斯网络模型中的因果变量关系可以被学习，在传统的数据分析中，当存在较多干扰因素时，系统难以准确地预测因果关系。然而，在贝叶斯网络中，因果关系具有概率性语义，这使得我们能够从数据中学习因果关系，并且可以利用这些因果关系进行学习。

4. 贝叶斯网络可以充分地利用相关的概率学知识和数据样本等信息，在样本数据密度不足或者样本数据获取困难时有效地进行数据分析。

2.2.5 演化博弈

与传统的博弈理论不同的是，演化博弈论(evolutionary game theory)的理论体系中不要求人的思想和行为是完全理性的，也不要求完全信息的条件。最早由诺贝尔经济学奖得主西蒙(Simon)在研究问题的决策时提出了“有限理性”这一概念。

传统的博弈论把研究重点放在静态的均衡和比较静态均衡上，并不考虑动态作用对博弈的影响作用。在演化博弈论中，把理论分析和动态演化过程的分析结合起来，强调的是动态的均衡，这一理论起源于生物的进化论。经济学家利用演化博弈论分析社会习惯、规范、制度体系等社会现象，用于解释其形成过程及影响因素。

结合客观事实条件，演化博弈论不把人看作超级理性的博弈方，这一理论认为人通常会使用试错的方法来达到博弈均衡，这一理论和生物进化论有共性，博弈均衡即达到均衡的过程函数，很多因素都会对博弈的均衡产生影响。该理论对于生物学、经济学、金融学和证券学等学科均有至关重要的作用。

博弈演化理论的研究对象是随时间有变化的主体，研究的主要目的是了解群体演化的动态过程，进行研究并且解释说明这一群体的演化过程并且如何实现演化。演化的影响因素有随机性和规律性，突变来源于群体变化的随机性及环境出现的扰动现象，规律性形成来自群体演化过程中的选择机制。

演化博弈论模型基于选择(Selection)和突变(Mutation)两个方面建立。为了使模型中的策略可以获得更好的收益，或者被更多的参与者采用，将会对决策进行选择；而突变则是个体在随机演化的过程中与选择不同的决策，可以认为是一种不断试错或者学习模仿的过程，在试错的过程中增加对环境的适应性，提高收益。选择和突变获得更好的策略就是演化博弈的本质。选择和突变这两个方面缺一不可，必须同时具备这两方面的模型才可以被称为演化博弈模型。

总之，演化博弈模型有如下三个特征：

1. 把随时间有变化的主体作为研究对象，分析其动态的演化过程，解释说明群体为何会达到这一状态并且如何实现；

2. 选择和突变缺一不可，群体需要同时具备这两个方面；

3. 经过群体选择后，行为会表现出一定程度的稳定性。

演化博弈理论不支持完全理性的假设，它借鉴了达尔文生物进化论和拉马克的获得性遗传理论，从系统论的角度来看待人类行为。演化博弈理论将人的行为视为一个动态的过程，强调个体行为的调整是一个动态系统。该理论模型考虑了每个个体的行为及其与整个群体之间的相互关系，将个人行为和群体行为及它们的形成机制纳入模型中，同时考虑了各种相关因素。这使得演化博弈理论构建了一个宏观模型，由微观基础组成，能够更准确地反映出主体的多样性和复杂性。

博弈演化理论假定行为主体会经过一系列的演化步骤，程序化地执行某一特定行为。

总之，在演化的过程中，行为主体通过不断修正和改进自己的行为，模仿成功的策略，逐渐发展出一套具有广泛适用性的规则和制度，从而实现了行动的改进。这些行为都需要持续一段较长的时期，而时间是不可逆的，时间在发展过程中不断变化，其状态是不对称的，在不断演化的进程中，行为主体的行为会与演化之初的状态息息相关。在模型中随机因素(即突变)有着关键性的作用，这是在演化过程中行为个体在进行试错的过程，试错是为了取得更加合理的行为方式，通过不断尝试不同的行为策略，将其中一部分进行替代，不断地改变，最终形成规律。

2.3　风险生成机制

我们把致使某些不利的结果出现的因素和行为称为风险生成机制。风险生成的因素多种多样，既可以是一个长期存在的行为，也可以是一件单独存在的物品或事件。对于企业而言，产生了风险就需要进行应对，制定相对应的风险管理的策略，进行风险管理，以求减弱乃至消除风险。

风险往往是潜在的，这意味着风险的机制是不稳定的，根据风险管理中提到的内容，风险管理者对风险要有足够的辨识能力，需要具有了解风险来源、预测风险并且避免风险发生的能力，对风险进行充分的干预，根据过去发生的事情，进行数据分析和预测，应对和缓解潜在的风险问题。

一些内部因素也可能会导致风险的发生，企业的决策和运营往往会影响风险的发生，这意味着企业需要从更高的维度审视决策的内容，以及其可能产生的影响，在风险管理中将各个决策囊括在内，对于可能产生较大负面影响的决策，提出相应的对策，尽可能地降低潜在风险，甚至完全防止决策产生风险，把风险控制在可以管控的范围内。

同样地，政治、经济贸易、国际环境等外部因素也会导致风险的产生，一些组织可能会受到来自政府政策、天气、技术问题和安全问题等方面的影响，所以他们需要与相关合作机构合作，以期提高企业应对风险的能力，在风险发生时可以有较大的弹性来应对风险的发生。

整体来说，组织需要根据自身情况形成应对风险的管理框架，综合各职能部门，跨部门进行团队合作，形成能够在潜在风险下进行有效管理的应对方案，把风险的影响尽可能降到最低。

2.3.1　风险生成的一般性机制

风险包含三个主要要素，即风险因素、风险事件和风险结果，而风险则是这些要素相互关联的结果。风险因素被视为产生风险的前提条件，它们是形成风险所必不可少的元素。这种观点主要侧重于从风险的构成要素和产生机制的角度来描述，有助于人们清晰地理解导致某一风险出现的各种风险因素，以及它们之间的相互作用机制和过程。

前文中提到的海因里希模型就可以用以阐述风险因素和风险之间的关系，又被称为多米诺骨牌理论，风险由五张骨牌组成，当前四张牌中任何一张引导，都将产生风险。海因里希模型这五张骨牌依次是：

(1)遗传及社会环境(M)。遗传及社会环境是导致人类缺陷的根源。遗传成分可能导致不良性格特征，如鲁莽、固执、粗心等；社会环境则可能对教育产生不利影响，促使不良性格得以形成。这些构成了事故因果链的基本要素之一。

(2)人的缺陷(P)。人的缺陷由遗传和社会环境共同塑造，是导致不安全行为或物品状态不安全的主要原因。这些缺陷包括各种不良性格特征，以及对安全生产知识和技能的不足等后天因素。

(3)人的不安全行为和物品的不安全状态(H)。人的不安全行为或物品的不安全状态指的是那些曾经导致事故发生或可能导致事故发生的行为或机器、物质状态，它们是事故发生的根本原因。例如，在起重机下停留、未发出信号即启动机器、工作期间的不当行为或拆卸安全防护设备等都属于人的不安全行为；没有适当防护的传动装置、暴露的带电部件或照明不足等则属于物品的不安全状态。

(4)事故(D)。即由物体、物质或辐射等对人体造成意外、不可控制伤害的事件。例如，坠落、物体撞击等导致人员受伤的事件都是典型的事故。

(5)伤害(A)。由事故直接导致的人身伤害。

海因里希特别强调三点内容：

1)每一种风险都将从遗传及社会环境(M)开始，以风险的发生，即产生风险为终点；

2)多米诺骨牌五张牌中，移走前四张中的任意一张都可以防止损失的发生；

3)在理论和实践的探索下，移走第三张牌是预防损失产生的最佳方法，是最有效且成本最低的办法。

能量释放论是另一种揭示风险、预防灾害的理论，该理论是由哈登在社会科学领域的风险研究中提出的，用能量的概念解释疾病控制、灾害预防现象的理论。能量释放论认为，人和财产都可以看作是有承受期限的结构，当能量超过承受期限的时候，风险就会发生，控制能量不超过期限，或者将能量作用于其他的结构，就可以避免风险的发生。在实际生产中，就是要防止能量或者危险物质的意外释放，防止结构与过量的能量进行接触、相互作用，即可防止损失发生。

两种理论在具体表现和理论细节上有所区别，但是对于风险的三因素的关系有着相同的观点，风险事故的发生一定伴随着风险因素的产生或者增加，损失的根本原因就是风险事故的发生，风险作用的关系链可以清晰地表现风险生成的动态过程。

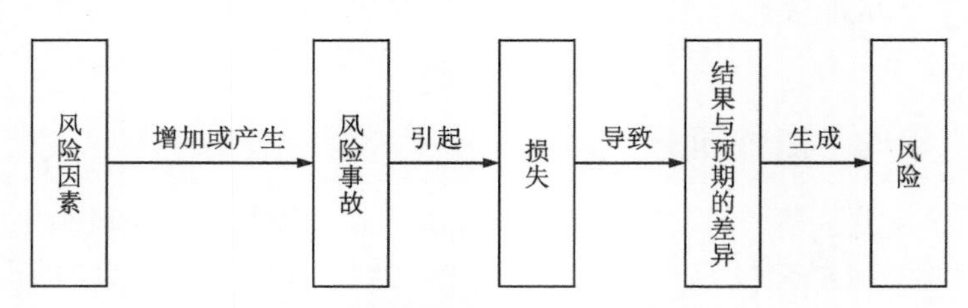

图 2-4　风险生成的一般性机制

2.3.2　基于信息不对称的工程项目风险生成机制

在工程项目中，人们面临着各种各样不确定的因素，这些因素的客观存在导致我们对工程项目往往无法进行完全的认识和把握。这些不确定因素就是不完全的信息，人类认知的局限性和无法完全理性，导致我们在工程实践中无法对不确定的因素进行完全的了解；在工程项目的环境和决策的动态变化过程中，这些不确定因素也将随之发生变化，这些信息在传播过程中也会产生信息失真，会使得不确定信息在各部门之间的传递之后被进一步泛化，从而产生风险。

在不同的工程主体之间，工程项目所面临的各种不确定因素分布呈不对称状态，不同的主体所了解到的不确定因素是不一样的。另外，对同一个不确定因素，不同的主体对其的认知和理解并不一致，若某一主体对某一不确定因素有更加全面的了解和更充分地认知，这一主体相对于其他主体就有信息上的优势。在实际的生产中，若一个主体获得了信息优势，则为了追求自身利益的最大化，可能会利用所拥有的信息优势而对其他的主体做出有损利益的行为，甚至会影响到工程项目目标的实现，也可能会因此产生潜在的风险。

综合来说，人类认知的局限性和有限理性，会使得工程中出现很多不确定因素。一方面，信息在各个主体之间的传播存在障碍，会导致信息失真进一步加剧不确定因素的信息不完全性，从而使得项目的信息主体在客观上存在客观事件风险；另一方面，信息不对称会导致在实际操作中拥有信息优势的主体对其他主体做出有损利益的行为，存在着主体行为风险。这两方面都基于人类的有限理性和认知的局限性，这两方面的风险最终会导致项目存在风险，一旦风险发生，将会损害项目及相关的主体的利益，会造成不可逆的影响。由此可见，不确定性因素是工程项目风险产生的前提和基础，信息不对称则是工程项目风险产生的根本。在实际的生产中要尽可能避免信息不对称带来的风险，尽可能降低风险，避免损害的发生。

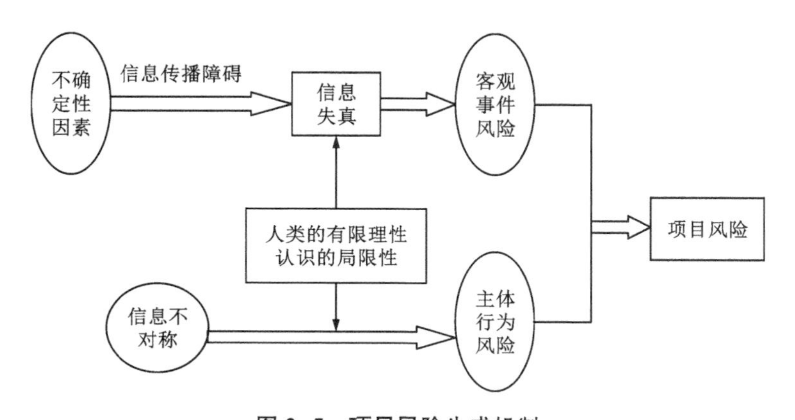

图2-5　项目风险生成机制

2.4 本章小结

本章简要阐述了本项目中改造与风险评估所涉及的一些概念和相关的理论基础等基本原理，包括电网改造工程的目的、特点、实施方案，简要介绍了相关的理论及其基本概念和模型，包括事故致因理论、协同治理理论、风险管理理论、贝叶斯网络、演化博弈。同时对风险生成的机制进行阐述，说明风险生成的一般性机制，结合不确定性因素和信息不对称分析了风险生成的机制，为后续章节的分析计算和模型建立引入了理论基础。项目的风险管理是每个企业或项目都需要重点进行的工作，良好的风险管理是企业或项目规避风险、安全稳定地完成目标、获得效益的重要前提。本章中提到的项目管理方法和风险管理将会在下一章中展开介绍。

第 3 章 项目管理的基本理论

3.1 风险与风险管理

3.1.1 风险定义

项目风险是指在项目实施过程中，各种不确定因素的存在，导致项目目标无法达成或者达成目标的成本超出预期甚至产生风险的可能性。风险在任何一个项目中都是不可回避的。对于任何一个项目而言，都存在着一定的风险，我们应当尽可能降低风险的程度，避免风险的发生。

简单来说，风险指的就是在一个特定的环境下能够发生损失的可能性。

1. 风险因素

风险因素指的是无法通过人为干预时间加以控制的因素。对于风险因素，人们只能进行评估而不能精准获取数据，对于项目中的决定大部分时候都是取决于评估数据的计算，而其中很大一部分的数据都是通过主观经验估算得到的，这样得到的数据与实际情况会有一定的偏差，这就导致了计算结果与实际情况不相符。另外，事物都是在不断地发展和演变的，发展和演变并非决策者可以主导的，大部分时候决策者甚至无法掌握发展和演变的信息，无法对其发展过程进行预测，这些不确定性导致风险因素的产生。由于这些不确定性，决策者在做出任何一个决定时都会承担相应的风险，这些风险来源于客观上决策者所不能控制的或者不能完全了解和掌握的信息。

2. 风险事故

风险事故的来源主要分为三类：

(1) 自然现象，是一些不可抗力因素，人类无法改变甚至无法预测，如地震、台风、洪水等；

(2) 社会政治、经济的变动；

(3) 意外事故。

风险产生的直接原因是意外事件的发生。对意外事件进行预测和预防，做好相应的应变措施，通过措施对意外事件进行预测，加以预防，尽可能地把意外事件变为意料之中的事件，把意外事件消除在萌芽状态。风险事故发生之后，会引起整个项目或企业综合的损失。

3. 风险损失

一般地说，风险损失具有以下特点：

(1)可预见性。风险通常是可以通过一些手段进行预测的。事件发生前，一般而言都会有一些先兆，人们可以及时地捕捉到相关的信息，综合分析，就可以在意外事件发生之前对其进行预报预防，可以从根源上避免风险的发生。但目前由于人们能力有限和工作失误，尚不能及时预测预报全部意外事件。

(2)可预防性。意外事件具有可预见性就意味着可以对意外事件进行预防。企业可以对可能发生的损失采取措施，以防止损害的发生，也可预先做好应变准备，减轻已经发生或者无法阻止发生的损害。但需要知道，所谓可预防不是绝对的。

(3)突发性。风险损失往往事出突然，无法预测，冲击巨大，这意味着企业或项目管理者要有足够的应对经验，临危不乱，在遇到风险时沉着冷静，努力减轻损失，在一定的情况下化不利为有利，帮助企业渡过风险难关。

(4)系统性。风险损失是一种综合性的概念，它包括了广泛范围内的各种社会损失，这些不同类型的损失是相互关联的整体。

(5)并存性。在风险管理中，通常情况下，风险的损失和收益是相互关联的。

(6)竞争性。企业的风险损失通常与竞争对手的表现和市场竞争结果密切相关。因此，企业必须认真研究竞争对手的竞争策略，并及时采取有效措施，以确保自已能够在竞争中保持竞争力，避免失败。这样才能保证企业一直处于稳固的地位。

(7)多样性。风险损失的存在形式是复杂多样的，有内部损失、外部损失，这些损失可能来自各个方面。

4. 风险三大因素的关系

风险由三个互相关联的组成部分构成，包括风险因素、风险事件和损失。

3.1.2 风险特征

风险的特征包括风险的不确定性、风险的客观性、风险的普遍性，以下对风险的特征进行阐述。

1. 风险的不确定性

风险的不确定性包含了三个方面，分别为：

(1)难以确定是否会发生。风险的发生是偶然的，是一种随机事件，充满了不确定性。

(2)难以确定发生的时间。尽管某些风险事件最终会发生，发生的具体时间却是无法确定的。以生命风险为例，人们都会面临死亡这一必然现象，但对于个体而言，在其健康时期，死亡的确切时间是无法预测的。

(3)难以确定事件后果。例如，濒海地区的台风袭击是不可预测的，每次台风造成的后果都不同，因此无法准确预测未来的台风事件是否会导致财产损失、人员伤亡，以及具体的损失程度。

2. 风险的客观性

风险是一种与个体意识无关的客观存在，无法由人的意志单方面左右。举例而言，自然界中的地震、台风、洪水等自然灾害，以及社会领域的战争、瘟疫、冲突和意外事故等，都是不受人类控制的客观现象。这些事件超出了个人或组织的掌控范围。

因此，人们只能在一定的时间和空间范围内，通过改变特定条件来影响风险的存在和发生。这包括采取措施以减少风险事件发生的频率和降低潜在损失的程度。尽管可以采取预防措施和风险管理策略来降低风险，但不能完全消除风险。风险始终存在，无法彻底消失，因为它们与自然和社会的复杂性紧密相连。

正是由于风险的客观存在，才出现了对保险活动和保险制度的需求。保险为个人和组织提供了一种应对风险的方法，通过共享风险和分担损失来帮助人们应对可能发生的不可控制事件。这种方式有助于社会的稳定和经济的可持续发展，同时也为个人和企业提供了安全感，因为他们知道在面对风险时有一定程度的保障。因此，保险在现代社会中扮演着至关重要的角色。

3. 风险的普遍性

人类的历史可以看作是伴随着各种风险的历史。在现代社会，风险已经渗透到社会、企业和个人生活的各个方面。个体面临着生老病死及意外伤害等各种风险，企业则面临着自然灾害、市场波动、技术问题、政治不稳定等多种风险，甚至国家和政府机构也不可避免地面临各种风险。正是因为这些广泛存在的威胁人类社会生产和个人生活的风险，保险的存在成为必要之举，也为其发展提供了机会。

3.1.3　风险分类

可以按照风险产生的原因进行分类，分为以下类型：

(1)自然风险：因为自然不规则变化引发自然灾害威胁。

(2)社会风险：个人或者团体的行为导致人们遭到损失风险。

(3)政治风险：对外贸易中，政治等不可控因素导致债权人受到损失。

(4)经济风险：在经营活动中受到市场供求关系等因素影响，经营者决策失误导致风险。

(5)技术风险：因为科学技术发展所产生的风险，如辐射、噪声等。

也可以按照风险形态进行分类：

(1)内部风险和外部风险：内部风险是指由企业自身原因而引起的风险，如管理层决策失误、资金不足等；外部风险是指由市场、政策、自然灾害等外部因素而引起的风险。

(2)已知风险和未知风险：已知风险是指在项目实施过程中能够预见并进行评估和控制的风险；未知风险则是指无法预见或者难以评估和控制的潜在危害。

(3)技术性风险和商业性风险：技术性风险主要涉及技术方面的问题，如技术难度大、产品质量问题等；商业性风险则与市场营销相关，如市场需求变化、竞争加剧等。

3.1.4 风险管理定义

特定风险的发生是不可预测的、偶然的，但通过对许多风险事故的观察可以发现，风险往往表现出一定的规律性。基于历史大量数据，运用概率论和数理统计的方法，可以评估风险事故发生的概率及其损失程度，并构建出损失分布的模型，这成为风险评估的基础。

风险由三个互相关联的组成部分构成，包括风险因素、风险事件和损失。它们之间存在一种因果关系。

风险管理具体包含以下含义：

(1)风险管理的对象是风险，对风险进行管理以降低风险。

(2)风险管理的目标是通过对风险的控制，降低成本和减少风险发生的可能性，达到最大的安全保障。

(3)风险管理是企业或项目中的一个独立的管理系统，用以预测预防企业可能面临的风险，并且减弱已经发生的损害的影响，现已成为一门新兴学科。一般可以将风险管理分为两类，其中一类就是经营管理型风险管理，它主要关注管理企业面临的各种风险。

3.1.5 风险管理目标

风险管理是一种有针对性的管理行为，只有在明确定义了其目标时才能发挥有效作用。否则，风险管理将仅仅成为一种形式化的过程，失去实质性意义，并且难以评估其效果。

风险管理的目标是要以最小的成本获取最大的安全保障。随之而来的，这一管理问题并非单一的安全生产问题，同时包含了对风险的识别、评估和处理过程，涉及生产的各个方面，对项目或企业的风险评估是一个系统完整的过程。

1. 基本要求

在确定风险管理的目标时需要满足以下四个基本要求：

(1)风险管理的目标需要与风险管理的主体所期望的总体目标一致，保证目标的一致性。

(2)目标需要充分考虑客观事实，保证目标在客观事实上有实现的可能性，具有可实施性的目标才具有风险管理的意义。

(3)拥有清晰的目标定向，能够准确选择并实施各种方案，在完成方案后进行客观评估。

明确的目标是至关重要的。一个成功的个体或组织需要知道其想要达成的目标是什么，并且必须具备能力以选择合适的方法来实现这些目标。关键在于，在采取行动之前，个体或组织需要充分了解可用的各种方案，并选择最合适的方案来达成目标。一旦方案完成，还需要进行客观的评价，以确定它是否成功，以及是否需要进一步改进或调整。

(4)以总体目标为指导，根据目标的重要性进行划分，区分风险管理目标的优先级，根据重要性和紧急性进行分级管理，以提升整体风险管理效能。

在风险管理中，将总体目标作为引导原则是非常重要的。这意味着使所有的风险管理活动与组织的长期目标和战略一致。为了更好地管理风险，必须根据风险的重要性对其进行分类和分级。这样可以确保资源和精力首先用于应对最重大的风险，以最大程度地降低其对组织的不利影响。同时，还需要考虑风险的紧急性，以便适时采取行动。通过分级管理风险，可以提高整体风险管理的效力，确保有针对性地处理最关键的问题。

风险管理的具体目标要和风险是否发生联系起来，以风险是否发生为界限，分为两种目标：损前目标和损后目标。

2. 损前目标

(1) 经济目标：在发生损害之前，应采用最经济有效的方法来预防潜在的风险事件，以防止损失的发生。这意味着企业或项目需要仔细评估安全计划、保险和损失防范技术的成本。

(2) 安全状况目标：安全状况目标是将风险控制在企业或项目可承受的范围内。风险管理人员需要公开风险的存在，使人们清楚地认识到风险的存在，而不是隐瞒它。这有助于提高人们的安全意识，促使他们采取主动措施来防范风险，并积极配合制订风险防范计划。

(3) 合法性目标：风险管理人员需要密切关注与经营活动相关的法律法规，合法地审查每份合同，以确保企业或项目的财务、时间、声誉等方面不受侵害，保障经营活动的合法性。

(4) 履行外部责任目标：这包括遵守政府法规，可能要求企业安装安全设施以预防工伤等。此外，企业的债权人也可以要求贷款的抵押品必须获得保险覆盖。这些都是外部实体赋予企业的责任目标。

3. 损后目标

(1) 生存目标。保证自然灾害或意外事故不至于使各组分受到致命的打击。实现生存目标是保证在灾害发生之后的一段时间里能够恢复灾害发生前的正常生产和经营的前提。

(2) 保持企业生产经营的连续性目标。风险事件发生后，会给人们的生产生活等各方面都带来不同程度的损失和危害，轻则影响，重则使之瘫痪，公共事业单位即使在风险发生时也有义务提供不间断的服务。

(3) 收益稳定目标。企业连续稳定的经营可以保证收益的稳定，使生产持续增长，对于大部分投资者而言，收益稳定的企业比高风险的企业更加有吸引力，稳定的收益可以给企业带来正常的发展。为不断实现收益稳定的目标，企业需要提高对风险管理的重视程度，增加风险管理的支出。

(4) 社会责任目标。风险发生后，企业遭受严重的损失势必会影响企业相关的人员和部门，会影响员工、顾客，供货人、债权人、税务部门以至整个社会的利益，所以在风险发生后应该尽可能地减轻企业受损对人们甚至整个社会的不利影响。因此风险管理人员需要有辨识风险的能力，可以分析风险并给出适当的应对风险的对策和措施。

4. 风险管理的意义

风险管理在企业和项目的发展过程中预防风险的发生是非常有效的，能够有效地对各种风险进行管理。对于企业或项目而言，风险管理有以下意义：

(1)有利于企业作出正确的决策；

(2)有利于保护企业资产的安全和完整；

(3)有利于实现企业的经营活动目标。

3.2 项目与项目管理

3.2.1 项目定义

项目是通过人们的努力，利用多种方法，组织人力、材料、财务等资源，根据相关商业策划和计划，执行一项独立的、一次性或长期的工作任务，旨在实现特定数量和质量目标。

3.2.2 项目特征

(1)相对性。项目相对于项目中的主体而存在。对于某一特定的工程，不同的项目主体对应的项目不同，如业主和承包商所对应的项目并不相同。

(2)临时性。项目是临时存在的，当项目的目标完成之后，项目组也相应解散，项目将不再存在。

(3)目标性。项目建立的原因就是完成某个确定的目标，所以每个项目都有其对应的目标，例如实现某些功能特性、达到预定的效益等。

(4)约束性。由于客观或主观的原因，项目会受到一定的制约，项目都有一定的约束条件，如资源、环境、财力、人力等。

1)一次性。项目的建立是为了完成目标，其从建立开始就为了目标不断发展完成，项目是一次完成的，不能推倒重来。

2)系统性和整体性。项目具有完整性，具有完整的系统，在开始之前，就要形成完整的项目计划，整个项目的推进和完成要按照计划要求不断地推进。

3)生命周期性。项目从形成目标、做出计划开始，到完成目标、解散为止，具有完整的时间跨度。

3.2.3 项目管理

1. 项目管理的定义

项目管理涉及监控和管理与一系列目标相关的活动，如任务。这包括项目的策划、进度安排，以及跟踪项目活动的进展。

项目管理是将管理知识、工具和技术应用于项目活动，以解决项目中出现的问题或满足项目的需求。管理包括领导、组织、人员配置、计划和控制这五个主要方面的工作。

2. 项目管理的特性

(1)普遍性

项目是一种独特而一次性的社会活动，在人类社会的各个领域都有广泛的应用。实际上，我们可以认为，人类现今拥有的各种物质文化成就最初都源自项目的执行。这是因为现存的各类基础设施和资源最初都是通过开发和项目式的建设而建立起来的。

项目的概念在各个领域都起到了关键作用。无论是建筑工程、科学研究、商业发展还是社会改革，项目都扮演着推动进步和创新的角色。项目的本质是它们只是一次性的，有明确的开始和结束，通常有特定的目标和限定的资源。这种特性使得人们能够集中精力和资源有计划地实现各种重大成就。

回顾人类历史，大规模的项目活动已经创造了无数的成果，从古代建筑奇迹(如金字塔)到现代的太空探索和科技创新。项目的方式使得人类能够策划、协调和管理各种复杂的活动，以创造出对社会、经济和科技领域都具有重要意义的成果。

总之，项目管理是人类进步和发展的重要引擎，它推动了创新和社会变革，为我们现在享受的各种成就奠定了坚实的基础。

(2)目的性

项目管理的目的是通过执行项目管理活动来确保达到或超越项目相关各方明确提出的项目目标或指标，同时满足项目相关各方可能未明确定义但期望达到的潜在需求和期望。

(3)独特性

项目管理的独特之处在于，它不同于一般的企业生产和运营管理，也与常规的政府管理及其他特定管理领域有所不同，因此可以视为一种截然不同的管理活动。

(4)综合性

项目管理的综合性体现在必须根据具体项目中各要素或各专业之间的相互关联，进行综合性的管理，而不能将项目各个专业或要素孤立地单独管理。

(5)创新性

项目管理的创新性可以分为两个层面：其一，它指的是对创新元素(即项目所包含的创新)的管理；其二，它表示任何一个项目的管理都不是一成不变的，都需要通过管理创新来实现对具体项目的有效管理。

(6)临时性

项目是一种有时限的临时性任务，其基本目标达成后，即使项目所建成的成果可能刚刚开始发挥作用，项目也被视为已经完成，其任务随之结束。

3.3 项目风险管理

3.3.1 项目风险管理定义

项目风险管理涵盖以下核心要点：通过对风险的识别、分析和评估，识别潜在的项目风险，并依据这些识别结果采取适当的风险应对措施、管理策略、技术手段和方法，以有效地控制和应对项目风险，同时合理处理可能因风险事件而产生的不良后果，以最小化成本来确保项目整体目标的实现。

在项目管理中，风险管理的关键在于清晰地界定项目的范围。通过将项目任务分解成更具体和易于管理的子任务，可以有效地避免遗漏和风险的出现。在项目执行的过程中，变更是不可避免的，而这些变更可能引入新的不确定性因素。风险管理的作用在于通过识别和分析这些不确定性因素，为项目范围管理提供关于任务的重要信息。

项目风险管理是确保项目成功完成的关键步骤之一。它有助于项目团队识别并应对可能影响项目目标实现的潜在风险，从而增加项目成功的机会，减少不必要的延迟和避免成本增加。通过明晰项目范围和灵活应对变更，风险管理在项目管理中扮演着不可或缺的角色。

总之，项目风险管理是一项关键的管理工作，它有助于识别、分析和评估潜在风险，为项目提供适当的风险应对策略，并确保项目在各个阶段都能够有效应对不确定性，以实现项目的成功完成。

3.3.2 项目风险管理特征

(1)风险的客观性首先体现在它的存在并不受个人意愿的控制。基本上说，这是因为决定风险的多种因素是独立存在的，不论风险主体是否认识到风险的存在，一定条件下它有可能成为现实。此外，客观性还表现在风险是无处不在的，存在于人类社会的发展过程中，并潜伏于各种人类活动中。

(2)风险的不确定性意味着风险的发生是不可预测的，即我们无法确定风险的程度，以及它何时何地可能变成现实。这是因为我们对客观世界的认知受到各种限制条件的制约，无法准确预测风险的发生。

(3)风险的不利性表现在一旦发生，可能给风险主体带来损失，对于风险主体来说具有极为不利的影响。因此，了解风险的存在并认识到其不利性，迫使我们在做出决策时采取相应的措施，尽可能地避免风险，将其不利影响降至最低。

在商业、项目或个人层面，风险管理是至关重要的实践。它涵盖了对潜在风险的识别、分析，以及制定应对策略的过程。通过采取预防措施或制订应急计划，我们可以在风险发生时做出迅速、果断的反应，从而减缓或最小化其对我们的影响。在决策过程中，认识到风险的存在不仅是一种谨慎的态度，也是对可能面临的不利后果的一种负责任的态度。这种意识促使我们更加谨慎地权衡利弊，寻求最佳的解决方案，以确保我们能够在面对风险时做出明智而明确的决定。

(4)风险的可变性指的是在特定条件下风险可以发生变化或转化。

3.3.3 风险的分类

风险的分类标准多种多样，根据不同的期望和要求可以将风险进行不同的分类。

1. 按风险后果划分

(1)确定性风险：确定性风险是指风险事件的结果只有两种可能性，即没有损失和有损失，不会带来任何利益。

(2)不确定性风险：不确定性风险是指风险事件的结果有三种可能性，即没有损失、有损失、获得利益。

确定性风险通常可以被重复观察到，因此其发生概率可以相对准确地预测到，从而容易采取相应的防范措施。而不确定性风险的发生概率较难准确预测到，因为它包括了更多的可能性。在实际情况中，确定性风险和不确定性风险常常同时存在。

2. 按风险来源划分

(1)自然风险：自然风险指的是自然力量的不规则变化导致的财产损失或个人伤亡，典型的例子包括风暴、地震等自然灾害。

(2)人为风险：人为风险是由人类活动引发的风险，可进一步分为以下五类：

1)行为风险：这是由个体或组织的行为或决策而引发的风险，可能包括不慎的操作、管理不当等。

2)政治风险：政治风险是由政治因素引发的风险，如政府政策变化、政治动荡等。

3)经济风险：经济风险是与宏观经济因素有关的风险，例如通货膨胀、汇率波动等。

4)技术风险：技术风险与技术发展和使用有关，可能包括技术故障、数据泄露等。

5)组织风险：组织风险涉及内部运营和管理方面的问题，如领导层失误、内部欺诈等。

这些人为风险是由人类行为和决策引发的，与自然风险相对应，共同构成了风险管理的范畴。

3. 按风险的形态划分

(1)固定风险：固定风险是自然力量的不规则变化或人为错误导致的风险。从风险发生后的结果来看，固定风险通常属于纯粹风险。

(2)变动风险：变动风险是由人类需求的变化、制度改革，以及政治、经济、社会和科技等环境的变动引发的风险。从风险发生后的结果来看，变动风险既可以归类为纯粹风险，也可以归类为投机风险。

4. 按风险可否管理划分

(1)可控制风险：可控制风险是指可以通过人类的智慧和知识来进行预测和管理的风险。

(2)不可控制风险：不可控制风险是指无法被人类的智慧和知识所准确预测和有效管理的风险。

5. 按风险的影响范围划分

(1)特定风险：特定风险是指某个具体因素导致的风险，其损失的影响范围相对有限。

(2)全面风险：全面风险具有广泛的影响范围，其中的风险因素通常难以控制，例如经济、政治等因素。

6. 按风险后果的承担者划分

(1)政府风险

政府风险指的是在项目或商业运营中，政府政策、法规、税收政策或政治因素可能对实体或投资产生不利影响的潜在风险。这种风险通常与政府的决策和行为有关，如法规的变更、政治动荡、税收政策的改变等。政府风险可能导致法律合规问题、额外的经济成本，以及不稳定的经营环境。

(2)投资方风险

投资方风险是指投资者在投资项目或企业时可能面临的潜在损失或不利影响。这包括市场风险、财务风险、管理风险等多个方面。投资方风险的管理涉及投资组合的多样化、充分的尽职调查，以及投资策略的制定，以最大程度地降低投资风险。

(3)业主风险

业主风险是指项目或业务的所有者面临的潜在风险，这包括项目目标的达成、财务风险、市场竞争压力等。业主需要采取措施来管理这些风险，以确保项目或业务的长期成功。这可能包括市场分析、财务规划、战略规划等方面的工作。

(4)承包商风险

承包商风险是指承包商或供应商在执行项目或提供产品和服务时面临的潜在风险。这包括供应链风险、质量控制问题、合同履行能力等方面的风险。承包商需要制订有效的风险管理计划，以确保项目按时、按质、按成本完成。

(5)供应商风险

供应商风险是指企业在采购原材料、零部件或服务时可能面临的潜在风险。这包括供应商的可靠性差、交付延迟、质量问题等。企业需要对供应链进行有效管理，以减少供应商风险对生产和业务的不利影响。

(6)担保方风险

担保方风险是指在金融交易或合同中，提供担保的一方可能面临的潜在风险。这包括信用风险、合同违约风险等。担保方需要评估潜在的风险，确保他们能够满足其担保承诺，否则可能会面临法律和财务责任。

这些不同类型的风险在商业和项目管理中都具有重要性，需要通过有效的风险管理策略和措施来识别、评估和降低。综合考虑这些风险因素有助于确保项目或企业能够在不确定的环境中取得长期成功。

3.3.4 项目风险管理主要历程

项目风险管理的主要历程可以分为三个阶段，分别为风险的潜伏阶段、风险的发生阶段和风险的后果阶段，现将这三个阶段进行划分和介绍。

1. 第一阶段——风险的潜伏阶段

在风险的潜伏阶段，风险尚未显现，但可能性存在于各种征兆之中。在这个阶段，风险管理的主要重点是预防，包括以下三个方面：

(1)风险的识别：这是预防风险的首要任务，因为如果不能识别风险，就无法采取相应的措施来预防。识别风险的一个关键方法是量化，通过量化可以更好地辨识风险的征兆，并设定预警指标作为警示信号。例如，高血压被识别为导致心脏疾病的重要风险因素，因此可以制订血压检测的量化指标，并将预警临界值设置在90/140。这样，可以通过与正常数值的对比来监测高血压的风险。

（2）规避和转移风险：这是另一种有效的预防潜在风险的方法。一旦识别出某项活动可能存在风险，可以选择避免进行该活动，或者采用更安全的方式来执行。举例而言，如果了解到饮酒可能导致高血压或心脏病，可以选择避免饮酒，或者改为饮用红酒或啤酒以规避风险。另外，风险转移通常通过购买保险来实现。如果不幸罹患心脏病，有医疗保险则可以减轻经济和生命方面的风险。

（3）制订风险应对方案和危机处理计划：这是预防风险的核心内容。一旦风险或危机发生，有应对计划可以有效减轻损失和灾难。例如，将常用药物放在家里和办公室易取得的地方，存储医院电话号码，并提前告知身边的人如何应对，这些都是制订的风险应对计划的一部分。一旦心脏病突发，这些预先准备的计划可以挽救生命。虽然有些风险应对计划可能永远不会使用，但这并不意味着它们是多余的。只有在风险降临时，人们才能体会到这些计划对生命和财产的重要性。

2. 第二阶段——风险的发生阶段

在风险发生的阶段，一旦风险已经显现，风险可能导致的损失也已经较为明显，这个时候的风险管理主要关注以下两个方面：

（1）制订和执行风险应对计划：在风险发生之前，制订和准备好风险应对计划可以显著提高应对风险时的决策效率，将决策过程简化为选择已有的计划。例如，当飞行中出现故障时，燃料可能只够维持半小时的飞行，这时没有时间来制订新的决策，只能从事先准备好的风险应对计划中选择合适的措施。同样，当电脑系统受到病毒攻击、关键技术人员突然辞职、主要客户未能按时付款或主要供应商宣布提高价格时，提前准备好的计划可以提供更多选择，有足够的时间来应对风险，不至于在突发风险事件时手足无措。

（2）采取权宜之计以减轻风险：有时候，执行风险应对计划需要时间和条件，因此需要采取权宜之计来争取时间或创造条件。例如，在绑匪袭击时，首要步骤可能是派遣谈判代表，以争取时间来制订应对方案；航班拖延导致旅客不满时，首先要提供饮料和食品来缓和旅客情绪，然后再解决航班问题；电脑系统遭受病毒攻击而瘫痪时，可能需要先进行文件抢救，然后再修复系统；客户拖延付款时，可能需要优先考虑拆借资金以应对紧急需求。在许多情况下，权宜之计也可以成为风险应对计划的一部分，尤其在风险出现了计划未能覆盖的情况下，管理者的应变能力将受到最大的考验。

总之，在面对风险时，制订计划、采取权宜之计以争取时间和条件，以及采取补救措施以减轻损失，都是有效的风险管理策略，可以帮助组织更好地应对不确定性和风险。这些策略的灵活运用可以提高企业在复杂环境下的生存和发展能力。

3. 第三阶段——风险的后果阶段

在风险的后果阶段，风险造成的损失已经变成了现实，形势十分紧急。在这个阶段，风险管理的重点在于紧急应对和事后处理。

（1）制订和执行危机处理计划：无论是心肌梗死、洪水决堤、飞机失事，还是面临媒体曝光或电脑文件丧失等，此时风险都已经演变成危机，应对就需要紧急行动。紧急应对实际上和风险管理的前期准备有关，但在危急时刻，人们没有时间深思熟虑，只能依赖之前准备好的应急计划。这些计划的作用在这一时刻将变得更加突出。

(2)实施灾难救援措施：救援生命、给予家属抚恤、恢复声誉、处理残余问题，以及寻找替代方案等。实施这些措施的目标是减少进一步的伤害，恢复正常运营，并尽可能减少危机的负面影响。

(3)数据存档和总结教训：这通常是危机应对的最后一步，但往往被忽视。所有与风险和危机相关的记录都是有价值的，它们为后人提供了宝贵的经验教训。今天的进步建立在前人的经验基础上，如果没有前人留下的记录，我们将不得不反复经历相同的错误。因此，记录和文档管理是迈向学习型组织必需的一步，它们有助于不断改进和提高风险管理的效率。通过总结教训，组织可以更好地应对未来的风险和危机，以避免类似问题的再次发生。

3.4 本章小结

本章主要引入了风险和项目的概念，展开介绍了风险的定义、特征、分类，之后对风险的管理进行了简要阐述，说明了风险管理的定义和目标。结合项目的风险，风险管理是一个项目稳定推进的重要基石，每个项目都会面临各种各样的风险，如何通过管理手段将风险进行控制，合理有效地规避是项目稳步发展的一个重要课题。基于此，本章重点介绍了风险管理的定义和特征，以及主要历程，为后续章节的方法介绍和体系建立提供了理论基础。在后续的章节中，会对风险的认知、识别和预防展开阐述，目的在于及时地识别风险，尽可能降低风险的损害，以达到更高的效益，完成项目的目标。

第4章 供电环境改造工程项目风险识别

风险识别是风险管理的第一步，也是整个项目风险管理的基础。项目必然会存在各种各样的风险，只有提前正确地识别出项目中存在的风险，才能够对其主动地进行预防和处理，采取有效的方法，避免损害的发生。

风险识别包括两方面内容：

(1)识别可能影响项目的进程的风险，并记录其相关特征，风险识别并非单独一次性的行为，是需要在整个项目进程中持续推进的工作。

(2)风险识别需要识别内在风险和外在风险，其中内在风险是项目中可以通过人为操作控制或者减轻的风险，外在风险指的是遭受外界压力，超出了项目调控能力的范围的风险，无法通过项目工作降低影响。

风险识别主要由以下五项风险识别活动组成：

(1)确定风险识别目标；

(2)明确风险识别主要参与者；

(3)收集项目风险识别的基础资料；

(4)估计项目风险形势；

(5)进行风险识别成果整理。

项目风险识别应该对事件的因果有清晰的认识，了解到因果之间的关系，认识到原因的发生会产生什么样的结果，可以及时地避免；还要认识到什么样的结果需要予以避免或者加以促进，用来控制风险的发生。

4.1 风险识别的方法

常用的风险识别方法可以根据维度来进行划分，划分为宏观角度的决策分析及微观角度的具体分析。从宏观角度看，进行可行性分析、投入产出分析等；从微观角度看，进行资产负债分析、损失清单分析等。接下来将介绍几种主要的风险识别方法。

4.1.1 生产流程分析法

生产流程，又称为工艺流程或加工流程，代表着一个按照一定的顺序和方法，将原材料进行处理和转化，最终制成成品的过程。这个过程的关键是确保各个环节有序协同工作，以达到高效率和高质量的生产目标。

生产流程分析法是一种方法，通过对生产过程的每个阶段和环节进行深入的分析和调查，以识别潜在的风险并理解损害发生的原因。这有助于查找每个环节中的潜在风险，并预测这些风险可能对整个生产过程造成的影响。这一方法为企业提供了一个有力的工具，以更好地了解其生产活动中可能存在的问题，并采取适当的措施来减轻或消除这些风险。

流程分析法不仅限于生产领域，也可应用于企业的管理流程。通过结合投入技术经济学中的投入产出分析技术，企业可以更全面地审查其管理流程，并确定其中的潜在风险。投入产出分析技术允许企业评估不同决策对整个流程的影响，从而更好地了解每个环节的关联性和依赖性。

通过综合运用生产流程分析法和投入产出分析技术，企业可以更全面地了解和评估风险，采取更明智的决策，以确保其生产和管理流程能够在竞争激烈的市场中取得成功。这种方法有助于提高效率、降低成本，并最大程度地减轻可能对企业经营和声誉造成的潜在影响。常见的生产流程分析法有风险列举法和流程图法。

(1)风险列举法是指风险管理部门和人员对企业的生产流程进行分析，对生产流程中的各个环节单独提取，列举出各个生产流程中可能存在的风险，综合提出解决方案和相应的对策。

(2)流程图法是将整个项目或企业的整个生产流程进行整合规划，把所有环节进行串联，绘制成系统的有顺序的流程图的形式，用于参考，以便发现企业所面临的风险。

从企业的价值流角度来看，企业的流程可分为外部流程和内部流程。

(1)外部流程一般指的是与外部企业有信息交互或者原材料交换的流程，常见的外部流程有原材料采购、产品销售、材料的运输存储等。

(2)内部流程通常指不与外界发生交换的流程，是企业内部各部门之间的交互，内部生产链、销售链或者服务部门提供服务的流程。

连带营业中断风险主要来自供应商带来的风险和客户带来的风险。

供应商风险是供应商由于某些原因不能提供企业正常的生产经营所需的基本材料或者机械设备，或者企业由于所需的备用品和备用器件缺失，无法及时提供而导致无法生产，营业被迫中断的风险。

客户风险是企业的产品锁定的目标客户和消费市场不能提供足够的购买力甚至终止了购买企业的产品，或客户遇到财务困难、不可抗力因素等客观原因不能按时支付货款而导致的风险。

制定清晰明确的生产流程目的在于简化分析过程。一般生产流程的分析者在实际的工作中会有不同的侧重点，会形成不同的目标导向，综合归纳看来，主要的目的有以下七类：

(1)合并相关工序，减少交接过程；

(2)减少不必要的动作和消耗；

(3)减少无意义的等待过程；

(4)缩减工序中和工序交接的搬运距离；

(5)尽量避免信息传递中的失真造成损失；

(6)改善生产环境，保证产品品质；

(7)降低水、电等能源消耗。

4.1.2　风险专家调查列举法

该方法主要是基于经验进行判断，根据大量的工作经验对其存在的风险进行分析和判断，找出项目或企业潜在的问题。

在使用风险专家调查列举法时，专家组的规模应当合理，通常以 10~20 位为宜。专家组的规模取决于项目的特性、规模、复杂性，以及风险的本质，没有固定的标准。这种方法是建立在专家的个人判断和专家会议方法之上的，是一种直观的预测方法。它特别适用于在客观数据和信息缺乏的情况下进行长期预测，以及其他方法难以应用的技术预测等情形。这种方法通常被称为专家调查法或专家评估法，它将专家视为信息的来源，依赖于他们的知识和经验。通过调查和研究，专家们对问题进行判断、评估和预测。

风险专家调查列举法有多种变种，有以下一些方面的特点：

1. 书信征询

利用书信等通信方式，反复向专家请教意见，使得调查人与被调查对象之间能够保持联系。

2. 多领域涵盖

被调查对象来自各个专业领域，这使得在同一个问题上能够获取多领域专家的观点和见解。

3. 匿名性

专家们的观点由调查组织者整理，从而允许专家们了解其他专家的意见，同时保持匿名性，互相不知道对方的身份。这有助于他们提供独立的观点。

4. 反复征询

通过有计划的反馈和迭代，分散的观点逐渐趋向一致，以充分发挥集体智慧的潜力。

5. 统计归纳

利用统计方法将所有专家的意见进行集中整理，力求尽可能反映每位专家的个人判断，以得出最终的综合意见。

风险专家调查列举法的工作程序主要包括下列程序和步骤：

(1) 指定主持人和组建专门小组。

(2) 制订调查提纲：确保提出的问题明确具体，适量而精选，同时提供必要的背景资料。

(3) 选择调查对象：挑选一定数量的专家，要求他们具备广泛代表性、丰富的业务经验、特长和声誉，并且拥有强大的判断力和洞察力。

(4) 轮流征询意见：通常需要经历三轮流程，首先提出问题，然后修正问题，最后做出最终判定。

(5) 汇总调查结果，编写调查报告，对征求到的意见进行统计分析处理。

风险专家调查列举法的适用范围如下：

(1)风险专家调查列举法应用广泛，尤其是在政府部门和企业经营单位的决策中。

(2)实践表明，电子计算机无法完全取代专家的作用和经验。专家头脑的直观判断仍具有强大的生命力。

(3)对于有大量资料、经常出现或周期性出现的各种灾害风险，可以用统计的方法或者数学建模方法进行评估。

(4)对于一些风险很难采用风险专家调查列举法，为了克服个别分析者经验上的局限性，采用集中一些专家意见的风险专家调查列举法在风险识别阶段是很有用的。

4.1.3 失误树分析法

失误树分析方法的主要内容是用图解的方法来表示损失，并且分析损失发生前的各种情况，对引起事故的原因进行详细分析，判断事情的起因，分析哪些失误最可能导致风险的发生。

失误树分析法是一种把各种不想发生的失误或故障进行推理和解决、逐步分析的方法，失误树的分析是根据待分析的系统的失误逻辑模型对失误树的顶层事件的发生频率进行计算，得到可信的发生率和概率结果。

1. 失误树分析法的一般编制程序

(1)确定顶上事件

当涉及分析的事件，顶事件是其中一个重要方面。在我们深入了解系统的情况、有关事故的发生情况和可能性，以及事故的严重性和发生概率等资料之后，我们才能够明确确定顶事件。此外，我们还需要在事前仔细分析并追溯事故的原因，包括直接原因和间接原因。最终，我们会根据事故的严重性和发生概率来确定需要分析的顶事件，并将其简明扼要地填写在一个矩形框内。

这些顶事件可能是在运输和生产过程中已经发生过的事故。我们会使用失误树分析的方法，通过这个过程来确定事故的根本原因，对事故进行详尽分析，并提供具体的应对措施和解决方案，以及及时有效地降低损失并预防事故再次发生的措施。

(2)调查或分析造成顶事件的各种原因

当顶上事件确定之后，将造成顶上事件的所有直接原因找出，才能完整地编制好失误树，并且在寻找原因的过程中，尽可能不要遗漏。一般常见的直接原因有机械设备故障、人员操作等人为因素以及环境因素。

为了找出顶上事件发生的原因，就需要采取一定的措施对其进行调查，一般会开有关人员座谈会，也可根据以往的一些经验进行分析，确定造成顶上事件的原因。

(3)绘制失误树

在确定了导致顶事件及各种相关原因之后，可以使用相应的事件符号和适当的逻辑门将它们按照自上而下的层次结构连接起来，逐层向下延伸，直至最基本的原因事件，从而构建一棵失误树。

在进行上下层事件原因的连接时，如果下层事件必须同时发生才能导致上层事件的发生，那么我们可以采用“与门”来将它们联系起来。在树分析中，正确的逻辑门连接至关重要，因为它涉及各个事件之间的逻辑关系，这直接影响着随后的定性和定量分析工作。

失误树分析法是一种用于识别和分析系统或事件的原因和后果的方法。在构建失误树时，我们通常将不同事件和条件以逻辑门的方式连接在一起，以反映它们之间的关联性。"与门"是一种逻辑门，它要求所有与其连接的下层事件同时发生，才能导致上层事件的发生。这种连接方式通常用于表示多个因素的共同作用导致了某一事件或事故的发生。

确保逻辑门的正确连接非常重要，因为它有助于建立准确的失误树模型，从而帮助分析人员更好地理解事故的根本原因。清晰明了的逻辑关系有助于随后的定性分析和定量分析工作，这些分析工作有助于评估潜在风险、采取预防措施，并改进系统的安全性和可靠性。因此，逻辑门的正确连接是失误树分析过程中的关键步骤，对于系统安全和事故预防至关重要。

(4) 认真审定失误树

绘制的失误树图是对逻辑模型事件的一种呈现。在制作过程中，通常需要进行反复思考和修改，除了局部的调整外，甚至可能需要重新开始多次，直至符合实际情况、逻辑关系变得相当紧密。

2. 失误树分析的步骤

虽然失误树分析的程序因对象系统的性质和分析目的而异，但通常包括以下十个基本步骤。有时，用户还可以根据实际需要和要求来确定分析的具体程序。

(1) 系统熟悉

需要充分了解系统的情况，包括工作程序、关键参数、操作流程等。如有必要，可以制作工艺流程图和布置图以帮助理解系统。

(2) 事故调查

在过去的事故案例和相关事故统计数据基础上，广泛调查可能发生的事故，包括已经发生的和可能发生的潜在事故。

(3) 顶上事件确定

确定需要分析的主要事件，这些事件通常是严重性高且相对容易发生的。这些事件将成为失误树的顶层事件。

(4) 目标确定

根据以往事故记录和类似系统的数据进行统计分析，计算事故的概率或频率。然后，根据事故的严重程度确定控制目标，即所需的事故发生概率。

(5) 原因事件调查

详细调查与事故相关的所有原因事件和各种因素，包括设备故障、管理和指导错误、环境因素等。

(6) 绘制失误树

基于上述数据，从顶层事件开始进行逻辑分析，逐级识别所有直接原因事件，一直追溯到所需的分析深度，然后根据它们之间的逻辑关系绘制失误树。

(7) 定性分析

根据事故树的结构进行简化，找出最小割集和最小径集，以确定各个基本事件的结构重要性排序。

(8)顶上事件概率计算

首先，根据调查数据确定所有直播原因事件发生的概率，并将其标记在失误树上。然后，基于这些基础数据，计算顶层事件(即事故)发生的概率。

(9)进行比较

对于可维修系统，将计算出的概率与通过统计分析得出的概率进行比较。如果存在不一致，需要重新研究，检查原因事件的完整性、失误树的逻辑关系，以及基本原因事件的概率是否过高或过低等。对于不可维修系统，计算顶层事件的发生概率即可。

这些步骤构成了一般失误树分析的基本框架，但根据具体情况和需求，用户可以灵活调整和扩展这些步骤。

(10)定量分析

定量分析包括下列三个方面的内容：

1)当事故发生概率超过预定目标值时，需要研究降低事故概率的各种可能途径。这可以从最小割集入手，从中筛选出最佳解决方案。

2)通过最小径集，可以探讨完全根除事故的潜在可能性，并从中选择最佳方案。

3)计算各个基本原因事件的临界重要度系数，以便对需要治理的原因事件进行排序或编制安全检查表，以增强人为控制的效力。

失误树分析方法通常包括这十个步骤。但在具体分析中，可以根据分析的目的、可用人力物力、分析者的技能水平，以及对基础数据的了解程度等因素，有选择地执行不同步骤。

4.1.4 其他常见方法

1. 资产状况分析法

资产状况分析法是一种评估潜在风险的方法。它利用企业的财务信息，包括资产负债表、损益表和财产目录等，通过实地调查和研究，由风险管理专业人员对企业的财务状况进行深入分析，以识别潜在的风险。这种分析不仅包括资产本身可能面临的风险，还考虑了风险导致的生产中断所引发的损失，以及其他可能导致人身和财务损失的因素。

2. 分解分析法

分解分析法是一种策略，旨在将复杂的系统或问题分解成多个较为简单的组成要素，以便更容易地分析潜在的风险和威胁。这种方法通过将大型系统分解为具体的组成部分，有助于识别可能存在的风险和潜在损失。

3. 保险调查法

保险调查法是一种用于识别风险的方法，它依赖于保险公司的专业人员对企业已购买的保险和需购买的保险进行详细的调查和分析。这种方法涉及对保险合同中列明的各种可能产生的风险的详细调查和分析，然后生成调查报告，供相关方参考。

风险识别的方法多种多样，企业在识别风险时，应灵活利用各种方法进行风险识别，且可以结合多种方法进行风险识别，形成相对完善的风险识别体系，并且应当让各种方法相互验证，更加全面仔细客观地识别风险，防范风险，从源头上对风险进行管理，尽可能地降低风险发生的概率，保证企业或者项目达到相应的目标。

4.2 供电环境改造工程风险识别过程

电力工程项目根据电压等级可分为输电线路工程、变电站工程，以及配电网改造工程等，这些工程又包括土建、一次、二次、架空线路、电缆线路等不同的门类。一个电力工程项目从立项开始，经过可行性研究、设计，到施工、调试，最后成功投产并实现并网运行，是一个漫长而复杂的过程。整个过程涉及多家单位的合作，需要投入巨额资金，参与人数众多，全过程时间较长。每个电力工程项目都是独一无二的个体，面临的风险也各有差异。

因此，科学的方法是对电力工程项目进行风险管理的第一步。只有正确识别出电力工程施工所面临的风险，项目管理人员才能根据实际情况来展开项目风险管理和评估，采取相应的措施应对风险。

4.2.1 准备工作

若要对工程项目风险进行量化评价，就需要根据项目的需求来建立符合该项目的评价指标模型。在建立评价指标模型和确定评价指标元素时，应严格遵循以下原则：

1. 科学严谨的原则：在选择电力项目风险评价指标时，需要科学严谨，确保能够全面覆盖项目的整个过程，没有遗漏。评价指标应能够涵盖工程项目开展过程中可能遇到的所有风险点。通过监控风险的发展变化，风险指标的变化可以为工程项目的下一步建设提供清晰的解决措施，推动电力工程项目的顺利实施。

2. 逻辑缜密的原则：选择风险指标时要求层级排列清晰、逻辑缜密、相互关联，并且易于在实际工程中操作，可以推广应用于相应领域。风险指标具有较强的逻辑性，能够清晰地反映项目在特定领域的优缺点。通过准确并及时地预测项目可能出现的风险，可以方便未来的项目管理工作。

3. 简单易用的原则：电力工程项目的风险评估是一个复杂的过程，通常按照项目进度自上而下进行。因此，评价指标体系需要通俗易懂，便于人们观察和评估项目的进展，增强风险评估的实用性。一旦评价结果产生分歧，也能快速识别出问题并进行相应的调整。

4. 差异性原则：随着工程项目类型的不同，风险指标体系也需要相应的变化。因此，评价指标体系需要具备差异性原则，能够灵活地反映工程项目的变化，准确及时地评估项目风险。

通过以上四点原则，可以看出指标的建立是一项严谨而系统的工程。建立合理的评价指标体系相当复杂，它既需要准确清晰地反映当前阶段的工程情况，又要为工程的下一步进展提供指导。

在考虑到配电网改造工程项目的特点时，工程建设结果直接关系到配电网的运行可靠性，因此，在项目初始阶段就需要充分考虑营商环境对配电自动化工程建设的影响。在配电自动化改造工程的设计中，需要考虑高起点、适度超前；项目资金较大；施工建设过程中需要高标准、高品质的要求。故而，在项目风险管理中，需要着重从项目成本、项目进度和项目质量这三个维度对风险进行识别。

综上所述，根据以上介绍，本文利用文献研究法对配电网改造工程项目风险因素进行初步筛选和确认，基于成本风险、进度风险和质量风险三个维度，通过研究涉及配电网改造工程项目风险管理的文献，按照风险因素在文献中的出现频次进行筛查，得到了配电网改造工程项目风险因素的初步确认表，如表 4-1 所示。

表 4-1　配电网改造工程项目风险因素初步确认表

序号	风险因素	出现频次
1	物料设备质量不过关	10
2	物料设备费用上涨	9
3	不能按期结算工程款	9
4	政策限制	9
5	大型机械设备租赁成本增加	8
6	雷雨、大风影响	8
7	施工方案存在漏洞	8
8	人工成本增加	8
9	施工机具发生故障	7
10	园林绿化等外部协调问题	7
11	上级政府干预施工	7
12	施工现场地面塌陷	6
13	压缩工期	6
14	大型设备进场时间安排不合理	6
15	管理制度不清晰	6
16	管理机制不健全	5
17	缺乏对现场的统一管控	5
18	施工人员技术不达标	5
19	施工人员安全意识不到位	4
20	物料设备运输周期长	4
21	物料设备未能按期进场	4
22	项目进度安排不合理	4
23	工程设计出现纰漏	3

续表4-1

序号	风险因素	出现频次
24	安全器具使用不当	3
25	资金周转困难	3
26	合同管理存在漏洞	3
27	库房出现安全问题	2
28	施工现场环境恶劣	1

4.2.2　专家校验

经过文献分析法总结出配电网改造工程项目风险因素初步确认表后，根据各风险因素类型，将上述风险因素在成本、质量、进度的基础上细分为以下类别：物料设备风险、技术工艺风险、管理制度风险、政策法规风险、工程组织风险、工艺质量风险、进度风险、成本风险。这些类别可用于评估风险构成的合理性及风险因素的适用程度。

通过调研，得到的共性意见如下：

1. 建议增设一个层级，将风险因素初步确认表按照外部风险和内部风险两大类进行划分。

2. 建议删除“缺乏对现场的统一管控”这一项，以避免与“管理制度风险”内容混淆。

3. 建议将“施工人员安全意识不到位”和“施工人员技术不达标”整合为“施工人员业务能力不达标”，并将对施工人员业务能力的考评定义为一个综合风险因素。

4. 建议将“环保要求高”这一项加入风险因素初步确认表，考虑政府在环境治理方面加大力度的情况。

5. 建议删除“施工机具发生故障”这一项，因为现阶段电力工程施工机具由电力企业三产公司提供，并且有备用机具可调用，故障对施工影响较小。

6. 建议将“雷雨、大风影响”和“现场地面塌陷”整合为“自然环境风险”，作为自然环境引起的风险因素。

7. 建议不列入风险因素的范围，因为现阶段电力企业库房由物资公司统一管理，不存在现场存料的情况。

根据以上意见，可以对配电网改造工程项目风险因素初步确认表进行适当的修改和调整，以提高评选风险构成的合理性和风险因素的适用程度，如表 4-2 所示为配电网改造工程项目风险因素确认表。

表 4-2　配电网改造工程项目风险因素确认表

风险组成	风险类别	风险因素
配电网改造工程项目内部风险	物料设备风险	物料设备质量不过关
		物料设备运输周期长
		物料设备未能按期进场
	工艺质量风险	施工人员业务能力不达标
		施工现场环境恶劣
		安全器具使用不当
	管理制度风险	管理制度不清晰
		缺乏质量管控手段
	工程组织风险	大型设备进场时间安排不合理
		园林绿化等外部协调问题
	进度风险	施工方案存在漏洞
		项目进度安排不合理
		工程设计出现纰漏
配电网改造工程项目外部风险	成本风险	人工成本增加
		物料设备费用上涨
		不能按期结算工程款
		资金周转困难
		大型机械设备租赁成本增加
	政策法规风险	政策限制
		上级政府干预施工
		环保施工要求提高

4.3　配电网改造工程项目风险因素解析

4.3.1　内部风险解析

物料设备风险：物料设备对于配电网改造工程至关重要，其质量和供应效率是确保工程顺利进行的基础。由于配电网改造工程投资巨大，所需物资种类繁多，所以对物料设备管理提出了高要求。此外，施工要求高，施工周期可能长达多个季节，施工条件下温度变化大，因此对施工物料和设备的质量要求很高。同时，由于配电网改造施工范围广，作业面半径可达近五公里，因此准时送达物料设备也成为影响施工进展的重要条件。

工艺质量风险：确保人身、电网和设备安全是配电网改造工程的基础。现场施工人员是现场安全的第一责任人，他们的技术水平和安全意识直接关系到现场安全管理的有效性。配电网改造工程作业范围广，有时施工环境恶劣，例如工井内作业。如果在下井作业前未按照安全规程进行必要的通风和气体检测，可能发生硫化氢气体中毒事故，造成人员伤亡。因此，进行工艺质量风险管理是不可或缺的一个环节。

管理制度风险：健全的管理制度是进行配电网施工管理的基础，它既关系到工程进度，也关系到工程质量。国家电网公司已经颁布了一系列相关规定，如《配电自动化建设安全防护体系》《南方电网相量测量装置(PMV)技术规范》《微电网接入 10 kV 及以下智能配电网技术规范》等。然而，在多微网的运维支撑方面仍需要进一步加强和落实管理制度。此外，配电网改造工程的建设效果直接关系到配电网的可靠性，因此在项目启动时就要充分考虑营商环境对配电网改造工程建设的影响，进一步优化和提升管理制度。

工程组织风险：配电网改造工程组织涉及供电公司内部多个专业部门的协作，同时还需要与园林绿化等外部单位进行协调沟通。由于配电网改造工程涉及大规模施工，因此需要大型施工设备的支持。然而，随着城市化进程的推进，许多外部道路对大型车辆行驶采取了限制措施。如何科学合理地安排大型施工机械进场，成为工程组织需要解决的难题。同时，施工作业不可避免会侵占绿地、公路等公共设施，因此如何科学组织外部协调流程，确保工程顺利进行，也需要特别关注。

进度风险：项目建设是一个复杂而漫长的过程，涉及设计、施工、监理等多个单位，以及可行性研究、评审、设计、招标、采购、建设等一系列工作。为了保证项目顺利进行，项目管理单位应注重项目协调规划，统一把控涉及单位。同时，配电网改造工程项目复杂，电力公司对工期要求紧迫。因此，科学合理的规划和设计将直接影响项目进度。

4.3.2　外部风险解析

成本风险：我国经济逐步转型，市场经济的发展使得劳动力价格逐步增加，工程项目建设中的人工成本压力也逐渐增加。配电网改造工程涉及的物资数量较大，通常由电力公司物资公司根据工程设计单位提供的设计方案评估所需物料情况，并提前购买备料。然而，受水泥、金属等基础材料价格上涨的影响，物资费用可能上涨，从而导致经济损失。此外，电力公司通常采用租赁方式使用大型机具，随着新区大型基建工程的回暖，大型机械租赁需求增加，租金可能上涨，对工程经济指标产生影响。此外，随着电力公司资金管控逐渐规范，对工程审计的要求也日益严格。在进行工程结算时，审批流程较长，偶尔会发生工程结款不及时和资金周转不到位的现象，可能引发经济纠纷[55]。

政策法规风险：由于配电线路路径较长，沿途经过道路、桥梁、田野、村庄、森林等地，需要进行路由审批、征地赔款、线路走廊清理等工作。因此，与电网规划部门有关的市政规划局、交管局、林业局、铁路总公司等政府企事业单位的接触也逐步增多，这些企事业单位的政策和干预也会对配电网改造工程产生影响。

4.4 本章小结

本章主要介绍了供电环境改造工程项目风险识别的方法和过程，还介绍了风险识别的几种常用方法，包括生产流程分析法、风险专家调查列举法、失误树分析法和其他常见方法。在生产流程分析法中，通过分析生产流程的每个环节和步骤识别潜在的风险点。介绍了供电环境改造工程风险识别的过程。该过程包括准备工作和专家校验两个阶段。在准备工作阶段，需要收集相关的项目资料和信息，并制订风险识别的计划和目标。在专家校验阶段，通过邀请专家对项目进行评估和校验，确保风险识别的准确性和可靠性。对配电网改造工程项目的风险因素进行了解析。在内部风险解析中，考虑了供电设备的老化和故障、施工人员的技术水平和操作风险等因素。在外部风险解析中，考虑了天气条件、社会环境和政策法规等因素对项目的影响。

本章阐述了供电环境改造工程项目风险识别的方法和过程，以及配电网改造工程项目的风险因素，这对项目管理人员和相关专业人士进行风险评估和控制具有一定的指导意义。

第 5 章 基于理论分析的风险评估方法

5.1 工程风险管理的基本概念

项目是指为了实现某一种特定服务或者是创造某一个具体的产品而做的一次性的任务。在此概念基础上理解的项目管理的方法就是将项目作为管理对象，借助专门的管理部门，在项目实施过程中行使有关的组织、协调、沟通、管理和控制的工作，最终实现保证项目按时按期、保质保量、高效顺利完成的目的。

5.1.1 工程项目风险的概念界定

项目是指整合人力、物力和财力的一项工作任务，并且需要在一定时期内完成。工程项目即需要完成的工程建设任务，变电站智能化改造工程是指变电站改造的工程建设任务。工程项目由于建设项目复杂、涉及的人员广泛。所需资金巨大，因此工程项目的风险很复杂。不同类型的工程项目，风险类型又存在很大差异。总体上工程项目风险的特点可以归纳为可预期性、不确定性、客观性、复杂性、变化性等。其中，项目风险可以预知，但是又具有明确的不确定性，因为只要是工程项目就一定存在客观的风险。由于项目具有复杂性，项目风险也具有复杂性和变化性。

简而言之，工程项目风险是指在工程建设过程中，可以给工程建设带来损害的各种干扰风险因素的总和。正是因为风险具有复杂性，所以可以根据不同的标准，对风险进行不同的归类。比如按照风险来源，可以将风险分为自然风险和人为风险。再结合工程建设的情况，可以对自然风险和人为风险进行二级分类。在这种思路下，对项目风险识别和评估更加具体。有许多学者都对工程项目风险管理进行了相关的研究。

5.1.2 风险管理的概念界定

风险管理的概念最早由美国学者威廉姆斯和汉斯于 1964 年提出。在《风险管理与保险》中，他们界定风险管理是指通过识别、衡量和控制的方式让风险损失降到最低的管理方法。从风险管理的基本定义可知，风险管理分为风险识别、风险评估和风险控制三个核心环节，虽然风险管理理论研究成果越来越丰富，但是风险管理的基本流程一直没有改变。只是不同学者对风险管理的界定因不同产业或行业有了更多认识。结合工程项目风险的概念界定，项目风险管理的核心流程也是三个环节，这已经成为风险管理的固定流程模式。

到目前为止，对于风险这一概念的具体含义，还未形成统一的文字化定义，比较具有代表性的描述主要有以下三种：

1. 将风险概念理解为在不确定的时间内可能发生的对结果产生不利影响或带来损失的影响因素。

2. 风险影响有时也可以通过量化的方式对其进行描述，即风险是项目计划预期结果与项目实际获得结果之间的差值，也可以理解为规划与实际之间的差距。

3. 风险可以是在已知发生时间的频率/概率条件下，与产生后果的条件的组合。根据上面的分析结论，可以构建如图 5-1 所示的关系图。

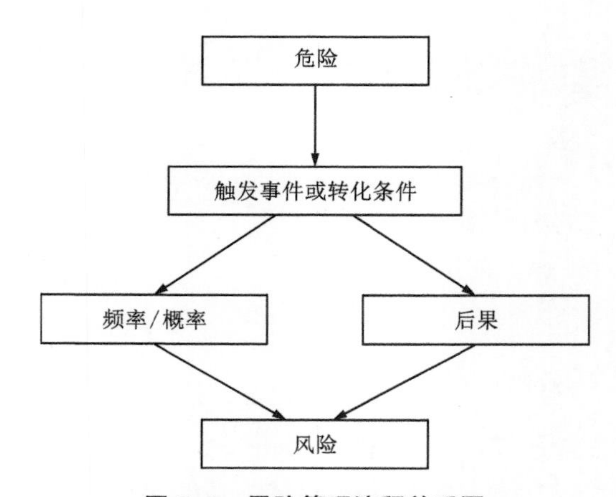

图 5-1 风险管理流程关系图

从上面的关系图可以看出，对于风险的认识正在逐渐深入，对于风险的研究不但包括对经济损失领域的“下行风险”，还包括对收益概率的“上行风险”。本文研究的项目建设过程中可能遇到的风险，是不包含在这两种风险中的“第三种”风险。

“第三种”风险具体是指项目在包括设计、建设、竣工的完整建设阶段，可能遇到的来自不同阶段、不同管理方、内部和外部多种可能对项目建设产生影响的风险因素。通常来说，它具有以下五个特点。

1. 普遍客观性：在工程项目的整体建设过程中，人为风险、管理风险、环境风险、政治风险等风险因素随时可能出现，且部分风险并不会因个人的意志而改变。

2. 潜在性：风险问题无法在工程项目的运行及实施中直接表露出来，只有在一定条件和机会下才会显现。

3. 偶然性：风险的出现及其导致的后果在一定程度上不可预知，无法人为控制，具有随机性。

4. 相对性：项目建设通常是有周期性的，因此面临的风险和风险的影响程度并不是绝对存在且不可变的，它可能会随着建设的进程而给项目带来不同的影响。风险的影响程度还因项目主体承担风险的标准和水平不同而产生相应的变化。

5. 可知性：虽然风险的出现具有一定的偶然性，但是根据其具有相对性的特点，可以通过不同的角度进行研究实践。

但工程项目往往比其他经济行为更加复杂，导致风险的种类十分复杂，分析因素多，继而需要用更加专业、系统、规范的风险管理方法进行研究。

5.2　工程风险管理的相关理论

5.2.1　风险理论

风险本身的定义就是一种面向未来的“不确定性”的计量。风险是一种客观存在的事物，风险的发生有一定的概率，风险发生之后就会带来各种伤害。风险理论的本质就是减少风险带来的损失。所以，风险具有可预见性、不确定性、破坏性、发展性等主要特征。第一，风险的可预见性是指风险可以进行预判，这为风险管理理论提供了基础。如果风险不能预知，那么就完全失去了管理的必要性。正是风险的可预见性，才让风险管理理论可以不断完善，通过人为的管理和措施达到降低风险的目的。第二，风险的不确定性是指风险的发生概率不确定，或者不同类别风险发生的概况不一样，正是这种不一样导致风险存在不确定性。风险的不确定性也让风险理论研究变得困难，增加了风险理论的难度。第三，风险的破坏性。不同类别风险发生之后，带来的损害都有破坏性，只是这种破坏性有一定的差异，有的风险损害大，有的风险损害小，风险理论的目标就是尽量规避伤害很大的风险。第四，风险的发展性是指风险处于动态发展当中，需要结合不同环境进行动态研究，这也给风险理论的研究带来了变数。

风险是客观上存在的一个非常深刻而广泛的概念。虽然关于风险很多学者很早就开始了深入的研究，但是由于各个学者对风险理解程度不同，因此对于风险的理解并不一致。到目前为止，学术界和实际生产中仍然没有一个共同接受的关于风险的权威定义，在不同的专业背景和应用背景下，对风险的定义也不尽相同。许多学者曾经尝试给出风险的基本定义，如认为“风险是未来损失的不确定性”。我国学者焦鹏将风险定义为“风险是指在特定的客观条件下，特定的时期内，某一事件的实际结果相对预期结果的不利变化”。国际组织联合国人道主义事务部正式公布自然灾害的风险定义为“风险是在一定区域和给定时段内，由某一自然灾害引起的人民生命财产和经济活动的损失的期望值”。综合上述观点可以看出，风险包括以下两方面内涵：

风险的发生和结果是人们无法准确预测的；风险发生带来的结果可以某种不确定信息进行表示。此外，从这些定义中又可以看出以下两方面分歧：

风险发生带来的结果：大部分风险指不确定性情况下带来的损失结果，其中不包括潜在的与预期不符的收益，而另一部分风险则泛指风险的结果相对于预期结果的差异性，这既包括损失的方面，又包括收益的方面。

风险的表示方法：某些定义明确给出了风险的表示方法是概率，而另一些则用可能性、差异性来描述，这就表明风险的表示方法在各个定义中也不是一个统一的概念。

虽然现代对于风险的定义倾向于结果和目标的偏离（既有正向偏离又有负向偏离），即风险既能带来收益也能带来损失，但是本文在研究的时候仍然倾向于传统风险的研究定义，即强调负向偏离的方面，强调损失的部分。

项目风险这一概念在20世纪30年代由美国管理学家海森率先提出，他指出造成项目损失的可能性是项目风险。随着研究的深入，项目风险的概念又有所丰富。在工程项目进展过程中，项目成果与预设目标之间的差距，以及这种不确定性发生概率被称作项目风险。一般来说，结果与预期的差距主要包括两方面：收益的差距、损失的不确定。

通过长期的客观时间，一般可以将项目风险特征归结为以下八点：

1. 客观性。项目风险是客观存在的现象，无论采取何种措施都不能完全杜绝风险。作为导致工程损失发生的不确定因素，风险贯穿项目全过程，风险的产生不以人的意志为转移，无法彻底避免，只能接受。

2. 随机性。项目风险不是一成不变的，而是始终发展变化的，因此风险的随机性也是其重要特征。外界条件改变，风险随之变化，这种变化是不确定的、随机的，因为外界的细微变化都会像蝴蝶效应般改变整个客观条件，所以项目风险预测也要将这种随机变化考虑在内。

3. 非必然性。虽然风险是客观存在的，但伴随着项目的发展变化，它的随机性会导致发生风险只是一种概率，是不必然的。简而言之，风险要么发生，要么不发生，非此即彼。因此非必然性也是风险的一个基本特征，也正是因为有这一特征的存在，人们可以通过改变客观条件来降低风险，实现项目收益最大化。

4. 两面性。传统意义上风险一定会带来损失，但随着研究的深入，人们逐渐发现损失与收益并不是两个完全对立的概念，有时风险与收益也可以共存，风险也可以带来机遇，善于抓住机遇的人就会有所收益。因此收益与损失就构成了风险的双面性，如何尽可能地通过风险管理取得收益也成为风险管理研究中的一个重要课题。

5. 可量化性。风险的本质是不确定性，但并不是完全不可预测的，通过经验总结与统计分析，可以从以往的资料中找到一些统计学上的规律，这一规律的发现也揭示了风险是可以被量化评估的。只要掌握足够多的历史资料及统计数据，风险概率是可以进行度量的，而这一概率也成为人们规避和管控风险发生的基础。

6. 决策关联性。决策将直接影响风险的发生与影响程度。因此随着决策者的变化，不同策略及风险管控手段的运用，都将直接影响项目。因而决策者在风险管理中承担着重要责任，需要由经验丰富的人员担任。

7. 变化发展性。在项目实施的整个过程中，风险是不断发展和变化的，随着项目的进展，总会有各种新风险的产生，旧风险的变化。这也给项目风险管理增加了一定难度，需要经常性地重新审视项目风险，分阶段进行管理，保证管控措施不会失去时效性。

8. 多样性。在大型项目中，由于其建设周期长、投资资金多、产品规模大、涉及部门众多，因此不同层级环节都涉及相应的风险。这些风险种类多样、层级繁杂，体现项目风险多样性的特征。

5.2.2 风险管理理论

2004年，美国反虚假财务报告委员会下属发起人委员会(The Committee of Sponsoring Organization of the Treadway Commission)发布了《全面风险管理——整合框架》，简称ERM框架。这是风险管理理论中最权威的全面风险管理理论的诞生。全面风险管理理论主要包括三个部分：企业的风险目标、企业的各个职能部门和全面风险管理要素。全面风险管理理论就是通过完善的风险管理体系达到对风险进行科学管理的目的。全面风险管理分为四个方面的含义：全过程风险管理、全部风险管理、全方位风险管理、全面风险组织措施。全面风险管理理论也是基于对风险的分类、识别和评估，构建完善的风险管理措施，最终实现对风险的全面管理。第一，风险分类，可以依据不同标准对风险进行分类，整体原则是要将所有风险进行全面分析，同时要做到均衡分类，不同标准会造成不同的风险分类。第二，风险识别，就是对风险进一步认知，主要方法有专家打分法、故障树法、流程图法等。风险识别是风险评估和管控的基础，所以风险识别这一步非常重要，需要运用科学的方法进行全面识别。第三，风险评估，是对风险发生的概率和危害性进行评估，筛选出不同风险的发生概率，以及带来的风险危害性。风险评估主要有层次分析法、蒙特卡罗模拟法、模糊综合评价法等。第四，风险管控，针对不同风险的发生概率和损害程度进行风险管理，从而实现降低风险发生概率、减少风险发生带来的损失的目的。

风险管理就是对风险进行管理，具体指的是风险管理人员对可能导致损失的不确定性进行判断、识别、分析、评估和处理的过程，利用最低的成本、最优的策略为项目达到既定目的的顺利完成提供最大安全保障的科学管理方法。一般采用的数学方法有概率论和数理统计、模糊数学和与不确定性相关的其他理论。

风险管理的实施步骤一般分为风险识别、风险分析与评价、风险控制这三个主要的环节，每个步骤中包含的内容如下：

(1) 风险识别

该步骤指的是风险管理人员在对研究对象进行深入考察后，对研究对象的相关风险因素进行提取，并归类，对风险发生的性质和后果进行定性分析。风险识别是整个风险管理的基础，只有准确地将风险进行分类识别，才能正确地分析和管理风险。

(2) 风险分析与评价

该步骤指风险管理人员在深入考察后，运用各种方法对已经显现出来的和潜在的风险存在与发生的概率、损失的范围和程度进行估计和衡量，将其量化，得出相应的风险值，用以标识出风险造成影响的评价值。

(3) 风险控制

该步骤指的是在前面两个步骤的基础上，根据风险的性质和本身对风险的承受能力制定相应的防范措施，以降低风险发生的概率或影响程度，尽可能地减少损失。根据风险管理理论，对风险管理可以采取的风险管理策略有风险回避、风险控制、风险分散、风险转移、风险自留五种风险管理方式，其具体内容如下：

1) 风险回避

风险回避措施是指在预测出现较为严重风险的情况下，主动采取回避措施使得风险不会出现的策略。风险回避措施具有简单易行、能够全面彻底地杜绝风险的优点。虽然能够将发生风险的概率降到零，但是风险回避的同时也将放弃获得收益的机会，属于一种消极的风险对策。如果面对风险，县级供电企业都采取风险回避的策略，其结果只能是工程不能开展，影响供电地区的用电及农民的生活。

2) 风险控制

风险控制是在预测风险出现前采取各种措施消除或部分消除风险损失发生的根源，控制风险出现后损失大小的一种风险对策。风险控制包括两个方面的对策：一是减少风险出现的机会，二是不改变风险出现的机会，而采取某些措施使得可能出现的损失降低。例如在供电改造工程物资渠道上，可以采取同时向多家材料供应商订货的策略来保证供电改造工程物资的及时供应，以避免由于关键物资不到位而影响施工，这种做法属于控制风险出现机会的对策，而在签订施工合同时要求施工承包商提供相应的保函就是为防止承包商履约不力或不履约从而进行惩罚，来降低风险出现导致供电企业承受的损失大小，这属于第二种降低风险发生后的损失的措施。

3）风险分散

风险分散是通过增加承受风险的单位来减轻总体风险损失的压力，从而使项目管理者减少造价风险的损失。该对策可以从时间、空间、数量等方面进行统筹考虑，例如在供电改造的过程中可以采取多个承包商同时对一段具有技术含量高的施工路段进行分作业施工，在融资时和多个融资机构进行出资来保证工程的资本金到位等。但是风险分散的同时也意味着风险利益的获得将分散出去。

4）风险转移

风险转移是为了避免承担风险损失，将风险转嫁给另外的单位或者个人承担，分为控制型非保险转移、财务型非保险转移，以及保险转移三种形式，现实生活中的保险就是风险转移的一种常用方法。其中控制型非保险转移转移的只是发生风险损失后的法律责任，通过签订合同或者协议来减少转让人对受让人的损失责任；财务型非保险转移是转让人通过合同或协议寻求外来资金补偿其损失；而保险转移是通过专门的保险机构进行签订保险合同，在风险损失发生的时候通过合同规定的赔偿损失数额进行补偿。保险转移是工程造价风险管理的一种较为常见和重要的风险对策，并且适用于各级参与单位。

5）风险自留也称为风险承担，是指企业自己非理性或理性地主动承担风险，即指一个企业以其内部的资源来弥补损失。和保险同为企业在发生损失后主要的筹资方式，重要的风险管理手段。在发达国家的大型企业中较为盛行。

5.2.3 项目风险管理理论

（1）项目风险管理的定义

项目风险管理是对项目建设过程中的各种风险进行科学有效的管理。根据风险管理理论，项目风险管理需要对项目的风险进行识别、分类、评估和管控，从而实现对项目风险的全面管理，降低风险发生概率，减少风险发生带来的损失。

变电站智能化改造是一项综合项目，涉及的专业很多，比如土建安装、机电安装、继电保护设备安装、智能一体化设备安装等。正是由于变电站智能化改造的复杂性，因此，变电站的智能化改造涉及技术要求高、项目建设人员素质要求高、项目建设周期长，项目风险存在于各个环节，需要采用综合的手段对风险进行针对性管理。在变电站智能化改造中，还涉及风险叠加问题，让风险管理变得困难，从而导致风险管理混乱、风险漏洞多等问题。所以，变电站智能改造项目的风险管理会让风险管理难度变大。

（2）项目风险管理类别

从不同角度来看，项目风险管理的类别会有差异，根据变电站智能化改造工程项目的实际情况，主要可以分为四类风险，包括环境风险、管理风险、组织运营风险和技术风险。

1）环境风险

环境风险是指变电站外部所有环境的综合风险。变电站一般地处山区或农村，涉及的环境情况很多，比如有的在山顶、有的在山腰、有的在平地等。所以，不同环境下的变电站风险会不一样。而除了地理环境，变电站的智能化改造还涉及国家政策环境、经济环境、社会环境、行业发展环境等。这些不同环境也会给变电站的智能化改造带来影响，比如地域内的重大节庆活动、旅游活动等，都会影响变电站智能化改造的实施和工程进度。这里面就会有更多的二级风险体系，需要进行针对性风险识别、分类和管理。

2）管理风险

变电站在智能化改造过程中成立专门的项目建设部，其管理风险是来自项目建设部内部的风险，包括工程建设的合同管理、成本管理、质量管理、进度管理、安全管理等风险，这些都是由项目建设部整体负责。整个部门下设若干对应组来负责对应的工作，合同管理和进度管理属于综合组、成本管理有财务组、质量管理有监理组、安全管理有安监组等，工程的管理风险与工程施工的组织架构紧密相关，完善的组织架构能够极大避免各类风险。其中每个管理风险的二级风险体系，又可以细分为三级风险体系，比如安全风险。在变电站智能化改造过程中，就涉及人员触电风险、交通安全风险、设备损坏风险等。

3）组织运营风险

变电站在施工过程中，需要项目建设部对外将各种组织、协调、运营的所有风险归纳为组织运营风险。组织运营风险主要是项目建设部各种对外的组织和运营工作的风险总和，变电站智能化改造的组织运营风险主要涉及设备、材料、施工分包商等方面对外协调工作，包括设备风险、供货风险、分包商风险、材料风险等，这些风险如何协调和组织好，很大程度上会影响工程的内部管理，进而触发管理风险的产生。

4）技术风险

技术是变电站的智能化改造的核心支撑，同时也会带来一定的风险，虽然当前我国变电站智能化改造技术已经很成熟，但是在技术设备的安装和施工过程中仍存在很大的技术风险。智能技术设备决定了变电站智能化改造之后能否成功，特别是新技术、新设备的安装都存在一定的安装和使用风险，这是为什么变电站改造之后的调试环节也是风险管理的流程之一。所以，变电站的技术风险管理就涉及设备的管理、技术人员的管理等。本项目主要面临的技术风险有设计风险、施工风险、新技术和新工艺使用风险等。

（3）项目风险管理流程

通常来说，项目风险管理的过程主要包括以下四个相互关联的阶段。

1）风险管理计划

风险管理计划是风险管理的指南，是对风险管理做出的预判。风险管理计划基于项目本身的实际情况来制订和完善，详细的风险管理计划有助于整体项目风险的管理实施，风险管理计划需要对风险进行分类预判、分级预判、损害预判等，风险管理计划不是一成不变的，而是针对实际情况不断调整和更正，最终实现有效的计划体系。

2）风险识别

风险识别是项目风险管理的第一个核心步骤，只有识别清楚，才能进行下一步的评估和管理，所以，这一步如果不能完善，后续的风险管理工作就会失去意义。为此，风险识别需要建立全面风险识别体系，需要在整理和分析项目资料的基础上，对所有风险进行科学识别，按照一定的科学方法完成识别工作。

3)风险评估

风险评估其实包括两个步骤，即风险分析和评价。风险分析其实是分析风险的分类、级别、层次等内容，从多角度进行风险有效分析，一般包括定性和定量两大类别的分析。风险分析需要进一步结合风险管理计划和风险识别的结果进行比对，形成科学的风险分析结论，这样才能有利于风险评估。而风险评估就是确定风险的发生概率和带来的损害程度。关于风险评估的方法已经形成定性和定量结合的多种方法，包括层次分析法、蒙特卡罗模拟法、模糊数学法等。

4)风险管控

风险管控其实就是对风险进行有效管理，这是在风险识别和风险评估基础之上的管控，主要是控制风险发生的概率和伤害程度。风险管控一般可以分为四类方法，包括风险自留、风险规避、风险减轻和风险转移。风险自留就是对低风险和低概率风险进行自我控制，这类风险带来的损害很低，属于可接受风险。风险规避就是尽量降低风险的发生概率，同时这类风险也属于能够控制、只要建立合理的风险管理措施就能够规避的风险。风险减轻是指降低风险带来的损害，将伤害程度降到最低。风险转移是指将风险转移给第三方公司或合作公司，由其他公司承担风险带来的损害。总之，风险管控是一个分层级、分类别进行管理的综合体系。

控制项目风险，一般根据风险评价结果，从成本层面、工艺质量层面、管理制度层面制定相应管理措施。

(1)成本层面措施。成本层面风险主要包括合同问题、资金超支、资金链断裂等。为了解决资金层面风险，核心就是加强合同管控和规范招投标环节，严格落实政府相关法律法规，使整个资金使用过程处于法律保护之中。其次加强资金监管，严格管理资金出口，严格按照合同和采购需求付款，减少资金浪费。采购过程引入多个供应商进行对标，选择最具经济性的招标方案。还可以通过项目整体投保，引入第三方保证体系，进一步降低项目自身资金风险。

(2)工艺质量改进措施。提升技术工艺水平，包括施工人员技术水平和材料工艺水平两方面。为了提高施工人员整体技能水平，管理人员可以通过科学的组织、引入施工质量监管体系、制定工作任务清单和相应作业指导卡等措施来实现。材料工艺水平，主要在招标层面管控，应在招标环节引入专业技术人员把关，保证选材优质，保证施工质量。

(3)管理制度层面措施。在降低风险的过程中合理利用先进科学的团队管理手段，加强对施工过程的全方位掌控，以期团队凝聚力的提升。可以在施工前组织相应的团建内容，提升团队士气及向心力；施工进展过程中，严格落实岗位职责，任务落实到人，严肃考勤纪律，确保组织周密，各环节监管到位；月度工作结束后，

(4)风险管理的监控与改进。风险管理的监控与改进是对风险管控的效果进行检测和反思，有利于进一步完善风险管控措施，从而形成全面风险管理。风险监控主要是监控风险管控措施是否有效，执行是否到位，风险发生之后的措施是否有效等，风险监控主要监控人员和设备，根据监控措施进行匹配性监控。如果还存在可以改进的空间，就需要进一步完善风险管控措施，从而达到对项目风险进行闭环控制管理的目的。

5.3 供电改造工程概述

5.3.1 供电改造工程的目的

供电改造工程指的是为满足未来负荷预测需求，对农村电网进行建设和改造的工程，其目的是以“两改一同价”为中心，着重解决农村电网电能损耗高、网架结构不合理、电能质量差、用不上电和电价高的问题，逐步实现全省城乡电网统一管理、统一核算、统一价格的目标。

供电改造项目的具体工作是建设完善的骨干网架结构和电网结构，重点建设和改造中下等级的工程，优先对设备陈旧、线路老化严重、线路安全性等级低的线路进行改造。

5.3.2 供电改造工程的特点

供电改造工程项目具有以下特点：

(1)动态性

供电改造工程不但要满足规划年限内的技术性能指标，而且要考虑到供电以后的发展和相关性能指标的问题。

(2)非线性

线路电气参数与线路功率及网损等费用的关系是非线性的。

(3)多目标性

供电改造方案不仅要满足技术上的要求，而且必须考虑社会、政治、当地民众等相关因素，最重要的是要满足经济要求，这些要求之间往往相互冲突。

(4)不确定性

供电改造的相关线路和设备多种多样，并且涉及的因素非常多，实施过程复杂，因此供电改造的不确定性因素非常多。

5.3.3 供电改造工程项目的实施过程

供电改造工程项目一般分为项目立项、可行性研究、决策、设计、施工到竣工验收、试运营及运营等阶段，其中主要的可以概括成投资规划阶段、可行性研究阶段、施工阶段和运行阶段。各阶段的含义如下：

(1)投资规划阶段

根据农村当地政府的国民经济和社会发展规划，提出供电改造项目的总体设想，通过调查、预测、分析，编制项目建议书。

(2)可行性研究阶段

项目建议书经批准后，聘请具有相应资质的设计公司或咨询单位对拟改造项目进行投资论证，出具相应的可行性研究报告。可行性研究报告经批复后，进入相应的设计阶段，设计阶段包括选址方案、改造方案、设计任务书、技术参数设计、施工图设计、工程概算等。

(3)施工阶段

按照施工图进行招投标，根据中标情况由具有相应资质的施工组织计划进行施工。

(4)运行阶段

施工结束后，组织相关单位进行验收，对于验收符合标准的，应及时组织竣工验收。验收合格后，办理移交手续，改造工程正式投入使用。一般来说，供电改造项目从项目投资规划到运行阶段需要一到两年的时间。在不同的阶段中，供电改造工程项目遇到的风险类型不同，风险管理的目标也不同，在项目的开始阶段，不确定因素较多，风险发生的概率较大，但是通过很小的风险控制成本能够避免后期较大的风险损失。而随着项目的实施，各种因素越来越明确，不确定性将会减少，但是由于大量的项目资源投入使用，避免和处理风险损失的成本也在上升。风、电项目全生命周期的不同阶段风险发生的概率及控制成本如图 5-2 所示。

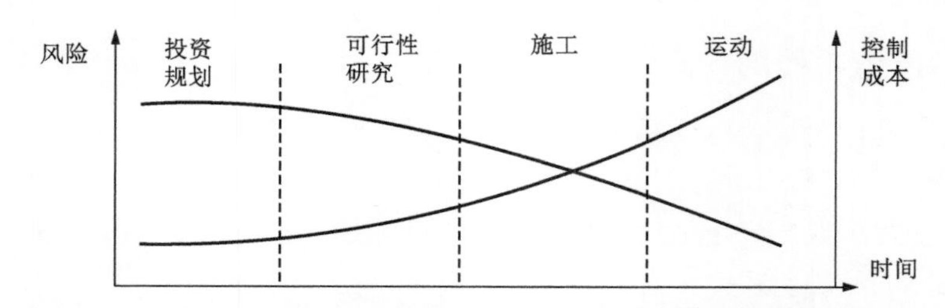

图 5-2　风、电项目全生命周期各阶段风险发生的概率及控制成本示意图

5.4　风险评价的常用方法

5.4.1　主观评分法

该方法是由专家和风险管理人员对研究对象中的每一阶段的每一风险因素进行主观上的评分(如给出 0 到 10 之间的一个分值)，该方法属于定性评价的方法。最后将每个因素的分值相加后来与风险基准进行比较，来确定风险的等级。主观评分法简单易用，但是该方法的缺点是主观性太强，完全取决于专家和风险管理人员处理风险的偏好、经验和水平。

5.4.2　专家调查法

专家调查法是大系统风险分析的主要方法，该方法是以专家为风险分析和评价的重要对象，各领域的专家根据自己的判断对系统运行的各种潜在的风险因素进行分析和估计，最终经过统计合成整个研究对象的风险等级。该方法主要包括专家个人判断法、头脑风暴法、delphi 法等方法，其中以 delphi 法最为常用。

5.4.3　故障树分析法

故障树分析法，简称 FTA，起源于 1961 年，该方法是在对风险分析和评价时先对可能造成项目失败的各种风险因素(如硬件、软件、环境、人为因素等)进行分析，画出树状的逻辑框图，逻辑框图中表示的是可能导致项目失败的原因的各种可能组合方式。形成的树状结构称为故障树，其主要是把项目实施中最不希望发生的事件或项目状态作为风险分析和评价的目标。树根部(也就是树状图的起始部分)在故障树中称为顶事件，从顶事件分解下来的导致顶事件发生某种状态的所有可能的直接原因画在顶事件下面，称为中间时间，然后将每个事件再继续分解，一直到追寻到引起中间事件发生的全部源发事件为止，这些源发事件称为底事件。

故障树分析法是一种演绎的逻辑分析方法，其目的是遵循从结果找原因的原理，分析项目风险及其产生原因之间的因果关系。属于定性方法，其应用广泛，多用于电力设备等具有明显状态区别的相关风险分析和评价，是一种系统性较强的分析方法，具有固定的分析流程，可以用计算机来辅助建树和分析，但是其缺点是树状结构往往过大，难以对小细节进行考察，树状结构很难形成，不利于人工画图。

5.4.4　蒙特卡罗分析法

蒙特卡罗分析法是一种基于随机抽样原理的风险评价方法。通过随机抽取一定数量风险影响因素主变量的值，根据抽样结果对评价指标进行计算，在抽样次数足够多的前提下可以计算出风险指标概率分布情况，同时还可以得到相关统计数据的其他指标，诸如期望、方差、标准差、中位数、算数平均数等数据指标。最后通过这些数据指标，可以估算出项目风险。

5.4.5　层次分析法

层次分析法(analytic hierarchy process，AHP)由 T. L. Saaty 在 20 世纪 70 年代提出，该方法是一种定性分析和定量分析相结合的评价方法，现已经广泛地应用于各研究领域的评价当中，其优点是便于理解，应用灵活，且具有一定的精度。层次分析法的基本步骤如下：

(1)建立层次型指标集 $U=\{u_1, u_2, \cdots, u_n\}$，即评价的指标集，这里的指标依次是上述评判体系中的各个因素。

(2)建立权重集 $W=\{w_1, w_2, \cdots, w_n\}$。

(3)由专家构造两两比较矩阵

$$\boldsymbol{A}=\begin{bmatrix} a_{11} & a_{12} & \cdots & a_{in} \\ a_{21} & a_{22} & \cdots & a_{2n} \\ \cdots & \cdots & \cdots & \cdots \\ a_{n1} & a_{n2} & \cdots & a_{nn} \end{bmatrix} \tag{5-1}$$

式中：$\boldsymbol{A}=(a_{ij})$，a_{ij} 为 a_i 对 a_j 的相对重要性(即人们定性比较的数值表现形式)，其值可采用“1-9”标度法确定，见表 5-1。

表 5-1 标度法确定[70]

a_{ij}	定义
1	a_i 对a_j 同样重要
3	a_i 对a_j 稍微重要
5	a_i 对a_j 明显重要
7	a_i 对a_j 强烈重要
9	a_i 对a_j 极端重要
2，4，6，8	a_i 对a_j 的重要程度处于上述相应两个数之间
倒数	a_i 对a_j 相比得判断a_{ij}，则a_i与 a_j 相比得判断$a_{ij}=1/\mu_{ij}$

(4)将 A 归一化处理，即

$$\bar{a}_{ij} = -\frac{a_{ij}}{\sum_{i=1}^{10} a_{ij}} \tag{5 - 2}$$

$$i, j = 1, \cdots, 10$$

(5) 计算权重w_i，即

$$w_i = \frac{\sum_{j=1}^{10} \bar{a}_{ij}}{\sum_{i=1}^{10}\sum_{j=1}^{10} \bar{a}_{ij}} \tag{5-3}$$

(6)进行一致性检验。为了确保计算出的 w_1，w_2，…，w_{10} 的正确性，还需要进行一致性检验。当两两判断矩阵的随机一致性比例系数 $CR<0.1$ 时，可以认为判断矩阵一致性成立，否则应重新构造两两判断矩阵。CR 的计算公式为：

$$CR=CI/RI \tag{5-4}$$

式中：CI 为偏离一致性指标，$CI=(\lambda_{max}-n)/(n-1)$；$RI$ 为随机一致性指标，可从表 5-2 查得。

表 5-2 *RI* 数值查询表

阶数	*RI*	阶数	*RI*
1	0	6	1.36
2	0	7	1.36
3	0.52	8	1.41
4	0.89	9	1.46
5	1.12	10	1.49

(7)根据各个评价对象的指标分值建立得分评价矩阵

计算各评价对象的最终得分

$$S=WR=[w_1, w_2, \cdots, w_n]^{T}\begin{bmatrix} r_{11}, r_{12}, \cdots, r_{1m} \\ r_{21}, r_{22}, \cdots, r_{2m} \\ \vdots \\ r_{n1}, r_{n2}, \cdots, r_{nm} \end{bmatrix}=[S_1, S_2, \cdots, S_n]^{T} \tag{5-5}$$

(8)根据最终得分对评价对象进行排序。

5.4.6　模糊综合评价法

模糊综合评价法(fuzzy comprehensive evaluation)是模糊数学和评价的实际应用结合的一种评价方法，这种评价方法是对难于定量化的指标，根据模糊数学的基本原理，根据给出的评价指标标准，利用模糊隶属度函数进行语义上的量化后对事物或系统做出综合评价。其基本步骤如下：

(1)选择评价因素，确定评价因素集

评价因素集是指由影响评价对象的所有因素所构成的集合，也就是上述的各个评价指标，假设记为 $U=\{U_1, U_2, \cdots, U_m\}$。

(2)确定评语集合

为了衡量模糊指标的优劣程度，一般根据指标的评价等级分为 $V=\{V_1, V_2, \cdots, V_n\}$，根据心理学测度原理 n 通常取 3-7，以 5 为宜。

(3)给出各评语的隶属度

在综合评价指标体系中，有一些模糊或灰色指标的标值概念与确定性定量指标不同，它们的指标值不能用单一数值描述。指标标值的广义概念是指标按评价等级得到的评价结果而构成的向量。指标向量中每一元素(分量)称为该指标的隶属度，由指标向量构成的矩阵称为模糊评价矩阵。首先对 U 集合中的单因素 $U_i(i=1, 2, \cdots, n)$ 作单因素评判，从单因素出发确定该因素对评价等级 $V_j(j=1, 2, \cdots, n)$ 的隶属度 r_{ij}，因此可以得出第 i 个因素 U_i 的单因素评判集 $r_i=(r_{il}, r_{i2}, \cdots, r_{in})$，是评价集 V 上的模糊子集。则 m 个影响因素的评价集就构造出一个总的评价矩阵 R，反映了两集合 U、V 之间存在的某种相关关系，其中 r_{ij} 表示因素 U_i 对抉择等级 V_j 的隶属程度，是构成模糊综合评判的基础。R 可表示为：

$$R=\begin{bmatrix} r_{11} & \cdots & r_{1n} \\ \vdots & & \vdots \\ r_{m1} & \cdots & r_{mn} \end{bmatrix} \tag{5-6}$$

定性指标(因素)的隶属度确定通常采用模糊统计的方法，即 $r_{ij}=m_{ij}/s$。式中：m_{ij} 为单因素 U_i 被评为 V_j 的有效问卷数，s 为总的有效问卷数。

(4)确定权重

对于每个指标，由于各个的重要程度是不一样的，因此需要对各个指标的权重进行确定，可以借鉴上述层次分析法应用两两矩阵比较的方法确定权重的方法进行确定。

(5)运用模糊数学运算方法，进行模糊综合评价

结合矩阵 $\boldsymbol{R}$ 和步骤(4)中确定出的权重，计算综合隶属度：

$$B=W\cdot R=[w_1, w_2, \cdots w_n]^{\mathrm{T}}\begin{bmatrix} r_1, r_{12}, \cdots r_{1m} \\ r_{21}, r_{22}, \cdots r_{2m} \\ \vdots \\ r_{n1}, r_{n2}, \cdots r_{nm} \end{bmatrix}=[b_1, b_2, \cdots b_n]^{\mathrm{T}} \tag{5-7}$$

其中 b_i 指该方案隶属于评语 u_i 的可能性。即 $b_i=\vee_{i=1,2,\cdots,n}(w_i\wedge r_{ij})$

5.5 本章小结

本章介绍了供电改造工程风险管理的相关理论，包括风险的定义、风险管理的概念，以及风险管理的步骤；此外，对供电改造工程进行了相应的概述，从供电改造工程的目的出发，总结了供电改造工程的特点，对供电改造工程项目的实施过程进行了分析，并且给出了供电改造工程项目在各个实施过程中的风险程度大小关系。在本章的最后，对风险评价的相关理论进行了介绍，并给出了风险评价的常用方法，为下文打下了良好的理论基础。

第 6 章 深圳市工业园区供电改造工程风险评估指标体系构建

6.1　深圳市工业园区供电概况和改造工程概况

为贯彻党中央国务院清理转供电加价决策部署，落实党史学习教育“我为群众办实事”活动要求，深圳市政府计划用两年时间完成全市工业园区供电环境综合升级改造。本课题依托项目为深圳市工业园区供电环境综合升级改造项目，该项目首批涉及 355 个工业园区供配电改造施工。随着园区建设的快速推进、经济的迅速发展和人民生活水平的提高，园区的用电负荷和电量不断增长，对供电的质量要求越来越高，对区域电网规划提出了更高的要求。因此，采取适应新形势的园区电网改造规划，提高供电可靠性和新技术的应用程度，满足园区生产、生活用电，带动社会经济发展，成为急需解决的问题。为有效衔接园区产业集聚网，全方位提高园区发展水平，进行园区电网改造具有十分重要的意义。

6.2　深圳市工业园区供电工程改造风险评价指标体系的构建

6.2.1　指标体系的构建原则

深圳市工业园区供电工程改造风险评价指标体系的构建需要满足以下原则：

(1)实用性与可操作性原则

实用性要求整个指标体系中每个方面的指标，以及所含的指标的选用应该便于理解和接受，适合广泛使用，具有通用性，具有现实的指导意义。可操作性原则要求的是所选用的指标能够方便地获取可靠的指标值，指标彼此之间要具有可比性，定量指标要以国家或者整个电力行业统计部门发布的数据为基础，定性方法能够定量化，定量化后能够采用统一的数据处理方法进行计算。一般设计指标体系时，要尽量减少定性指标及难以获取数据的指标的运用，如果遇到一些必要的指标又难以获取数据，应该采用与之接近的关系密切的指标予以替代。

(2)系统性原则

指标体系的设计应该从系统的观点进行设计，符合系统论的观点。系统性原则要求各个指标之间应该互相独立，自成系统，每个子系统各自成为一个小的评价系统。

(3)层次性原则

对于供电改造工程而言，往往包含多个考察方面，而每个考察方面又包含了很多个指标，整个评价体系从纵向上看形成了层次性和合理的整体结构，这就体现出系统是一个多级别、多层次的有机整体。对于供电改造工程风险评价而言，可以通过层次性原则来构建各个子系统。

(4)相关性和代表性原则

评价供电改造工程风险的指标很多，相关性原则和代表性原则要求从分析具体问题出发，在能够充分检测供电改造工程风险的前提下，找出具有高代表性的主导因子，避免指标体系过于庞杂。

6.2.2 风险评价因素指标的识别

按照供电改造工程的实施过程，结合供电改造工程的特点，对供电改造工程的风险评价因素指标按阶段进行识别如下：

(1)投资规划决策期风险

该阶段存在的风险因素是和供电工程改造项目决策相关联的风险，具体是指由于决策的偏差给供电工程带来的损失。在供电改造工程的投资规划决策阶段，需要考虑的是决策信息风险因素、资金风险因素和社会影响因素三个方面。

其中决策信息风险因素可以从对供电改造地区负荷预测精度的高低、环评的准确度与否，以及对改造技术论证是否得当三个方面来进行评价。负荷预测精度风险是指对区域未来负荷需求增长预测的偏差而引起的投资损失，如果负荷预测估计不足，将会给农村用电区域带来负面影响，将会影响当地的用电，可能会进行供电的二次改造，这样将带来不必要的损失；如果负荷预测估计过足，将会引起投资浪费。环评风险是指环评的结果和实际施工后运行情况的偏差而引起的损失，技术论证是否得当是指供电改造工程的技术论证是否切合实际情况。

资金风险因素可以从资金的筹措方式是否安全合理、在资金部分中银行贷款部分银行承诺的风险两个方面进行考虑。社会风险因素可以从项目的核准过程中和社会相关部门办理利用相应资源(主要是土地资源)的进度上的相关风险部分，其中包括供电改造工程所在的行政区域是否同意在本地建设本项目的审批，这往往会引起政府部门需要考虑项目的综合国民经济效益、对地方经济的贡献及拉动作用，以及是否利用相关政策给予支持。这些因素都会为供电改造工程项目的相关手续能否按期办完提供相应的依据。

(2)可行性研究期风险

该阶段主要考虑的风险因素主要是在可行性研究期间考虑的各个因素的相应风险，根据可行性研究主要涉及的部分可以划分成技术风险、经济风险及设计风险三个部分。

1)技术风险

供电改造工程的可研阶段往往是基于一些假设的条件对项目的技术经济指标、对工程的开展进行测算及分析，这些假设是否合理、是否符合以后实际开工的情况、选择的技术参数是否恰当等问题都可能引起整个供电改造工程与预定目标的偏差，从而带来项目的技术风险。因此可以从技术参数选择风险和供电技术选择风险两个方面来进行风险的度量和考核。

2)经济风险

经济风险主要包括造价风险及投融资方案选择风险两个部分，其中供电改造工程的造价一般主要包括本体费用和其他费用两个部分，其中本体费用主要由设备购置费、建筑工程费、安装工程费三个部分组成；而其中设备购置费比重最大，例如在供电输变电改造工程中，一台主变压器的价格就从几百万到上千万元不等，选择什么样的主变压器对于整个项目的总造价的影响非常大。而其他费用主要指征地拆迁赔偿费、场地清理费、勘察设计费、环保评审费等费用，对这些费用的估计也会引起总造价的偏差。而投融资方案选择的风险主要考虑的是投融资方案的可行性研究对于未来供电改造工程建设的相应资金能否按时按量地到位，为供电改造工程建设提供相应的经济支撑。

3)设计风险

设计风险指的是供电改造项目在对变电站接入方案、主变容量选择、远近期规模、无功补偿及调压措施、保护方案、通信方式、计量计费系统、设备选型、送出配套工程、自动化程度和电压等级进行设计时产生的风险。

(3)施工阶段风险

该阶段主要考虑的风险因素有施工管理风险、财务管理风险、施工安全风险三个方面。

1)施工管理风险

施工管理风险必然涉及工程的质量、进度及费用三个主要的方面，由于费用管理较为重要，因此本文将费用方面放到财务管理风险中进行单独的讨论，而工程质量风险是指在施工期间，各级施工单位需要保证整个工程安装规范及要求进行施工，保证整个工程能够高标准地投入运行，这既需要施工人员操作到位，也需要保证各级设备质量达标；工程进度风险是指在施工期间，施工方需要保证足够的施工人员、物资能够投入到工程中，能够保证各个工程里程碑节点的工序按时完成，否则将会产生工期延误风险而给整个供电工程带来损失。此外，施工管理风险还应该考虑管理模式的设计方面的风险及招投标管理的风险。

2)财务管理风险

财务管理风险是指在工程施工时，在各个必要的时点必须保证项目的业主和施工建设方及时筹集足够的建设资金投入工程，这是整个供电改造工程能够顺利竣工并投入运行的重要保障。根据国家规定的项目建设资本金比例要求，电力工程项目建设通常需要20%~30%的资本金，由于供电改造工程项目通常投资巨大，因此建设方需要通过投融资的方式筹集资本金以外的建设资金，一般必须通过向银行贷款或者寻求大资金的投资方式筹集资金。这就需要及时地控制工程的财务成本，否则将产生财务风险。影响资金和概预算之间偏差的因素有利率风险、设备价格变动风险，以及投融资资金到位的执行情况风险。

3)施工安全风险

施工安全风险是指当供电工程开始施工后，由于有大量的人力和设备投入工程施工，很容易造成出现安全事故的风险，例如坠落、火灾、触电、交通事故等。尤其是到了最后的设备安装调试阶段，常常有数个专业施工队伍同时进行，这时候又包括设备厂家的安装调试人员等，这些施工队伍的交叉作业、协调联动，很容易产生人员的安全事故风险。其中施工安全风险可以从常见的施工设备安全事故和人员安全事故两个方面进行评价。此外，由于在施工期间还面临着各种各样的自然灾害风险，例如洪水、地震导致的山体滑坡、恶劣气候等带来的影响，例如2008年南方的冰灾是百年不遇的严重自然灾害，线路覆冰造成数以百计的铁塔崩塌、线路断线停电，对社会生产、铁路运输及居民生活造成了严重影响，因此还需要从自然灾害引起的施工安全风险上进行评价。

6.2.3 风险评价指标体系的构建

依照前面对风险因素的识别和指标体系的构建原则，本文对供电改造工程的风险评价指标体系构建如表6-1所示。

表6-1 供电改造工程风险评价指标体系

评价层	准则层	指标层	子指标
深圳市工业园区供电改造工程风险评价(A)	投资规划决策期风险(B1)	决策信息风险因素(C11)	负荷预测风险（C111）
			环境评价风险(C112)
			技术论证是否得当（C113）
		资金风险因素(C12)	资金筹措方式(C121)
			银行贷款承诺风险(C122)
		社会风险因素(C13)	项目核准手续能否按期办完(C131)
			项目征地、拆迁能否按期完成(C132)
	可行性研究期风险(B2)	技术风险(C21)	技术参数选择风险(C211)
			供电方案技术选择风险(C212)
		经济风险(C22)	工程造价风险(C221)
			投融资方案选择风险(C222)
		设计风险(C23)	主变容量设计变更风险(C231)
			保护方案设计风险(C232)
			通信方式设计风险(C233)
			设备选型风险(C234)
			自动化释度设计风险(C235)
	施工期风险(B3)	施工管理风险(C31)	工程质量设计控制风险（C311）
			工程进度设计控制风险(C312)
			设计管理模式风险(C313)
			招投标管理风险（C314）
		财务管理风险(C32)	利率风险（C321）
			设备价格变动风险(C322)
			投融资执行情况风险(C323)
		施工安全风险(C33)	施工设备安全事故风险（C331）
			施工人员安全事故风险(C332)
			由自然灾害引起的施工安全风险（C333）

6.2.4　结合模糊赋权的层次综合评价方法——FEAHP

尽管传统的 AHP 赋权方法得到了广泛的应用，但其仍然存在着一定的局限性，这主要表现在传统的 AHP 采用“1-9”评分法来构建两两判断矩阵，而在风险的实际应用中，很多时候专家在评分过程中不能确定每个数字所对应的重要性对比程度，这时候再用评分法就显得有些不合适了。

FEAHP（fuzzy extended AHP）就是针对以上不足的一种改进，它主要表现在构建两两比较矩阵时，运用模糊三角数的理论代替传统的评分法来表示专家在给出指标间重要性程度对比值时的不确定性。改进后的方法的计算步骤如下：

（1）运用模糊三角数构建两两判断矩阵；模糊三角数是模糊集中经常被用到的一个隶属函数形式，一个典型的模糊三角数的形状如图 6-1 所示。

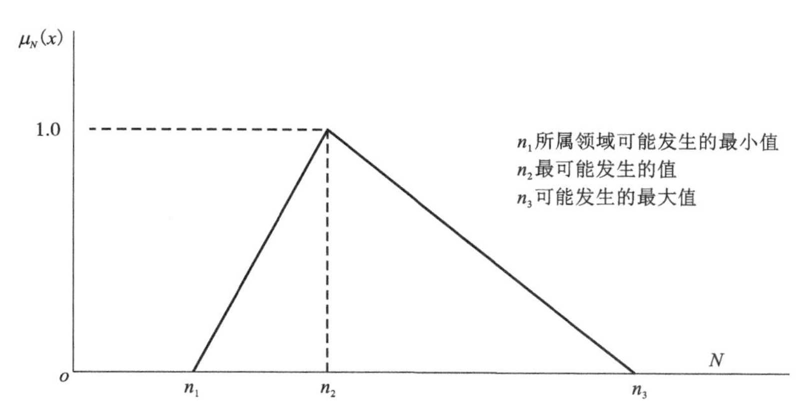

图 6-1　典型模糊三角数形状

图中 n_1、n_2 和 n_3 分别表示所属领域可能发生的最小值、最可能发生的值和可能发生的最大值，用一个模糊三角数可以表示为$(n_1,\ n_2,\ n_3)$，其中 $n_1 \leqslant n_2 \leqslant n_3$：

隶属度函数表示为：

$$\mu_N(x)=\left\{\begin{matrix}(x-n_1)/(n_2-n_1) & x\in[n_1,\ n_2] \\ (n_3-x)/(n_3-n_2) & x\in[n_2,\ n_3] \\ 0 & \text{其他}\end{matrix}\right\} \tag{6-1}$$

对于模糊三角数的运算必须满足模糊三角数的运算法则，即假设 $N_1=(n_{11},\ n_{12},\ n_{13})$和 $N_2=(n_{21},\ n_{22},\ n_{23})$分别表示两个模糊三角数，则有：

$$\begin{gathered}N_1+N_2=(n_{11}+n_{21},\ n_{12}+n_{22},\ n_{13}+n_{23}) \\ N_1\times N_2=(n_1,\ n_{21},\ n_{12},\ n_{22},\ n_{13}n_{23})\end{gathered} \tag{6-2}$$

$$\begin{gathered}\frac{1}{N_1}=(\frac{1}{n_{13}},\ \frac{1}{n_{22}},\ \frac{1}{n_{11}}) \\ aN_1=(an_{11},\ an_{12},\ an_{13})\end{gathered} \tag{6-3}$$

将传统层次分析法中的两两因素比较矩阵中的数值用模糊三角数的方式代替相应的数

值，见表6-2。

表6-2 模糊三角数代替法

语义值	模糊三角数	模糊三角倒数
相等	(1, 1, 1)	(1, 1, 1)
可能相等	(1/2, 1, 3/2)	(2/3, 1, 2)
略微重要	(1, 3/2, 2)	(1/2, 2/3, 1)
很重要	(3/2, 2, 5/2)	(2/5, 1/2, 2/3)
非常重要	(2, 5/2, 3)	(1/3, 2/5, 1/2)
绝对重要	(5/2, 3, 7/2)	(2/7, 1/3, 2/5)

设该指标体系中评价指标集可以表示为：每一个指标 $x=(x_1, x_2, \cdots, x_n)$，每一个指标 $x_i(i=1, 2, \cdots, n)$ 分别与其他指标进行重要性程度对比，给出 n 个模糊三角数区间分析值：

$$\widetilde{A}=\{N_{x_i}^1, N_{x_i}^2, \cdots, N_{x_i}^n\}\text{，其中 } i=1, 2, \cdots, n \tag{6-4}$$

这里 $N_{x_i}^j(j=1, 2, \cdots, n)$ 都是模糊二角数。对于用模糊三角数表示的判断矩阵，需要运用SEAM(synthetic extent analysis method)算法计算指标的权重。

(2)运用SEAM算法计算指标的权重

1)运用下式计算各指标，综合合成模糊三角数

$$S_i=\sum_{j=1}^n N_{x_i}^j \cdot \left[\sum_{i=1}^n \sum_{j=1}^n N_{x_i}^j\right]^{-1} \tag{6-5}$$

其中 $\sum_{j=1}^n N_{x_i}^j=\left(\sum_{j=1}^n n_{1x_i}^j, \sum_{j=1}^n n_{2x_i}^j, \sum_{j=1}^n n_{3x_i}^j\right)$，

$$\left[\sum_{i=1}^n \sum_{j=1}^n N_{x_i}^j\right]^{-1}=\left(\frac{1}{\sum_{i=1}^n \sum_{j=1}^n n_{3x_i}^j}, \frac{1}{\sum_{i=1}^n \sum_{j=1}^n n_{2x_i}^j}, \frac{1}{\sum_{i=1}^n \sum_{j=1}^n n_{1x_i}^j}\right)$$

2)计算 $S_i \geqslant S_k$ 及 $S_k \geqslant S_i$ 的可能性

计算 $V(S_k \geqslant S_i)$ 为 $S_k \geqslant S_i$ 的可能性，其计算公式如下：

$$V(S_k \geqslant S_i)=hgt(S_k \cap S_i)=\mu_{S_k}(d)=\begin{cases}1, & c_k \geqslant a_i \\ 0, & a_i \geqslant c_k \\ \dfrac{c_k-a_i}{(c_k-b_k)+(b_i-a_i)}, & \text{otherwise}\end{cases} \tag{6-6}$$

用 a、b 和 c 表示模糊三角数 S_i 和 S_k 的三个参数。d 是两模糊三角数隶属函数交集的最高点，如图6-2所示。

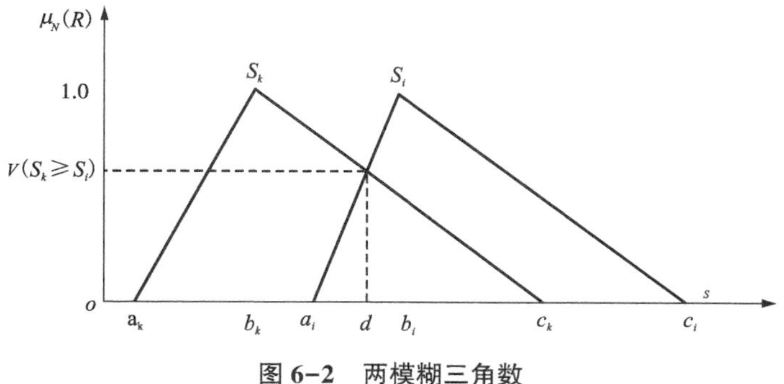

图 6-2　两模糊三角数

3) 计算指标 x_i 的合成值平均大于其他指标的合成值的可能性

在文献[47]中，提出用以下方法来代表指标 x_i 的重要性：

$$V(S_i \geqslant S_1, S_2, \cdots, S_{i-1}, S_{i+1}, \cdots, S_n) = \min V(S_i \geqslant S_k)(i, k=1, 2, \cdots, ni \neq k) \quad (6-7)$$

但求最小值很容易出现指标权重为零的情况，为此，在这里我们提出用平均值代替最小值来表示指标 x_i 的重要性，则有

$$V(S_i) = \text{average}V(S_i \geqslant S_k)(i, k=1, 2, \cdots, ni \neq k) \quad (6-8)$$

4) 计算指标权重

令 $d'(\alpha_i) = V(S_i)$，则权重向量可以表示为：

$$1W' = [d'(\alpha_1), d'(\alpha_2), \cdots d'(\alpha_n)]^{\mathrm{T}} \quad (6-9)$$

将其标准化可得标准的权重向量：

$$W = [d(\alpha_1), d(\alpha_2), \cdots d(\alpha_n)]^{\mathrm{T}} \quad (6-10)$$

(3) 一致性检验

由于判断矩阵 $\tilde{A}$ 中的元素均是模糊三角数，若要用式(6-4)求解其最大特征值，则必须运用模糊三角数的运算法则，即

$$\tilde{\lambda}_{\max} = \frac{\sum_{i=1}^{n} \sum_{j=1}^{n} N_{x_i}^{j} w_j}{n w_i} \quad (6-11)$$

$$\tilde{C}\tilde{I} = \frac{\tilde{\lambda}_{\max} - n}{n} - 1 \quad (6-12)$$

$$\widetilde{CR} = \frac{\tilde{C}\tilde{I}}{RI} \quad (6-13)$$

值得注意的是，这里的 $\widetilde{CR}$ 应该也是一个模糊三角数的形式，在进行比较时需要将 $\widetilde{CR}$ 及时转换为清晰数，对于模糊三角数的清晰化可以运用重心法对其进行计算：

$$\widetilde{CR} = \frac{\int \widetilde{CR} \mu(\widetilde{CR})}{\int \mu(\widetilde{CR})} \quad (6-14)$$

6.2.5 基于 FEAHP 的评价指标权重确定

由于风险因素的量化估计可以划分成定性风险估计和定量风险估计两种方式，其中定性风险估计一般采用描述性语言来描述风险估计的结果，例如风险“高”“中等”“低”等。定量风险估计是利用数值对风险的结果进行估计，它将供电改造工程的风险因素依据一定的原则或方法进行细分，并推测每一个风险因素发生变化的可能性。较为常用的方法是利用统计的方法得到相应的概率分布或者是可能性，但是这种方法在实际应用的时候比较困难，这是因为要量化风险发生的概率和风险发生所产生的后果必须有大量的历史资料和统计数据做参考。因此，在我国目前的供电改造工程的实际情况下，要做到严格的定量化或准确的分布几乎是不可能的。

因此，本文利用定性和定量结合的模糊逻辑的风险分析法对供电改造工程的风险进行量化估计，首先集合风险分析人员和有关专家做出风险大小的估计和可能造成损失的主观估计，其估计结果的语义集合一般在“大小”“强弱”“高低”等文字语言中进行挑选，然后将这些语义集合的专家得分的结果利用百分比的形式予以统计，得出相应的隶属度分布函数。得到各风险因素的量化结果后，可以利用上一节中介绍的模糊综合评价分析方法对供电工程项目的风险进行具体的评价。首先对深圳市工业园区供电工程改造的各项风险因素权重分析如下：

按照风险影响度和控制成本的关系，形成准则层的两两比较矩阵如表 6-3 所示。

表 6-3 准则层两两比较矩阵

	投资规划决策期风险	可行性研究期风险	施工期风险
投资规划决策期风险	(1, 1, 1)	(1/2, 2/3, 1)	(2/5, 1/2, 2/3)
可行性研究期风险	(1, 3/2, 2)	(1, 1, 1)	(2/3, 1, 2)
施工期风险	(3/2, 2, 5/2)	(1/2, 1, 3/2)	(1, 1, 1)

经计算并归一化后得到准则层的权重向量[0.546, 0.232, 0.222]。类似地，对各层级进行权重的计算可以得到深圳市工业园区供电工程改造项目的第三层级的权重结果，如表 6-4 至 6-6 所示。

表 6-4 风险因素权重

	决策信息风险因素	资金风险因素	社会风险因素	权重
决策信息风险因素	(1, 1, 1)	(1/2, 2/3, 1)	(2/5, 1/2, 2/3)	0.546
资金风险因素	(1, 3/2, 2)	(1, 1, 1)	(2/3, 1, 2)	0.232
社会风险因素	(3/2, 2, 5/2)	(1/2, 1, 3/2)	(1, 1, 1)	0.222

表 6-5　技术、经济及设计风险权重

	技术风险	经济风险	设计风险	权重
技术风险	(1, 1, 1)	(2/5, 1/2, 2/3)	(2/3, 1, 2)	0.246
经济风险	(3/2, 2, 5/2)	(1, 1, 1)	(3/2, 2, 5/2)	0.508
设计风险	(1/2, 1, 3/2)	(2/5, 1/2, 2/3)	(1, 1, 1)	0.246

表 6-6　管理及安全权重

	施工管理风险	财务管理风险	施工安全风险	权重
施工管理风险	(1, 1, 1)	(2/3, 1, 2)	(1/2, 1, 3/2)	0.099
财务管理风险	(1, 3/2, 2)	(1, 1, 1)	(1/2, 1, 3/2)	0.231
施工安全风险	(3/2, 2, 5/2)	(3/2, 2, 5/2)	(1, 1, 1)	0.670

类似地，对第四层的权重计算后，综合各层次的权重计算结果可以得到最终的权重向量，如表 6-7 所示。

表 6-7　最终计算所得权重向量

最底层指标	最终权重值
负荷预测风险	0.096
环境评价风险	0.053
技术论证是否得当	0.053
资金筹措方式	0.040
银行贷款承诺风险	0.040
项目核准手续能否按期办完	0.022
项目征地、拆迁能否按期完成	0.022
技术参数选择风险	0.029
供电方案技术选择风险	0.029
工程造价风险	0.114
投融资方案选择风险	0.023
主变容量设计变更风险	0.015
保护方案设计风险	0.015
通信方式设计风险	0.015
设备选型风险	0.015
自动化程度设计风险	0.015
工程质量设计控制风险	0.035

续表6-7

最底层指标	最终权重值
工程进度设计控制风险	0.035
设计管理模式风险	0.022
招投标管理风险	0.022
利率风险	0.041
设备价格变动风险	0.040
投融资执行情况风险	0.040
施工设备安全事故风险	0.063
施工人员安全事故风险	0.063
由自然灾害引起的施工安全风险	0.045

6.3 本章小结

本章对深圳市工业园区供电改造工程项目风险评价的指标体系进行了构建，首先介绍了深圳市工业园区供电的概况，其次对深圳市工业园区供电工程进行了简单的介绍，在此基础上，结合指标体系的构建原则对风险评价的指标体系分别从投资规划决策期、可行性研究期，以及施工期风险三个方面进行了指标体系的构建，给出了最终的评价指标体系。

第 7 章
基于机器学习的项目风险评价研究

7.1 引言

机器学习是人工智能的一个领域，是计算机科学的一个子领域。汤姆·米切尔在他 1997 年出版的《机器学习》一书中写道“机器学习是经验的积累，它专注于如何自动提高计算机程序的性能”。他还给出了正式的定义——当计算机程序在特定类型任务 T 上的性能在标准 P 的指导下通过经验 E 的积累而得到改善时，我们说该程序从经验 E 中学习[71]。机器学习的理论基础主要包括概率论、数理统计、线性代数、数学分析、数值逼近、最优化理论、复杂性理论等。数据、算法和模型是机器学习的核心要素。

机器学习是近年来独立形成的一门不断发展的学科，但其起源于符号演算、逻辑推理、自动机模型、启发式搜索、模糊数学、专家系统的反向传播和神经网络算法等。当时，这些方法并没有统称为机器学习，但它们仍然构成了机器学习的理论基础。从学科发展的角度思考机器学习有助于我们理解当今出现的各种机器学习算法。机器学习的一般演变如表 7-1 所示。

机器学习的发展经历了四个阶段：知识推理阶段、知识工程阶段、浅层学习阶段、深度学习阶段。知识推理阶段始于 20 世纪 50 年代中期，当时人工智能主要通过专家系统赋予计算机逻辑推理能力。赫伯特·西蒙和艾伦·纽厄尔令人惊叹的自动定理证明系统成功地证明了罗素和怀特海在《数学原理》中的五十二条定理，其中有一些比原作者的证明更具原创性。20 世纪 70 年代以来，人工智能进入知识工程时代，知识工程创始人 E. A·费根鲍姆于 1994 年获得图灵奖。

现阶段，人工智能面临知识获取的问题，因为它无法完全将所有知识赋予计算机系统。事实上，机器学习的研究从 20 世纪 50 年代就开始了。领军人物之一的罗森布拉特(F. Rosenblatt)，提出了基于神经感知科学的计算机神经网络，即感知器。在接下来的十年中，用于浅层学习的神经网络变得非常流行，特别是在马文·明斯基著名的异或问题和感知器的线性不可分问题中，然而计算机有限的计算能力使其难以训练多层网络，通常只使用单个隐含层的浅层模型。各种浅层机器学习模型被提出，并对理论分析和应用产生了很大影响，但理论分析和应用的复杂性训练方法需要大量的经验和技能；最近邻算法等算法的出现在很大程度上阻碍了机器学习的发展，因为其他技术在模型理解、准确性和训练方面已经超越了浅层模型。

表 7-1 机器学习的大致演变过程

机器学习阶段	年份	主要成果	代表人物
人工智能起源	1936	自动机模型理论	阿兰·图灵(Alan Turing)
	1943	MP 模型	沃伦·麦卡洛克(Warren McCulloch)、沃特·皮茨(Walter Pitts)
	1950	逻辑主义	克劳德·香农(Claude Shannon)
	1951	符号演算	冯·诺伊曼(John von Neumann)
	1956	人工智能	约翰·麦卡锡(John McCarthy)、马文·明斯基(Marvin Minsky)、克劳德·香农(Claude Shannon)
人工智能初期	1958	LISP	约翰·麦卡锡(John McCarthy)
	1962	感知器收敛理论	弗兰克·罗森布拉特(Frank Rosenblatt)
	1972	通用问题求解(GPS)	艾伦·纽厄尔(Allen Newell)、赫伯特·西蒙(Herbert Simon)
	1975	框架知识表示	马文·明斯基(Marvin Minsky)
进化计算	1965	进化策略	英格·雷森博格(Ingo Rechenberg)
	1975	遗传算法	约翰·亨利·霍兰德(John Henry Holland)
	1992	基因计算	约翰·柯扎(John Koza)
专家系统和知识工程	1965	模糊逻辑、模糊集	拉特飞·扎德(Lotfi Zadeh)
	1969	DENDRA、MYCIN	费根鲍姆(Feigenbaum)、布坎南(Buchanan)、莱德伯格(Lederberg)
	1979	ROSPECTOR	杜达(Duda)
神经网络	1982	Hopfield 网络	霍普菲尔德(Hupfield)
	1982	自组织网络	图沃·科霍宁(Teuvo Kohonen)
	1986	BP 算法	鲁姆哈特(Rumelhart)、麦克利兰(McCelland)
	1989	卷积神经网络	乐康(LeCun)
	1997	循环神经网络 RNN	塞普·霍普里特(Sepp Hochreiter)、尤尔根·施密德胡伯(Jürgen Schmidhuber)
	1998	LeNet	乐康(LeCun)
分类算法	1986	决策树 ID3 算法	罗斯·昆兰(Ross Quinlan)
	1988	Boosting 算法	弗罗因德(Freund)、米迦勒·卡恩斯(Michael Kearns)
	1993	C4.5 算法	罗斯·昆兰(Ross Quinlan)
	1995	AdaBoost 算法	弗罗因德(Freund)、罗伯特·夏皮尔(Robert Schapire)
	1995	支持向量机	科林纳·科尔特斯(Corinna Cortes)、万普尼克(Vapnik)
	2001	随机森林	里奥·布雷曼(Leo Breiman)、阿黛勒·卡特勒(Adele Cutler)
深度学习	2006	深度信念网络	杰弗里·希尔顿(Geoffrey Hilton)
	2012	谷歌大脑	吴恩达(Andrew Ng)
	2014	生成对抗网络 GAN	伊恩·古德费洛(Ian Goodfellow)

2006年，Hinton发表深度信念网络的论文，这标志着人工智能进入了深度学习实用阶段。这一突破性的研究成果为机器学习领域注入了新的活力和潜力。同时，云计算和GPU并行计算的崭新基础设施为深度学习的发展提供了强大的支持，推动其取得了巨大的进步。这些技术的出现为大规模数据的处理和复杂模型的训练提供了更高效的解决方案。机器学习已经在各个领域取得了长足的进展，其应用范围不断扩大，包括自然语言处理、计算机视觉、医疗诊断等。这些进步为解决现实世界中的复杂问题提供了新的方法和工具。

然而，随着新问题的涌现，机器学习算法也面临着更大的挑战。这些挑战包括需要更高水平的模型训练和应用，以及对数据质量和隐私问题的更高要求。因此，机器学习领域需要不断创新，以适应不断变化的需求和问题。随着人工智能的发展，传统的冯·诺伊曼型有限状态机理论已经难以满足当前深度神经网络的需求。这对机器学习提出了挑战，需要寻找新的理论和方法来更好地理解和优化深度学习模型。

本章将聚焦于基于机器学习的项目风险评价，它利用机器学习算法来分析和评估项目的风险。这个领域的研究旨在借助机器学习的方法，通过分析大量的项目数据和相关特征，预测和识别项目可能面临的风险，从而帮助项目管理者采取相应的措施，降低项目失败的风险。基于机器学习的项目风险评价研究对于项目管理和决策制定具有重要价值，可以帮助组织更好地管理项目风险，提高项目的成功率。这一领域的不断发展和创新将有助于更准确地评估和应对各种项目风险。

7.2 机器学习的基本理论

本节将着重介绍机器学习的基础知识，旨在帮助读者建立对机器学习主要原理的理解和掌握。我们将深入探讨一些常见概念和统计分析基础，以便读者能够在实践中更好地应用机器学习技术。首先，我们将讨论统计分析的基础，这是机器学习的重要组成部分。高维数据降维是本节的另一个关键主题，因为在现实世界中，我们经常面对大量的特征和数据。特征工程是机器学习中的一项关键任务，它涉及数据的预处理和特征的选择、构建和转换。模型训练是机器学习中的核心环节，我们将介绍常见的机器学习算法和训练过程，帮助读者了解如何根据问题选择合适的模型并进行有效的训练。最后，我们还将介绍可视化分析的重要性，即如何利用数据可视化来理解模型的性能和结果。通过深入研究这些基础知识和技术，读者能够更好地理解和应用机器学习，为解决实际问题提供有力的工具和方法。

7.2.1 统计分析

统计学是研究如何收集数据、组织数据并进行定量分析和推理的科学。统计分析在科学计算、工业和金融领域有着重要的应用，是机器学习的基本技术之一。例如，识别某些类型癌症的易感性、垃圾邮件检测、财务预测、遗传学分析、市场分析和手写数字识别都与统计分析密切相关。与统计分析相关的基本概念是：

1. 整体：为了某一目的而研究的事物的整体。

2. 样本：从总体中随机选择的个体的集合。

3. 推断：根据样本提供的信息判断、预测或估计总体的某些特征。

4. 推理可靠性：推理结果的概率确认是决策的重要依据。

统计分析可分为两大类：描述性统计和推论性统计，这两者在理解和分析数据时发挥着不同的作用。首先，描述性统计旨在通过对数据分布的观察和总结来获得信息。它通常包括对数据的中心趋势、变异性、分布形状等方面的分析。通过组织和分析样本数据，我们能够得出关于数据的结论，例如计算数据的均值、中位数、标准差等。这有助于我们更好地理解数据的特点和趋势。

进一步来看，推论性统计分为两个主要方向：参数估计和假设检验。在参数估计中，我们的目标是通过样本数据来估计总体的某个参数，比如估计总体的平均值或方差。这可以帮助我们推断总体的性质，而无须对整个总体进行调查。参数估计是统计学非常重要的一部分，它使我们能够根据有限的样本数据来做出关于总体的推断。

机器学习算法有两种类型的参数，分别是超参数和模型参数，它们在模型的训练和调整过程中扮演不同的角色。首先，超参数是由用户直接指定的参数，通常用于控制模型的学习过程及模型的复杂度。超参数的设置通常是一个关键的步骤，因为不同的超参数值可能导致不同的模型性能。超参数的选择通常依赖于启发式方法，用户可以根据问题的特点和经验来进行调整。典型的超参数包括学习率、正则化参数、树的深度、神经网络的隐藏层大小等。

损失函数在机器学习中扮演着重要的角色，它是一个非负实值函数，用于衡量模型在每个样本实例上的预测误差程度。通常表示为 $L[y, f(x)]$，其中 y 是实际的目标值，$f(x)$ 是模型的预测值。损失函数的值越小，表示模型的预测值越接近实际值，即模型的拟合效果越好。不同的机器学习任务和模型可以使用不同的损失函数，例如均方误差用于回归任务，交叉熵用于分类任务等。常见的损失函数包括：

（1）0-1 损失函数

$$L[y, f(x)] = \begin{cases} 1, & y \neq f(x) \\ 0, & y = f(x) \end{cases} \tag{7-1}$$

0-1 损失函数是一种简单的损失函数，用于衡量模型的预测是否准确。当实际值和模型预测值不相等时，损失为 1，表示预测失败；当它们相等时，损失为 0，表示预测成功。这个损失函数的优点是直观易懂，但它有一些缺点，如不连续性、不考虑误差大小和不区分不同类型的错误。在某些情况下，0-1 损失函数可能不是最合适的，因为它不灵活而其他损失函数（如均方误差、交叉熵等）可以更好地反映预测误差的程度。

（2）平方损失函数

$$L[y, f(x)] = [y - f(x)]^2 \tag{7-2}$$

平方损失函数计算实际目标值 y 和预测值 $f(x)$ 的差的平方。该函数的特点是非负且差异被放大，因此越大的误差对损失函数的值贡献越大。

（3）绝对损失函数

$$L[y, f(x)] = |y - f(x)| \tag{7-3}$$

绝对损失函数计算实际目标值 y 与预测值 $f(x)$ 的差的绝对值。绝对损失函数的结果仍然是非负的。

(4)对数损失函数

$$L[y, f(x)] = \lg 3p(y|x) \tag{7-4}$$

对数损失函数使用最大似然估计的概念。其中 $p(y|x)$ 表示基于当前模型给定输入变量 x 的情况下预测值为 y 的概率。在公式中添加负号意味着预测正确的概率越高，损失值应该越小。

统计学习方法中的训练误差估计和损失函数并不相同，但它们的一致性有助于改进模型。目标是最小化全局损失函数，即所有样本的损失函数的平均值，其中训练误差可以表示为

$$L[y, f(x)] = \frac{1}{n}\sum_{i=1}^{n} L[y, f(x)] \tag{7-5}$$

对于平方损失函数，将所有样本的误差平方求和，如式(7-6)所示。为了方便推导，可以将预乘 1/2。

$$L[y, f(x)] = \frac{1}{2n}\sum_{i=1}^{n} [y - f(x)]^2 \tag{7-6}$$

损失函数的期望 $R_{\exp}$ 是模型在联合分布上的期望损失，可以表示为

$$R_{\exp} = \min_{f \in F} \frac{1}{n}\sum_{i=1}^{n} L[y, f(x)] \tag{7-7}$$

式中：F 为假设空间，也称为风险函数或预期损失。

在机器学习中，我们关心的主要是如何选择一个合适的模型来对数据进行拟合和预测。为了解决这个问题，我们引入了两个重要的概念：经验风险和结构风险。经验风险是指模型在训练样本集上的平均损失，通常使用损失函数来计算。经验风险最小化的策略旨在找到使经验风险最小的模型，将模型选择问题转化为最小化经验风险的问题。然而，当样本数量相对较少时，经验风险最小化容易导致过拟合问题，因为模型可能会在训练数据上表现得非常好，但在未见过的数据上表现不佳。

为了解决过拟合问题，引入了结构风险最小化(SRM)的概念。结构风险最小化考虑了两个因素：模型的经验风险和模型的复杂性。具体而言，结构风险最小化引入了正则化项，用于限制模型的复杂性，从而改进了经验风险最小化的策略。这种策略特别适用于样本数量有限的情况，因为它在模型选择中更综合地考虑了经验信息和模型复杂度。

经验风险最小化和结构风险最小化是机器学习模型选择中的两种不同策略。前者旨在最小化模型在训练数据上的损失，后者则综合考虑了模型的经验风险和复杂性，有助于防止过拟合问题的发生，特别适用于样本有限的情况。对于该策略，结构简单的模型被认为是最好的，目标是模型复杂性，其他变量相同，模型结构的风险最小化的定义是：

$$\min_{f \in F} \frac{1}{n}\sum_{i=1}^{n} L[y, f(x)] + \lambda J(f) \tag{7-8}$$

式中：$\lambda \geqslant 0$ 为用于加权经验风险和模型复杂性的系数。在机器学习中，结构风险最小化的概念引入了一个重要的超参数 λ，它用于加权经验风险和模型复杂性。λ 的值通常是非负的，它影响着结构风险的大小。具体来说，λ 越大，结构风险越小，这意味着我们更加关注加权经验风险和模型复杂性都趋向于较小的值，这通常对模型的性能更有益。

无论是监督学习问题还是其他机器学习问题，我们都可以将它们视为经验风险函数或

结构风险函数的优化问题。这些函数成为优化的目标函数，我们的目标是找到使这些函数取得最小值的模型参数。损失函数在这些问题中扮演着关键的角色，它反映了模型预测结果与实际结果之间的差距。因此，在选择适当的损失函数时，需要考虑到业务目标和数据特征，以确保模型能够在实际问题中取得良好的性能。不同的损失函数可以适用于不同的问题和数据类型，因此选择合适的损失函数是优化算法的重要一步。

7.2.2 高维数据降维

高维数据的降维是通过特定的映射方法将数据点从高维空间映射到低维空间，以减少随机变量的数量。降维方法可以分为两类：特征选择和特征提取。特征选择的目标是从包含冗余或噪声信息的数据中找到关键变量，以保留最重要的特征并去除不必要的特征。特征提取的目标是生成能够代表数据中结构特征的新变量，以捕捉数据的本质元素。降维在处理高维数据时非常重要，可以提高数据分析和机器学习的效率，并减少维度灾难问题的影响。降维的过程是通过学习输入的原始数据的属性来得到映射函数，而输入的样本映射到低维空间后，原始数据的属性就很大程度上丢失了，新空间应小于原空间尺寸。当前大多数降维算法都处理向量形式的数据。

(1)主成分分析(PCA)是一种常用的线性降维技术，用于将高维数据映射到低维空间。PCA的主要目标是通过线性投影将高维数据映射到低维空间，同时最大程度地保持原始数据的信息。在PCA中，选择一组新的正交基向量，这些基向量称为主成分，可以实现数据的降维。通常，选择的主成分是按照数据方差的降序排列的，以确保最大程度地保留原始数据的信息。

PCA通过计算协方差矩阵的特征向量和特征值来找到主成分。特征向量对应于主成分的方向，而特征值表示数据在该方向上的方差。选择要保留的主成分数量通常是一个重要的超参数，它可以影响降维后数据的信息损失程度。PCA在数据压缩、可视化和去除冗余特征等领域广泛应用，是处理高维数据的重要工具。

主成分分析中的降维是指经过正交变换后创建一个新的特征集，从中选择子特征集中较显著的部分进行降维。由于该方法不从原始特征中进行选择，因此PCA的线性降维方法最好地保留了原始样本的特征。

假设有 m 个 n 维数据，PCA的一般步骤是：

(1)将原始数据逐列组成 n 行 m 列的矩阵 X。

(2)计算矩阵 X 的各特征属性(n 维)的均值向量M(均值)。

(3)对X的每一行进行零均值(代表一个属性字段)，即减去M。

(4)根据公式计算协方差矩阵。

PCA的核心目标是找到数据中的主要方向，以最大程度地捕获数据的方差。这些主要方向对应于协方差矩阵的特征向量。协方差矩阵是PCA的关键计算工具，它反映了不同维度之间的关系及每个维度的方差。

PCA通过计算协方差矩阵的特征值和特征向量来确定主要方向。特征值表示方向上的方差，特征向量表示这些方向。特征值按降序排列，选择前k个特征向量，其中k是希望的降维后的维数。将数据投影到选定的主要方向上，从而将高维数据映射到低维空间。这个投影可以通过将数据与特征向量相乘来实现。

PCA 有许多应用，包括数据压缩、特征选择、可视化、去除数据噪声等。它在解决降维问题时非常有用，可以帮助减少计算复杂度和处理高维数据集。

PCA 的主要缺点是，当数据量和数据维度非常大时，用协方差矩阵方法求解 PCA 变得非常低效，但解决方案是奇异值分解(SVD)技术，任何 m×n 输入矩阵 A，SVD 分解结果为

$$A_{[m\times n]}=U_{[m\times r]}S_{[r\times r]}(V_{[n\times r]})^{\mathrm{T}} \tag{7-9}$$

SVD 是一种矩阵分解技术，常用于降维、特征提取、矩阵压缩等应用。它在数据分析和机器学习中具有广泛的应用，可以帮助理解数据的结构和减少数据的维度。

U 矩阵(左奇异矩阵)：U 矩阵包含了原始数据的左奇异向量。这些向量是正交的，且具有单位长度。U 矩阵的列向量构成一个正交基，它们表示数据在原始特征空间中的投影。

S 矩阵(奇异值矩阵)：S 矩阵是一个对角矩阵，其中的对角线元素按降序排列，这些元素称为奇异值。奇异值代表了数据的重要性或方差，较大的奇异值对应着数据中的主要成分，而较小的奇异值对应着次要成分。

V 矩阵(右奇异矩阵)：V 矩阵包含了原始数据的右奇异向量，它们也是正交的且具有单位长度。V 矩阵的列向量与 U 矩阵的列向量一一对应，用于表示数据在一个新的低维特征空间中的投影。

(2)线性判别分析(LDA)，也称为 Fisher 线性判别，是一种有监督学习方法，它在训练过程中使用类别信息来指导降维操作。它的目标是通过将数据投影到低维度空间，使得同一类别的数据点尽可能接近，不同类别的数据点尽可能远离。最大化类间距离：LDA 旨在最大化不同类别之间的距离，以确保在低维空间中更容易区分数据点。这意味着在投影后，不同类别的数据点之间的距离应该尽可能大，以提高分类性能。最小化类内方差：与最大化类间距离相对应，LDA 还试图最小化同一类别数据点之间的方差，使同一类别的数据点尽可能接近，以提高类别内部的紧密性。因此，LDA 更适合于分类问题，而 PCA 通常用于降维或特征提取，不考虑类别信息。

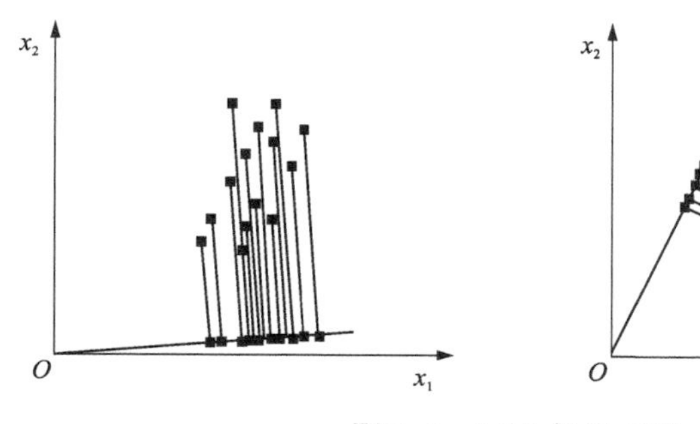

图 7-1　LDA 投影示例

以下是 LDA 降维过程的关键步骤，以及其在数据处理中的作用。

计算每个类别的均值向量：首先，对于给定的数据集，LDA 计算每个类别的均值向量。这些均值向量代表了每个类别在高维空间中的中心位置。这个步骤有助于确定不同类别之间的分布差异。

计算类间散射矩阵 SB 和类内散射矩阵 SW：通过均值向量的计算，LDA 进一步构建了类间散射矩阵 SB 和类内散射矩阵 SW。SB 表示不同类别之间的差异，而 SW 表示每个类别内部样本之间的差异。这两个矩阵的计算是 LDA 的核心，它们将用于确定如何在降维后最大程度地保留类别信息。

特征值分解：接下来，LDA 对矩阵 SB 和 SW 进行特征值分解，以获取它们的特征值和对应的特征向量。这些特征向量代表了在新的低维子空间中数据的投影方向。特别地，SB 和 SW 之间的关系将导致 LDA 寻找在新子空间中最具区分性的方向。

选择前 k 个特征向量：基于特征值的大小，通常选择前 k 个特征向量，构成一个投影矩阵 U。这些特征向量对应于在新的低维子空间中最具区分性的方向，使得 LDA 可以将数据进行有效的降维。

数据投影：最后，将所有样本通过 $Y=X\times U$ 的线性变换，LDA 将它们投影到新的子空间中。在这个新的低维子空间中，数据点被表示为一组新的特征，可以用于后续的分类、聚类或其他分析任务。

LDA 的降维目标是通过最大化类间差异和最小化类内差异，找到适合于分类和模式识别的低维表示。这使得 LDA 在处理多类别分类问题和特定数据分布情况时非常有用。需要注意的是，为确保类内散射矩阵 SW 的正定性，通常可以在应用 LDA 之前使用主成分分析(PCA)进行降维。这有助于减少数据维度并提高 LDA 的性能。

7.2.3　模型训练

建模后需要进行训练。下面，我们描述与模型训练密切相关的数据收集和训练过程，并使用 Tensorflow 框架下的示例来说明训练过程、模型保存和应用可视化。A/B 测试比较并选择或验证两种或多种技术的效果，以查看差异是否具有统计显著性。

基线(baseline)是比较模型效果的参考点，量化模型的最小预期度量。

批次(batch)是模型训练的一次迭代中使用的样本集的数量。

批次数量(batch quantity)是批次中的样本数量。

周期(cycle)是指对整个数据集(所有样本)的完整训练。

检查点(checkpoint)用于在训练过程中定期保存模型信息，以便在训练暂停后可以从之前的检查点恢复训练。

收敛(convergence)是指经过一定次数的训练迭代后，模型的损失要么停止变化，要么变化幅度较小，表明当前的训练样本无法用来改进模型。

凸函数(convex function)是类似于字母 U 形状的函数。通常只有一个局部最小值，这也是全局最小值。

凸优化(convex optimization)是指使用数学技术(例如梯度下降)找到凸函数的最(极)小值的过程。

决策边界(decision boundary)是指分类模型中类别之间的边界。

泛化(generalization)是模型对新数据作出正确预测的能力。

梯度下降法(gradient descent method)是一种最小化模型损失和模型参数的方法，迭代调整参数，逐步找到权重参数和模型偏差的最佳组合，以获得损失最低的模型参数。

提及机器学习，用于训练的数据对于整个机器学习过程的重要性不言而喻，数据问题包括收集、存储、表示、规模和错误率等方面。收集数据的方法主要为下列几类。

(1)从专业的数据公司购买数据。该公司有专业的人员来收集、整理和维护数据，因此数据的质量一般都比较高。如果公司资金实力雄厚，可以采用这种方式。数据费率各不相同，通常根据数据量和类型收费。另外，某些领域的数据更新可能比较慢，虽然数据质量很高，但可用的数据集可能比较老，而训练模型需要一定的时效性，所以购买这些数据意义不大。

(2)免费的公共数据。免费且可直接获得的数据要么很难找到，要么太稀缺。例如，目前中文自然语言处理数据大部分是英文的，中文的较少。现有的免费数据可能无法满足机器翻译等需要比较中英文句子的需求，而这样的公共数据很少。

目前，互联网上发布的数据非常丰富，面对如此巨大的数据海洋，完全可以创建一个爬虫从互联网上爬取特定内容进行研究(必须注意版权)。爬虫实现基本基于 Python 语言，爬取数据的主要步骤是采集网页、分析网页、存储数据等。为了提高爬虫效率，程序行为还可以采用多进程、多线程、协程、分布式方案。

(3)系统生成、人工标注、交换人工生成数据主要包括人工标注、诱导用户自愿参与等。少量数据可以由企业开发人员/测试人员手动标记，但对于大多数机器学习项目来说，数据量非常大。这时可以采用众包或外包的方式，将标注任务交给专门从事数据收集或标注的公司或个人。例如，著名的 ImageNet 图像集合是通过众包手动标记的。采用众包时，需要对评分结果和生成数据的内容进行验证。

鼓励用户自愿参与，是指在产品内部设计相应的日志记录和操作流程，让用户主动向系统反馈数据结果。例如，谷歌在其搜索和翻译过程中征求用户反馈。另外，一些社交网站为用户提供了对朋友进行分组或标记的功能，但这些标记是用户标签，用户普遍认为自己的行为可能会影响这些公司。诱使用户标记的另一种方法是使用“数据陷阱”。例如，在一些信用卡兑现应用中，用户特征正是信用卡公司所需要的。此外，很多车企，比如特斯拉，都会收集大量的汽车驾驶数据，可以用于自动驾驶训练。

另外，尤其是传统行业，有很多企业不具备数据分析能力，而有可能与拥有大量行业相关数据的大公司合作，以交换数据。数据分析公司可以与这些公司合作，通过向它们提供技术服务来交换非敏感数据。

7.2.4 特征工程

特征工程是从原始数据中提取特征的过程，目标是确保这些特征能够代表数据的本质特征，这样我们就可以根据这些特征在未知数据上优化模型的性能，针对“垃圾输入”进行优化。特征提取越有效，所构建模型的性能就越好。

特征工程主要包括特征构建、特征选择和特征提取。

特征构建是指从原始数据中生成新的特征或属性，以增强模型的表现。这些新特征可以是从现有特征中派生出来的，也可以是通过对原始数据进行变换、组合或分解而创建的。特征构建通常需要分析师的专业知识和洞察力，因为它涉及对数据的深刻理解和问题域的专业知识。分析师需要思考问题的格式、数据结构和如何更好地将数据应用于预测模型。特征构建需要根据不同的输入数据类型来进行。这可以包括处理时序数据、数字数据和文本数据等多种类型数据。特征构建的目标是创造新的、有意义的特征，这些特征可以提供更多关于数据的信息，有助于提高模型的性能。这可能包括特征的变换、组合、分割等技术。特征构建的最终目标是提高数据的预测能力。通过创建更具信息量的特征，模型可以更好地捕获数据中的模式和关联，从而提高其预测准确性。对这三类数据生成特征时，可以使用下列方法。

1. 单列变量。单列变量法是指基于单列变量生成，即对单个变量进行转换推导，根据格式可分为离散型和连续型，一般为字符 type 为离散类型变量，数值类型和日期类型变量为连续类型。

(1)可以进一步细分离散变量，常规的各种变量的特征构造方法如下：

①品类类型：产品型号、所在地等。如果品类较少，可以转为虚拟变量。执行虚拟变量转换，例如将状态分割为区域。

②序列型：可以将用户级别等离散变量转换为连续变量。例如，用户级别可以通过将初级、中级和高级转换为 0、1 和 2 来构建连续变量。

③等距、等比例：例如，常阶、等间隔的温度可以转换为连续变量。

(2)对于连续变量，可以转换为离散变量或其他连续变量。转换方法如下：

1)分布变换。常见的包括对数(logarithm)或指数(exponent)变换、平方根和平方变换、立方根和立方变换等。

2)维度统一。常用标准化如 Z-score(数与均值之差除以标准差)，变换为[0, 1]区间或[-1, 1]区间。转换为离散变量即可根据获取值的数量分为两类。

1)二进制，即最终值为 0 或 1。例如，考试分数阈值是 60 分，高于 60 分的记录为 1 为“通过”，低于 60 分的记录为 0 为“未通过”。

2)分箱。分箱操作分为等距分箱、等频分箱、分布分箱。

2. 多列变量。多列变量组合成变量列，包括组合操作和降维。也就是说，变量的列是从多列变量导出的，可以分为“显式”操作和“隐式”操作两种。前者表示转换过程是可解释的，例如变量 A 代表设备 30 天内的运行小时数，变量 B 代表设备 30 天内的报警次数，导出变量 C 则代表平均警报次数。“隐式”运算意味着很难在函数中表达得到的新变量与原始变量之间的关系。例如特征降维中常用的主成分分析(PCA)和线性判别分析(LDA)。

3. 多行变量。多行是指对多行样本时间序列数据进行统计，然后得到一行数据，即在时间尺度上进行压缩，可以从时间序列中提取三类特征数据。

(1)总体特征。总体统计。例如，单个设备近一个月的功耗情况。

(2)局部特征。即根据其他分类变量或根据整体时间区间内不同时间粒度计算的数据。例如，用户过去一年不同品类的购买交易金额，或者用户按季度的订单。

(3)趋势特征。它是衡量事物发展趋势的特征。例如，本季度和上季度设备的季度故障。

特征选择的主要目的是降维，从特征集中选择统计上最显著的一组特征子集来表示整个样本的特征。特征选择的一种方法是使用多个度量分别计算每个特征与目标变量之间的关系。常见的有皮尔逊相关系数、基尼指数、信息增益等。下面我们以皮尔逊相关系数为例，其计算方法如下：

$$r = \left\{ \frac{\sum_{i=1}^{n}(x_i - \bar{x})(y_i - \bar{y})}{\sqrt{\sum_{i=1}^{n}(x_i - \bar{x})^2 \cdot \sum_{i=1}^{n}(y_i - \bar{y})^2}} \right\} \tag{7-10}$$

特征选择旨在确定哪些特征对解决机器学习问题最关键。使用相关系数：文段中提到使用相关系数来度量特征与类别标签之间的相关性，相关系数的范围是0~1。计算每个特征与类别标签之间的相关系数，然后对特征根据相关性值进行降序排列。使用选定的特征子集进行模型训练，并验证模型性能，以确定哪些特征对问题解决最有效。

在特征选择过程中搜索并评估候选特征子集。最简单的方法是穷举所有特征子集并找到错误率最低的一个。然而，当特征较多时，这种方法效率很低。根据不同的标准，特征选择可以分为过滤方法、包装方法和嵌入方法。

过滤方法主要根据特征之间的相关性来实现特征选择。换句话说，特征与目标类别之间的相关性应该尽可能高，因为较高的相关性通常会带来更好的分类精度。该算法的优点在于，它从数据集本身学习，并且不依赖于任何特定算法，因此它更高效、更稳健。

特征提取是将原始数据转化为统计上有意义的机器可识别的特征。例如，机器学习无法直接处理自然语言的文本，因此可以将文本转化为数值特征（例如向量化）。图像处理中，提取像素特征作为轮廓信息也属于特征提取的应用，因此在特征提取中，重点是如何对特征进行变换，即尽可能满足机器学习算法的要求。另外，还可以通过对现有特征进行处理来创建特征，即特征提取将是原始特征的混合。特征提取和特征选择都可以减少特征数量，特征选择是原始特征的子集，但不一定是特征提取，而且特征提取技术往往与特定领域相关，很多技术需要跨领域重新开发。

7.2.5　可视化分析

可视化分析是一种强大的数据分析方法，它将数据转化成可视化图表的形式，有助于人们更好地理解信息和数据之间的关系。视觉图表充分利用了人脑对视觉信息的处理优势，使得数据更容易被理解和解释。相对于纯文本信息，可视化图表更具直观性，能够以更生动、更清晰的方式传达数据的核心信息。

视觉分析有着悠久的历史，自欧洲中世纪以来，呈现信息和数据的图表就出现在各个领域，并被定义。进入21世纪，数据量迅速增加，可视化分析进入鼎盛时期，在数据分析的各个方面发挥着重要作用。

可视化分析是一种强大的数据分析方法，通过图表和视觉展示，有助于揭示数据的模式和趋势。与传统方法相比，它能够克服数据挖掘和机器学习的一些局限性，如数据缺失和过度训练。可视化分析提供了交互界面和记忆帮助，使分析师能够更好地理解数据，并通过直观的方式进行模式发现。这有助于避免过度调整模型，从而提高数据分析的效率和准确性。例如，特征选择可以利用视觉分析方法来找到一组合适的特征。以箱形图（Box-plot）为例，箱形图可以显示一组数据的中位数和上下四分位数，可以更好地了解数据的分布情况。箱形图还提供了一种定义异常值的方法。这使人们可以直观地比较一个变量的值对另一个变量的影响，例如房屋位置或楼层对房价的影响。

可视化分析在数据预处理、模型选择、参数调整和机器学习的其他阶段也发挥着重要作用。可视化仪表板是数据分析的一个强大工具，它通过多个图表的信息呈现全面展示了数据的各个方面。这种趣味性的信息传播方式不仅提供了全面的数据分析视角，还赋予了数据展示独特的风格的能力，使其更像是一件艺术品。通过可视化仪表板，数据不再是枯燥的数字，而是以吸引人的方式呈现，让人们更轻松地理解和利用数据。

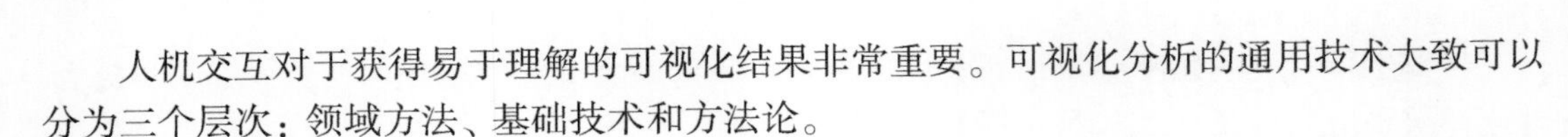

人机交互对于获得易于理解的可视化结果非常重要。可视化分析的通用技术大致可以分为三个层次：领域方法、基础技术和方法论。

领域方法

首先，领域方法是选择适当的可视化方法时的一个关键因素，因为不同领域可能有不同的数据可视化需求。其次，源领域是指数据的来源领域，这对于了解数据的背景和含义至关重要。再次，数据性质是一个关键因素，因为不同类型的数据需要不同的可视化技术。例如，地理信息可视化专注于处理地理空间数据，而文本数据可视化涉及将文本内容转化为可视化图形。跨媒体数据可视化则需要整合多种媒体类型的数据，从图像到音频再到文本。最后，实时数据可视化允许用户在数据不断生成的情况下及时监控和分析数据，这对于支持实时决策和反馈非常重要。综合考虑这些因素，可以选择适当的可视化方法来更好地理解和分析不同领域和性质的数据。

(1)文本可视化可以揭示文本中隐藏的信息(词频、文本重要性等)。文本可视化的一个典型例子是标签云图，它按照一定的规则对文本进行分类，并以不同的大小和颜色显示。方法包括匹配文本中的词汇，筛选和过滤无意义的单词，以及文本如何在图像中显示(如字符大小、颜色、字体、位置等)。词法匹配经常使用正则表达式来获取文本中的单词列表，过滤掉不相关的单词，统计词频。单词字体大小由频率决定，单词颜色主要根据视觉效果决定。颜色显示、字体选择与文本内容有关，选择一种可以支持所有文本内容的字体类型，并且尽可能只选择一种字体，以使图像看起来更好集成。不同的单词以不同的尺寸显示，因此需要使用随机贪心算法在排列单词时最大化显示空间，同时检测文本边界碰撞和内容重叠，解决界别冲突并避免文本重叠以获得更好的视觉效果。

(2)网络数据可视化格式包括树形图、锥体图、气球图、放射状图等，适用于疾病传播研究、搜索引擎设计、路由网络设计等许多领域。网络数据难以可视化，容易出现视觉噪声，这样的属性必须进行缩放。由于数据量大，而且它们之间的关系复杂，网络中的边可能会相交，而这种图不利于识别，因此应简化流程，例如使用 k-means、高斯混合模型等聚类算法，在此基础上加入按顺序排列网络节点的网络布局算法，可以获得相对平滑且流畅的网络图像。

(3)多维数据可视化是高维数据在二维平面上的转换和展示。绘图考虑了平行坐标系、径向坐标系、散点图矩阵、多维分析、主成分分析和因子分析等技术。对于多维数据，我们需要应用降维算法来压缩维度并保留分布信息，同时对数据进行聚类以提取特征并对数据进行分类。

基础方法

基础方法包括统计图表、视觉隐喻。常见的统计图表有柱状图、折线图、饼图、箱图、散点图、韦恩图、气泡图、雷达图、热地图、等值线等，不同的统计图表有各自的适用场合。

视觉隐喻是在抽象概念的基础上进行的，例如以一棵大树的图像为框架绘制的公司组织结构图。可视化生成的过程就是隐喻编码的过程，受众接受的过程就是隐喻认知解码的过程，视觉隐喻有利于建立有效的认知连接，避免交流障碍，提高认知效率和认同度，也能提高受众的满意度。

方法论

可视化分析的方法论基础是视觉编码，视觉编码是指受众对于接收到的视觉刺激进行编码，所以视觉编码的关键在于使用符合目标人群视觉感知习惯来表达。视觉感知习惯往往与一个人的知识、经验、心理等多种特异性的因素相关，所以视觉感知是信息映射、信息提取、转换、存储、处理、理解等活动的结合。

7.3　决策树与分类算法风险评价应用

分类的任务是将样本(对象)划分为适当的预定义目标类。分类算法在企业中有不同的应用场景，广泛应用于不同的行业。比如根据动物的身体结构、生理习惯等特征进行分类，根据邮件内容对垃圾邮件和正常邮件进行分类，根据电商网站的消费历史对用户进行分类等。

2006年召开的IEEE国际数据挖掘会议(ICDM)所决定的顶级数据挖掘算法包括决策树算法C4.5算法和CART算法。决策树算法在数据挖掘和机器学习领域广泛应用，用于解决分类问题。它们通过构建树状结构，根据不同属性值进行数据分割，并生成用于分类的规则。ID3、C4.5、C5.0是经典的决策树算法，它们用于构建决策树模型以进行分类任务，包括bagging、boosting、随机森林、GBDT、AdaBoost等算法。本节讨论了决策树的集成学习，并以决策树算法的应用示例作为总结。

7.3.1　决策树算法

在机器学习中，分类是一个重要的任务，它涉及将数据分为不同的类别。这个过程通常涉及使用一个训练样本集，其中包含已知类别的数据，来训练一个分类模型或分类函数。这个模型基于属性集中的特征，学习如何将不同的数据点分配到不同的类别中。一旦模型训练完成，它可以用来对新样本进行分类，即将未知样本分配到已知的类别中。分类算法的实现流程如图7-2所示。

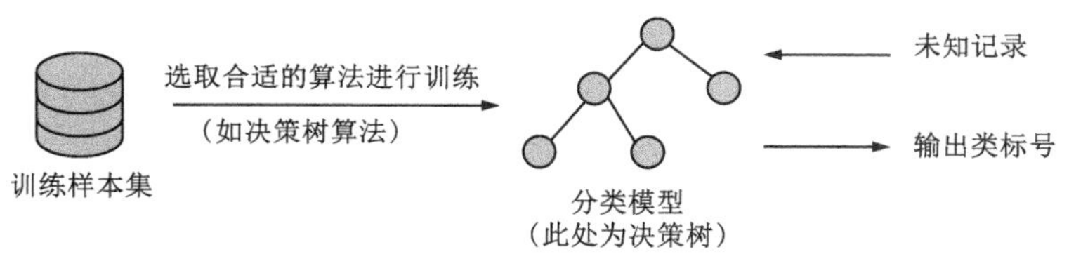

图7-2　分类过程

决策树是一种常用于样本分类的机器学习模型。它的结构由决策节点、分支和叶节点组成。决策树的建立过程是一个自上而下的过程，从根节点开始，根据属性分割数据集，逐步分解为子集，直到达到叶节点，最终输出类别。该过程使用决策树来执行，并且执行分类过程。

对于数据集，如何构建合适的决策树，能够根据数据的属性特征对数据进行有效分类，是训练决策树算法的一个重要问题。本节重点介绍一些常用的决策树算法，分析决策树算法必须解决的问题，如连续属性离散化、过拟合等。

给定一个数据集，构建决策树的方法有很多种。在有限的时间内构建最优的决策树往往是不现实的。启发式算法通常用于此目的，例如，贪心算法用于构建每个节点的次优决策树。构建决策树最重要的部分是分支过程，它决定了每个决策节点处的分支属性。

选择分支属性是指选择决策节点的哪个属性来分割数据集。每个分支的样品纯度应尽可能高，并且不应产生样本太少的分支。每种算法选择分支属性的方法有所不同，下面我们结合几种常用的决策树算法来分析分支处理过程。

1. ID3 算法

ID3(迭代二分器 3)算法由 Ross Quinlan 提出，用于从数据集生成决策树。在介绍 ID3 算法之前，我们首先讨论信息增益的概念，因为 ID3 算法会选择并分裂每个节点处信息增益最高的分支属性。

决策树算法中，决策节点的分裂是指根据某个属性的取值将数据集划分成不同的子集。这个过程旨在提高每个子集的纯度，以便更好地进行分类。纯度衡量了子集中样本属于同一类别的程度。一方面，信息论中用熵来衡量信息量，熵越大，包含的有用信息越多，不确定性也越大。另一方面，熵越小，包含的有用信息就越少，也就越确定。例如，“太阳从东方升起，从西方落下”这句话是非常确定和符合常识的，但它包含的信息很少，因此熵值很小。决策树用熵来表示样本集的杂质程度，但当样本集只有一个类别时，确定性最高，熵为 0，具有多样性。S 是数量为 n 的样本集，其分类属性有 n 个不同的值，使用这些值定义 m 个不同的分类 Ci（$i=1, 2, \cdots, m$），那么公式变为：

$$\text{Entropy}(S) = -\sum_{i=1}^{m} p_i \lg_2(p_i),\ p_i = \frac{|C_i|}{|n|} \tag{7-11}$$

例如，如果有一个大小为 10 的布尔样本集 S_b，其中有 6 个 *true* 和 4 个 *false* 值，则布尔样本分类的熵为：

$$\text{Entropy}(S_b) = -\left(\frac{6}{10}\right)\lg_2\frac{6}{10} - \left(\frac{4}{10}\right)\lg_2\left(\frac{4}{10}\right) = 0.9710 \tag{7-12}$$

熵在决策树算法中常被用作杂质度量，用来度量数据集的混合程度或不确定性。当数据集的熵较大时，表示其中包含的类别信息较为分散，即杂质程度高。而当熵较小时，表示数据集中的样本更趋向于属于同一类别，杂质程度低。设 S 为样本集，属性 A 有 v 个可能值。也就是说，通过将属性 A 设置为分裂属性，我们可以将样本集 S 分裂为 v 个子样本集$\{S1, S2, \cdots, Sv\}$。对于样本集 S，设 A 为分支属性信息增益 $\text{Gain}(S, A)$，则公式为：

$$\text{Gain}(S, A) = \text{Entropy}(S) - \sum_{i=1}^{V} \frac{|S_i|}{|S|}\text{Entropy}(S_i) \tag{7-13}$$

2. C4.5 算法

C4.5 算法与 ID3 算法之间存在多个关键区别，影响了它们在构建决策树时的表现。

首先，它们的决策树构造思路都是实行自顶向下的贪婪策略，从根节点开始逐步构建决策树。然而，其中一个关键差异是属性选择标准。在ID3算法中，属性选择基于信息增益，它衡量了选择某个属性进行分裂后数据集不纯度的减少量。而C4.5算法引入了信息增益比的概念，它考虑了属性可能值的数量，以减轻可能值数量不同带来的偏向性问题。即如果一个样本集 S 是一个属性 A，有 v 个子样本集 $\{S1, S2, \cdots, Sv\}$，那么 $Gain(S, A)$ 就是属性 A 对应的信息增益，属性 A 的信息增益比Gain_ratio定义为：

$$\text{Gain\_ratio}(A) = \frac{\text{Gain}(A)}{-\sum_{i=1}^{V} \frac{|S_i|}{|S|} \lg_2 \frac{|S_i|}{|S|}} \tag{7-14}$$

从信息增益率公式可以看出，当v较大时，信息增益率明显下降，这可以部分解决ID3算法经常选择取值较多的分支属性的问题。

3. C5.0算法

C4.5算法的改进版本可以用于分析大型数据集，这在现实应用中非常有价值。在这种改进中，我们通常需要一个训练样本集S，以及指定的训练次数T。每次训练都会生成一个决策树模型，用Ct来表示。最终，通过这些训练生成的多个决策树模型将被组合成一个复合决策树模型，通常表示为C *。令βt为权重值调整因子。

相比C4.5算法，C5.0算法具有以下优点：

①决策树构建时间比C4.5算法快数倍，生成的决策树尺寸更小，叶子节点数量更少。

②采用boosting方法结合多棵决策树进行分类，大大提高了准确率。

③由用户提供选项，如样本重量、是否考虑样本误分类的成本等。

4. CART算法

CART算法，即分类和回归树算法，是另一种常用的构建决策树的算法。CART的构造过程采用二进制循环分段的方法，每个分段对当前数据进行划分。在构建决策树时，我们将样本集 S 分为两个小部分，这是为了构建一个二叉树结构，其中每个节点都有两个分支。这种二叉树的构建方式使得我们在每个节点上需要选择一个分支属性来进行划分。样本集 S 包含 n 个样本，这些样本属于 m 个不同的分类值，其中每个分类值用 Ci 表示，其中 i 表示不同的分类。决策树的构建过程旨在根据属性的特征，将样本集 S 划分为不同的分类值，从而实现分类任务。通过选择最佳的分支属性，我们可以构建一个有效的决策树模型，用于对新样本进行分类。其公式如下：

$$\text{Gini}(S) = 1 - \sum_{i=1}^{m} p_i^2,\ p_i = \frac{|C_i|}{S} \tag{7-15}$$

CART算法中，选择属性 A 作为样本集 S 的分支属性，将样本集 S 分为 $A = a1$ 的子样本集 S_1 和由其他样本组成的子样本集 S_2。在这种情况下，基尼指数是

$$\text{Gini}(S|A) = \frac{|S_1|}{|S|}\text{Gini}(S_1) + \frac{|S_2|}{|S|}\text{Gini}(S_2) \tag{7-16}$$

上一节解释了脊椎动物分类学样本集中的属性值都是分类数据，即这些属性是离散属性，现在，如果样本中的属性值是连续的，下面解释一下它是如何发生分类、执行分支和

离散处理的，让我们更详细地了解如何拆分属性。分类数据具有几种不同类型的离散属性，例如二元属性、名义属性等。例如，胎生是一个二元属性，其数据值为是或否，分裂产生两个分支。二进制属性不需要对数据进行任何特殊处理。

在决策树构建中，我们常常使用两种不同的分裂策略，分别是多路分裂和二元分裂。多路分裂通常在算法 ID3 和 C4.5 中使用。这个策略会考虑名义属性的可能值数量，然后设计相应数量的分支。每个分支对应名义属性的一个可能取值。这意味着在多路分裂中，一个节点可以生成多个分支，每个分支代表了名义属性的一个可能取值。这种方法的好处是能够更全面地考虑属性的不同取值，但也可能导致决策树的生长相对较大。

所以只对名义属性生成二元分区，因此所有 q 个属性都必须对值进行分割。使用总共 2q-1-1 分裂方法分裂成两个分支。比如我们用 CART 算法对“饮食”属性进行拆分，我们有 23-1-1=3 个拆分选项，必须单独计算基尼指数，选择基尼指数最低的拆分方式构建决策树。

在名义属性中，有一类特殊的属性，称为序数属性，该属性的值是连续的，例如服装尺码“S”“M”“L”“XL”。序数属性的划分必须结合实际情况来考虑，但很多情况下，序数属性的划分并不违背顺序，在实际应用中没有多大意义。连续属性可以离散化为序数属性，例如年龄属性可以离散化为“20 岁以下”“20～30 岁”“30～40 岁”“40～50 岁”“50～60 岁”和“60 岁以上”六个有序属性值的决策树。

首先确定类别值的数量，然后确定连续属性值与这些类别值之间的映射关系。离散化是一种将连续属性划分为离散区间的数据预处理方法，可帮助我们更好地理解和分析数据。离散化方法可以分为两类：无监督离散化和有监督离散化。在无监督离散化中，对连续属性进行离散化时，不考虑与分类信息的关联，仅基于属性的分布特性进行划分。这种方法相对简单，主要是根据属性值的分布情况来选择划分点，以将连续的属性值分为若干个不相交的区间，因为不需要使用分类信息值的方法，技术包括等宽离散化、等频离散化和聚类(Clustering)。

等宽离散化将属性值划分为若干个宽度恒定的区间，随机生成 50 个二维坐标值散点图的可视化结果介于 (0, 1)之间，如图 7-3(a)所示。等宽离散化后结果如图 7-3(b)所示，其中宽度设置为 0.1。

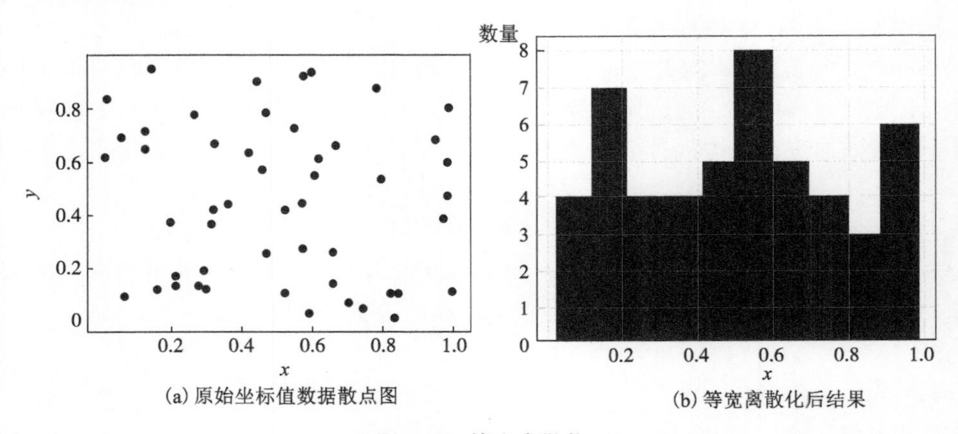

(a) 原始坐标值数据散点图　　(b) 等宽离散化后结果

图 7-3　等宽离散化

均匀离散化将属性的值划分为若干个区间，每个区间内的区间数相等。例如，在公司的绩效考核中，员工的绩效考核等级分为“1~5名”“6~10名”和“11~15名”等等级，每个部门区间有5名员工(即5个样本)。如果我们对图7-3中的原始坐标值进行等频离散化，结果如图7-4所示。其中数字5表示每个间隔中的样本数。

(0.946，0.988]	5
(0.781，0.946]	5
(0.654，0.781]	5
(0.572，0.654]	5
(0.523，0.572]	5
(0.432，0.523]	5
(0.31，0.432]	5
(0.21，0.31]	5
(0.13，0.21]	5
(0.0178，0.13]	5

图7-4　等频离散化

聚类和监督离散化是两种不同的数据处理方法，它们在数据分析和预处理中发挥着重要作用。首先，聚类是一种将数据点划分为不同簇或群组的方法。聚类的目标是通过将相似的数据点归为一组，将不同的数据点分为不同组，以便更好地理解数据的结构和模式。聚类算法通常根据数据点之间的相似性度量来完成这一任务，常见的聚类方法包括K均值聚类和层次聚类。

监督离散化是一种基于统计学习技术的数据预处理方法，它通常用于将连续属性划分为离散区间。与聚类不同，监督离散化考虑了与分类信息的关联，其目标是使离散化后的属性更好地与类别标签相关。监督离散化方法使用不同的度量来衡量分区的纯度，以便在离散化后的属性中保留有关类别的信息。例如，C4.5和CART算法使用不同的纯度度量来指导属性的划分。

下面描述决策树算法的连续属性的离散化。

ID3算法将样本属性限制为离散属性。算法内置了C4.5算法的连续属性离散化方法，昆兰指的是之前为分裂连续变量选择临界值的方法。C4.5算法处理连续属性的步骤如下。

(1)首先对连续属性A(包含m个可能值)进行排序。

(2)与临界值选择方法选择排序后相邻两个值的平均值作为分割点不同，C4.5算法选择不超过这个平均值的最大值作为分割点，因此所有值都出现在样本浓度临界值，总共产生m-1个候选分割点。

(3)计算每个分裂候选点的信息增益率，选择信息增益率最高的分裂候选点作为属性A的分裂点，比较属性A与其他属性的信息增益率，选择分支属性。

一般来说，分类算法中可能出现两种类型的误差：训练误差和泛化误差。训练误差和泛化误差是评估分类模型性能的两个关键指标。首先，训练误差反映了分类方法对训练样本的拟合程度。训练误差衡量了模型在训练数据集上的表现，它通常是通过比较模型的预测结果与实际标签之间的差异来计算的。较小的训练误差表示模型在训练数据上表现良好，能够很好地拟合这些数据。

泛化误差描述了分类方法对新样本的泛化能力。泛化误差是在模型训练后，将模型应用于未见过的、新的数据样本时产生的误差。较小的泛化误差表示模型能够在未知数据上进行良好的预测，具有较好的泛化性能。好的分类模型通常具有小的训练误差和泛化误差，这意味着它们既能够很好地拟合训练数据，又能在新数据上进行准确的预测。然而，欠拟合是一个常见的问题，它表示模型未能很好地拟合训练样本，导致训练误差较大。为了解决欠拟合问题，可以采取一些措施，如增加分类属性（特征），选择更好的属性，或者使用更复杂的模型来提高训练性能。分类模型对样本的拟合度逐渐增大，因此当决策树达到一定值时，尽管训练误差仍在减小，但泛化误差却不断增大，从而导致过拟合。

为了避免过拟合问题，有三种有效的方法可以采用。

（1）选择代表性的训练样本：确保训练数据集包含代表性的样本，涵盖了问题领域的各个方面。这有助于模型更好地理解数据的分布，减少数据偏差导致的过拟合。

（2）避免噪声：在数据中存在噪声（不准确或异常的数据点）时，过拟合可能会更加严重。对数据进行清洗和去噪处理，以剔除噪声数据，有助于提高模型的泛化能力。

（3）剪枝：剪枝是决策树算法中用于减少过拟合的一种方法。它通过限制决策树的深度或去掉一些分支来减少决策树的复杂性，从而提高泛化能力。剪枝通常在决策树的生成之后进行，可以根据验证数据集的性能来确定剪枝策略。

7.3.2 集成学习

集成学习是一种机器学习方法，旨在提高模型的性能和泛化能力，它的核心思想是结合多种学习方法或模型来生成一个更强大的集成模型。在集成学习中，有一个关键的概念，即弱学习算法。弱学习算法是指那些分类准确率略高于随机猜测的学习算法。虽然弱学习算法单独来看性能可能一般，但当它们被合理地组合起来时，可以形成一个强大的集成模型。这是因为不同的弱学习算法可能在不同的数据子集或情境下表现出色，通过结合它们，可以弥补各自的不足，提高整体性能。图 7-5 显示了典型的集成学习流程。

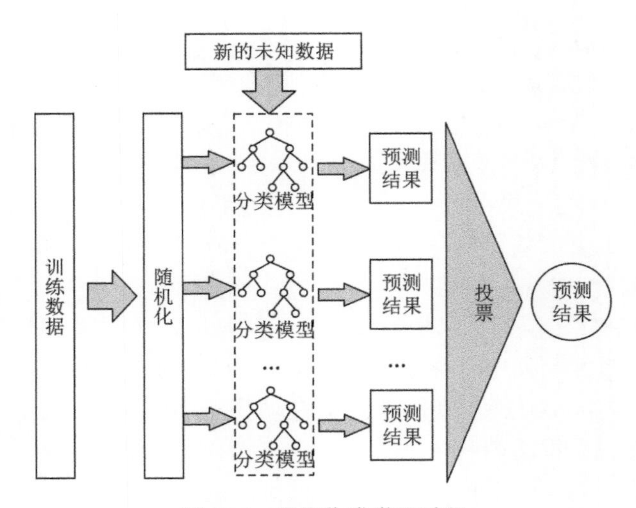

图 7-5 通用集成学习过程

本节以决策树算法组合为例，简要介绍常用的集成分类算法，如 Bagging 方法、Boosting 方法、梯度提升决策树（GBDT）方法、随机森林方法等。

装袋法，Bagging，也称为引导聚合，基于组合多个训练集的分类结果来提高分类效率。给定一个大小为 n 的训练样本集 S，Bagging 方法多次从样本集 S 中提取 m 个大小为 $n'(n'<n)$ 的训练集，针对每个不同的训练集 Si，选择特定的学习算法。这意味着可以使用不同的学习算法来训练不同的模型，每个模型对应一个特定的训练数据集。在每个训练集 S_i 上，使用决策树算法（例如 CART 算法）来建立分类模型。决策树是一种常用的分类算法，它可以根据属性的条件将数据分成不同的类别。对于新的测试样本，将这些样本输入到 m 个不同的分类模型中，每个模型返回一个预测的分类结果。这些结果可以根据不同模型的性能权重进行组合或选择，以获得最终的分类结果。

而 Bagging 方法构建的模型最终返回的结果就是在 m 个预测结果中占大多数的分类结果。投票中的多数票（投票）。对于回归问题，Bagging 方法采用平均法来得到最终结果。Bagging 方法受噪声数据的影响较小，并且不易受到过度拟合的影响，因为多次采样可确保每个样本具有相同的选择概率。

Boosting 是一种集成学习方法，其核心思想是在多轮训练中，对同一个训练集进行多次训练，每次训练都关注之前轮次中被误分类的样本，通过加权组合多个弱学习器的预测结果，最终提高模型性能。以下是 Boosting 方法的关键特点：Boosting 方法通常使用相同的训练集进行多轮训练，这意味着每轮训练都在相同的数据集上进行。在每一轮训练中，对样本赋予不同的权重，通常会增加那些被前一轮分类错误的样本的权重，以便更多地关注这些难以分类的样本。Boosting 方法进行多轮训练，每一轮都生成一个弱学习器，例如决策树的深度可能较浅的分类器。每轮训练后，会为生成的弱学习器分配一个权重，而后在进行预测时，这些弱学习器的预测结果会根据其权重进行加权组合，得到最终的集成模型的预测结果。通过多轮迭代和样本权重的调整，Boosting 方法致力于不断提高模型性能，特别关注那些在前一轮中被误分类的样本，以纠正错误并提高整体准确性。

Boosting 方法主要是解决两个问题：如何在每轮算法后根据样本的分类来更新样本权重，以及如何将每轮算法生成的分类模型进行组合，这是一种获得预测结果的算法方式。提升方法由多种算法实现，具体取决于解决这两个问题所使用的方法。下面以代表性算法 AdaBoost（adaptive boosting）为例介绍 Boosting 方法的实现过程。

假设训练样本集中有 n 个样本。根据样本分类是否正确来更新每个样本的权重。在合并每轮分类模型的结果时，我们还根据每轮分类模型的错误率进行加权计算。每个型号的重量指数。设最大训练迭代次数为 T，每次迭代生成的弱分类器记为 $h(x)$，算法的具体思想如下：

（1）首先，对于训练样本集中的第 i 个样本，将其权重设置为 $1/n$。

（2）在第 j 轮处理中，生成加权分类错误率 ε_j，如果 $\varepsilon_j>0.5$，则说明分类器错误率超过 50%，即分类性能比随机分类差。然后返回步骤（1）。

（3）计算模型重要性。公式为：

$$\alpha_j = \frac{1}{2}\ln\frac{1-\varepsilon_j}{\varepsilon_j} \tag{7-17}$$

（4）经过总共 T 轮模型构建，最终的分类模型为：

$$H(x) = \mathrm{sinn}\left[\sum_{j-1}^{T}\alpha_j h_j(x)\right] \tag{7-18}$$

其中，$h_j(x)$ 表示第 j 次迭代时生成的弱分类器。

AdaBoost(adaptive boosting)是一种集成学习算法，其主要目标是提升弱分类模型的性能。它通过多轮迭代来逐步改进模型的准确率，并特别关注之前轮次中被误分类的样本。使用弱分类器可以显著提高最终分类结果的准确性。

梯度提升决策树(GBDT)是一种迭代决策树算法，主要用于回归问题，也可用于分类任务。它构建多棵决策树，综合它们的输出结果来得出最终预测。

GBDT 的构建过程与分类决策树相似，但用回归树的节点处理连续数据，每个节点有一个特定值，表示叶节点的值是所有样本的平均值。与分类树不同的是，GBDT 使用损失函数来度量每个节点的分裂属性的表现，而不是传统的纯度度量，如熵或基尼指数。

在构建回归树时，需要确定何时停止对节点进行分裂，以避免回归树过度生长。一般来说，有以下常见的终止条件：节点样本数小于某个预定的阈值；节点的深度达到了预定的最大深度；节点中的样本属于同一类别或具有相似的标签；节点中的样本的均方误差(MSE)低于某个阈值。

这些条件有助于控制回归树的生长，以避免过拟合，并生成适用于回归问题的合理树结构。在 GBDT 中，残差是指实际标签与当前模型的预测之间的差异。在每一轮迭代中，GBDT 会计算每个训练样本的残差，然后试图通过构建一棵新的回归树来拟合这些残差。这棵新的回归树的预测值被添加到模型中，以逐渐减小残差，从而不断改进模型。

GBDT 是一种集成学习算法，它通过构建多棵回归树来提高预测性能。GBDT 的核心思想是在每一轮迭代中，通过拟合残差来改进模型，然后将新生成的回归树的预测值加权融合到模型中。这个过程不断迭代，直到达到预定的迭代次数或满足其他停止条件。最终，所有回归树的预测值相加就得到了最终的模型预测结果。

提升决策树使用加性模型和先行方差算法来实现学习和过程优化。如果 Boosting 树使用的是平方误差等损失函数，那么优化 boosting 树的每一步是比较简单的，但是梯度提升决策树(gradient boosting decision tree，GBDT)是一种集成学习算法，它通过逐步构建决策树模型来改进预测性能。梯度提升的核心思想是通过多轮迭代，每一轮迭代都试图减小前一轮模型的残差，从而不断改进模型的准确性。

在梯度提升中，通常使用的损失函数(loss function)可以是各种形式的，例如平方损失、绝对值损失等，用来衡量模型预测值与实际值之间的差异。在每一轮迭代中，梯度提升通过计算损失函数的负梯度来拟合残差，以便更好地逼近实际标签。具体来说，对于绝对值损失函数，损失函数的负梯度就是残差的方向和大小，它指导着模型如何调整以减小残差。这种梯度信息用于训练下一轮的弱学习器，通常是决策树。新生成的决策树被添加到模型中，以逐渐改进预测性能。

XGBoost(Extreme gradient boosting)是一种梯度提升决策树(gradient boosting decision tree，GBDT)的优化实现，旨在提高性能并在数据挖掘和机器学习竞赛中取得出色的结果。它在 Kaggle 等数据科学竞赛中非常流行，因为其具有出色的性能和可扩展性。由于其在多方面的优化实现，XGBoost 在性能和执行速度方面均优于流行的 GBDT 算法。

随机森林方法是专门为决策树分类器设计的集成，也是 Bagging 的扩展。随机森林使用与 Bagging 相同的采样方法。随机森林算法是 Bagging 方法的一个经典应用，特别适用于决策树模型。在随机森林中，多棵决策树被构建，每棵决策树都在一个随机子样本上进行训练，同时在每个节点处，随机选择一部分属性进行分裂。这种属性的选择和数据的随机性导致了模型的多样性，从而提高了模型的泛化能力。

属性选择在随机森林中是一个关键概念。由于每棵决策树的训练数据和属性选择都具有随机性，因此不同的决策树可能使用了不同的属性。这有助于模型减少对部分特征的依赖，提高了泛化能力。模型的随机性是 Bagging 方法的一个重要特点，它通过引入随机性来减少模型的方差，使得模型更加稳定。这种随机性不仅体现在属性的选择上，还体现在样本的抽取和模型的构建过程中。

Bagging 方法，特别是随机森林算法，通过减少模型的方差、引入多样性、提高泛化能力等方式，为数据科学家提供了一个强大的工具，用于处理各种分类和回归问题。

7.4　神经网络风险评价应用

人工神经网络(artificial neural network，ANN)是一种由简单神经元相互连接而成的网络结构，其核心原理在于通过调整连接权重来实现感知和决策。这一领域的研究在过去几十年里取得了巨大的进展。

1943 年，Warren McCulloch 和 Walter Pitts 设计了一个神经活动的逻辑运算模型，这个模型被认为是人工神经网络研究的奠基之作。20 世纪 80 年代，反向传播(back propagation，BP)算法的提出彻底改变了神经网络的格局。这一算法允许神经网络自动学习和调整权重，从而提高了网络的性能。当今，神经网络已经在众多领域得到广泛应用。医学领域利用神经网络进行疾病诊断和医疗图像分析。金融界运用神经网络来检测信用卡欺诈。图像处理领域则使用神经网络进行手写数字识别和图像分类。工程领域中，神经网络用于发动机故障诊断等任务。

神经网络根据其结构和连接方式可以分为不同类型，包括前馈神经网络(feedforward neural network)、反馈神经网络(recurrent neural network)等。传统神经网络的训练过程通常包括以下步骤：首先，随机初始化连接权重；其次，计算损失函数以衡量输出与期望输出的差距；最后，通过反向传播算法来更新连接权重，以使损失函数最小化。这一过程可用于监督学习和非监督学习，具体的学习和训练算法因任务而异。

神经网络被广泛认为是一种灵活的数据处理工具，它们在不同应用需求下具有高性能和适应性。神经网络领域仍在不断演进和改进。深度学习的兴起和硬件性能的提升使得神经网络能够处理更大规模和更复杂的任务。研究人员和工程师们一直致力于改进网络结构、训练算法和应用方法，以满足神经网络不断增长的需求，并为各种应用提供更高的性能和适应性。总而言之，人工神经网络是一个充满活力的领域，它不仅有着深厚的理论基础，还具备广泛的应用潜力。随着技术的不断进步和研究的深入，我们可以期待神经网络在未来继续发挥更大的作用，解决更多的复杂问题。

7.4.1　前馈神经网络

前馈神经网络是一种单向、多层次的网络结构，不需要各层之间的权重参数调整。这种网络结构的特点使得数据在网络内部经过一系列的处理和转换，最终得到输出结果。在这个过程中，信息仅朝一个方向前进，不会反向传播到之前的层次。

感知器

反向传播(back propagation，BP)算法是前馈神经网络的关键组成部分，用于更新各层神经元之间的连接权重参数。BP 算法的工作原理基于误差信号的逐层传播，它会根据模型的预测输出和真实标签之间的差距，反向传播误差信号并调整连接权重，以最小化这一差距。这一过程实现了对模型的学习和优化。BP 算法的强大之处在于它具备非线性映射的能力。理论上，前馈神经网络结合反向传播算法可以逼近任何连续函数。这意味着，无论问题的复杂性如何，这种神经网络都能够进行有效的建模和学习，从而完成高度复杂的任务。

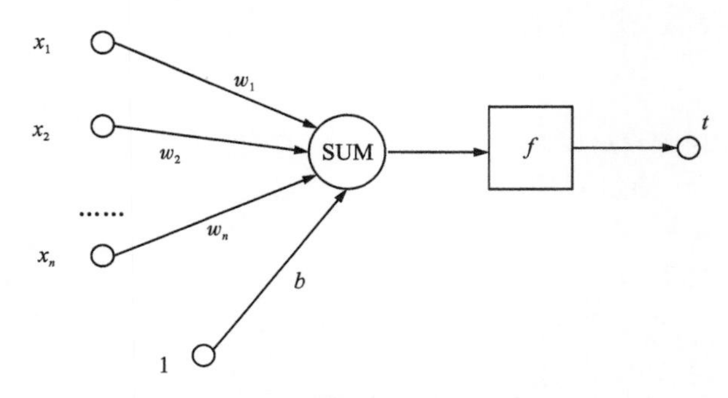

图 7-6　单层感知器的结构

感知器是神经网络的基本组成单元，它具备接受多个输入的能力，这些输入以向量 $x=(x_1, x_2, \cdots, x_n)$ 的形式表示。每个输入都与一个相应的权值相关联，这些权值构成了权值向量 $w=(w_1, w_2, \cdots, w_n)$。此外，感知器还包括一个偏置项，也被称为阈值，通常表示为 b。神经元的计算过程是感知器功能的核心。在这个过程中，感知器将所有输入与相应的权值相乘，然后将它们求和。这个加权求和的结果接着被输入到激活函数中进行处理。激活函数的作用是对输入信号进行非线性变换，将线性组合的结果映射到一个特定的输出范围内。最终，这一计算过程产生了感知器的输出。这一过程可以总结为感知器对输入数据进行加权求和和非线性映射的过程，通过调整权值和阈值，感知器可以学习并适应不同的数据模式和任务。这种基本的感知器结构是神经网络中更复杂的层次化结构的基础，它们能够处理各种类型的信息并执行多种任务，计算公式如下：

$$y=f(x \cdot w+b) \tag{7-19}$$

感知器的激活函数种类多样，包括 Sigmoid、双曲正切(tanh)、ReLU(rectified linear unit)等。这些激活函数在神经网络中扮演关键角色，它们的主要任务是引入非线性映射，使神经网络能够更好地建模复杂的非线性数据关系。在选择适当的激活函数时，有一些关键的考虑因素。首先，光滑、连续和可导的函数通常是首选，因为它们有助于确保模型的稳定性和可训练性。连续性和可导性对于优化算法的顺利运行至关重要，因为它们使得梯度计算成为可能，从而实现权重的有效更新。

其次，激活函数的输出范围也需要考虑。例如，Sigmoid 函数将输出映射到[0, 1]的范围内，这在二元分类问题中非常有用，因为可以将输出解释为概率。其他激活函数(如

tanh)将输出映射到[-1, 1]范围内，而 ReLU 保持非负值。根据具体任务需求，选择适当的激活函数可以有助于提高神经网络的性能，使其更好地适应不同问题的复杂性。

7.4.2 BP 神经网络

BP 神经网络(back propagation neural network)是一种常用于机器学习和深度学习的神经网络模型，也被称为多层前馈神经网络(multilayer feedforward neural network)。在 BP 神经网络中，信息在网络中从输入层传递到隐层，然后再传递到输出层。这种前馈传递的方式是指信息只向前传播，不会反向传播。每个神经元都与下一层的神经元连接，并且连接之间具有参数权重，这些权重用于调整信息的传递。BP 神经网络的学习过程是通过反向传播学习算法来实现的。在该算法中，首先将输入数据传递给网络，然后通过与目标值的比较来计算输出层的误差，最后误差会反向传播到隐层和输入层，以更新参数权重，从而减小误差。这个过程重复进行多次，直到网络的性能收敛到满意的程度。

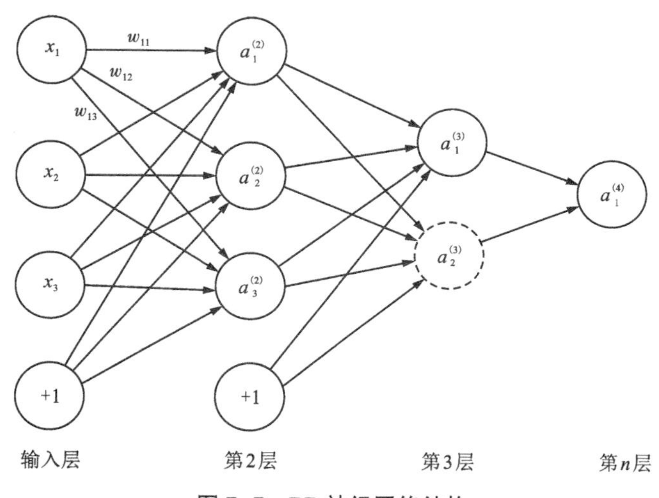

图 7-7 BP 神经网络结构

图 7-7 中网络结构对应的公式如下：

$$\begin{cases} a_1^{(2)}=f[w_{11}^{(0)}x_1+w_{12}^{(0)}x_2+w_{13}^{(0)}x_3+b_{11}^{(0)}] \\ a_2^{(2)}=f[w_{21}^{(0)}x_1+w_{22}^{(0)}x_2+w_{23}^{(0)}x_3+b_{12}^{(0)}] \\ a_3^{(2)}=f[w_{31}^{(1)}x_1+w_{32}^{(0)}x_2+w_{33}^{(1)}x_3+b_{13}^{(0)}] \\ h_{w,\phi}(x)=a_1^{(3)}=f[w_{11}^{(2)}a_1+w_{12}^{(2)}a_2+w_{13}^{(2)}a_3+b_{21}^{(2)}] \end{cases} \tag{7-20}$$

BP 神经网络的训练过程是通过反复迭代来完成的。为了评估模型的性能，需要定义一个成本函数，用于度量实际输出与期望输出之间的误差。常用的成本函数包括均方误差(mean squared error)等。BP 神经网络的核心是反向传播算法。在反向传播过程中，网络首先计算输出层的误差，然后将误差反向传播到网络的前一层，以更新权重和偏置。这是通过计算梯度(导数)来实现的，梯度表示了成本函数相对于参数的变化率。这个反向传播过程是 BP 神经网络的核心思想，它允许网络根据误差情况对各层的权重参数进行修正。通过多次迭代，网络不断优化参数，使成本函数逐渐趋向最小值，提高了网络的性能和准确性。

为了高效处理大量的权值参数计算，通常采用梯度下降法来实现权值的更新。为了避免陷入局部最优情况，有时可以采用随机化梯度下降方法，其间随机选择样本来更新权重参数，从而增加了网络的鲁棒性和泛化能力。综上所述，BP 神经网络通过迭代训练，利用反向传播的核心思想，结合梯度下降法来更新权重参数，从而不断提升网络性能，广泛应用于各种机器学习任务中。

7.4.3 反馈神经网络

反馈神经网络与前馈神经网络有一个关键区别，即具有内部神经元之间的反馈连接。其中一种反馈神经网络的典型代表是 Hopfield 网络。

Hopfield 网络的设计灵感来源于人类记忆原理，试图模拟记忆和信息检索的过程。它的核心思想是通过关联记忆信息，类似于将事物与周围的场景建立关联，以帮助找回缺失的信息。Hopfield 网络引入了能量函数的概念，这个函数可以帮助判断网络的稳定性。在 Hopfield 网络中，稳定性的依据是能量函数从高能量位置向低能量位置转化，稳定点的势能较低。这些稳定点被用来描述网络的记忆。

Hopfield 网络可以分为离散型和连续型两种。在这里，我们主要关注离散型 Hopfield 网络。这种网络的学习算法基于 Hebb 学习规则，其中权值的调整规则是根据神经元的激活状态来增强或减弱连接。训练过程在 Hopfield 网络中的主要作用是实现记忆功能，网络会将特定的输入作为吸引子(attractor)来进行记忆。这通常包括用一系列特定的操作来实现训练。

(1)存储：基本的记忆状态，通过权值矩阵存储。

(2)验证：迭代验证，直到达到稳定状态。

(3)回忆：没有(失去)记忆的点，都会收敛到稳定的状态。

7.4.4 自组织神经网络

自组织神经网络，又被称为 Kohonen 网络，是一种神经网络模型，最早由芬兰的科霍宁教授于 1981 年提出。在生物神经元中，同步活跃的神经元之间会相互加强信号传递，而异步活跃的神经元会减弱信号传递。这种原理在自组织神经网络中被模拟和应用。当网络接收到外界输入时，网络的神经元之间会发生竞争，最终只有一个神经元获胜，它的输出会被增强，而其他神经元的输出会被抑制。这个获胜的神经元被称为“获胜神经元”或“胜者取全部”。

自组织神经网络的应用领域广泛，特别是在无监督学习和聚类任务中。它可以用来对高维数据进行降维，发现数据中的模式和结构，并且在自动分类和特征提取方面具有潜力。其自组织的特性使得它在数据可视化、图像处理、语音识别等领域有着重要的应用。

7.5 深度学习风险评价应用

深度学习是机器学习领域的一个关键分支，它利用多个处理层的复杂结构来实现对数据的高层次抽象和表示的学习。与传统的机器学习方法相比，深度学习的最大特点之一是其多层神经网络结构，这使得它能够自动从数据中提取特征，无须手动指定特征，从而克服了传统方法中需要耗费大量时间和精力来进行特征选择的问题。

深度学习的发展史最早可以追溯到 1943 年，当时麦卡洛克和皮茨提出了把神经元模型作为神经网络的基础。从最早的单层神经网络，逐渐演化为双层网络，再到多层深度神经网络，深度学习的发展经历了多个阶段。其中一个重要的特点是非线性拟合能力不断增强，这意味着深度学习模型可以更好地捕捉复杂数据中的模式和关系。深度学习的快速发展得益于多个因素的共同作用。首先，计算机性能的显著提升使得训练深度神经网络变得更加高效。其次，随着大规模数据集的涌现，深度学习方法有了更多的训练数据，这有助于提高模型的性能。最后，深度学习方法在解决大规模问题时具有明显优势。相较于传统方法，其准确率提升较快，因此在人工智能领域的应用逐渐增多。

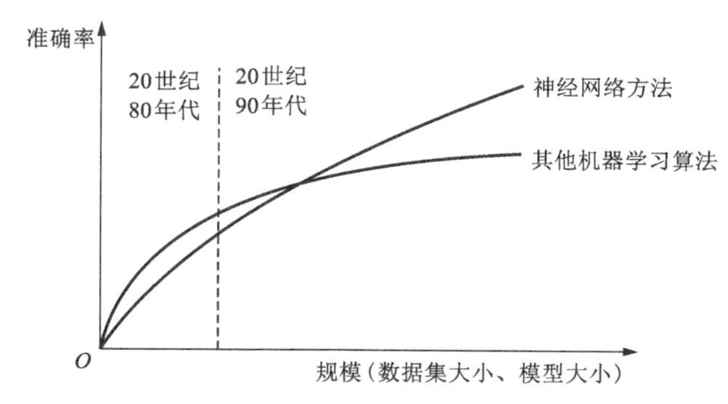

图 7-8 神经网络方法与传统机器学习算法比较

（1）深度学习应用特点

深度学习是一种强大的机器学习方法，其核心概念是通过多层非线性映射将各种影响因素分离开来，使不同因素对应神经网络的不同隐层。这个分层的过程实际上是机器学习的关键步骤之一，它允许模型自动地从数据中提取有用的特征。每一层神经网络都在上一层的基础上提取不同的特征，这个过程是通过学习模型的参数来实现的。

与传统方法不同，深度学习的特征不是由人工定义的，而是通过模型自动学习得到的。这些特征被嵌入模型的参数中，而且通常具有线性关系并且相互独立。深度学习在分层特征表示方面具有显著的优势。它能够提取全局特征和上下文信息，使得模型更能够理解数据的复杂结构和关系。这种能力在各种任务中都非常有用，包括图像识别、自然语言处理、语音识别等。通过多层特征表示，深度学习模型能够更好地捕捉数据中的抽象模式，从而提高了模型的性能和应用范围。

（2）深度学习发展方向

近年来，深度学习发展迅速，成为人工智能领域的重要代表，但深度学习在认知方面的进展有限，仍存在许多未解决的问题。未来深度学习的发展空间在于解决认知领域的挑战，包括模拟人类的智能、理解复杂的语境和推理等问题。这些问题将推动深度学习技术不断发展和完善。

7.5.1 卷积神经网络

卷积神经网络(convolutional neural network，CNN)是深度学习领域的一项关键技术，其起源可以追溯到对生物视觉系统的研究。这一领域的开创性研究受到了人类视觉皮层神经元的启发，尤其是对猫的视觉皮层的观察。这些研究发现，视觉皮层中的神经元对视觉子空间具有高度的敏感性，这意味着它们在感知视觉信息时会关注特定的局部区域，而这种局部感知正是卷积神经网络的核心思想之一。

卷积神经网络最早的雏形可以追溯到日本科学家福岛博士于1980年提出的“卷积神经模型”。然而，CNN真正引起广泛关注是在1998年，当时由乐昆(Yann LeCun)等人提出的LeNet-5模型问世。LeNet-5最初被设计用于手写字母文字的识别任务，这是深度学习在计算机视觉领域的第一个重要成功案例。从那时起，CNN在图像识别、模式分类、目标检测等领域取得了一系列显著的成就。

CNN的关键特征之一是其网络结构和特征提取方法。它采用了共享权值和局部感知的机制，这意味着在卷积层中，不同位置的神经元使用相同的权值参数，这一特性极大地降低了网络的复杂性，并减少了权值参数的数量。最重要的是，CNN能够自动地从数据中提取有意义的特征，无须手动定义特征。这些特征提取层的输出可以用于更高级别的模式分类任务，这种分层特征提取的能力是CNN的一大亮点。

CNN是一种监督式学习模型，其训练过程依赖于梯度下降等优化方法来调整网络的权重参数。通过逐层训练，CNN可以逐渐提升网络的特征表达能力，从而提高图像分类和识别的精度。深度学习的成功很大程度上归功于CNN，因为它的层次化特征表示使得机器可以更好地理解和处理复杂的图像数据。

CNN通常包括卷积层和池化层(子采样层)，这些层用于特征提取。卷积层通过卷积操作检测图像中的各种特征，如边缘、纹理等，而池化层则用于下采样，减小数据的空间维度，降低计算复杂性。此外，CNN还包括全连接层，用于进一步处理从卷积层中提取的特征以及输出层，用于进行模式分类。

7.5.2 循环神经网络

循环神经网络(recurrent neural network，RNN)是一种用于处理序列数据的神经网络模型。RNN在处理序列数据时具有特殊的能力，可以双向传递信息，以更高效地存储和处理序列中的信息。这使得它在许多领域都取得了广泛的应用。RNN被广泛用于自然语言处理、图像识别、语音识别、上下文预测、在线交易预测、实时翻译等任务。这些应用中，数据通常呈现出时序性，例如文本、音频、时间序列等。RNN通过其循环结构能够捕捉这些数据中的序列信息，因此在序列建模方面非常强大。

RNN的关键特点在于其循环性质，每个神经元的输出不仅与当前时刻的输入相关，还与上一时刻隐藏层的输出有关，这种信息传递机制使得RNN具备记忆能力，可以在处理序列数据时保留之前的信息。输入层用于接收序列数据的输入，隐藏层包括循环神经元，用于处理和存储序列信息，输出层用于生成模型的预测结果或输出。

输出单元(通常标记为yt)，但最重要的工作由隐藏单元完成。隐藏层的节点在RNN中扮演了关键角色，因为它们负责处理和传递信息，从而使RNN能够处理序列数据。在

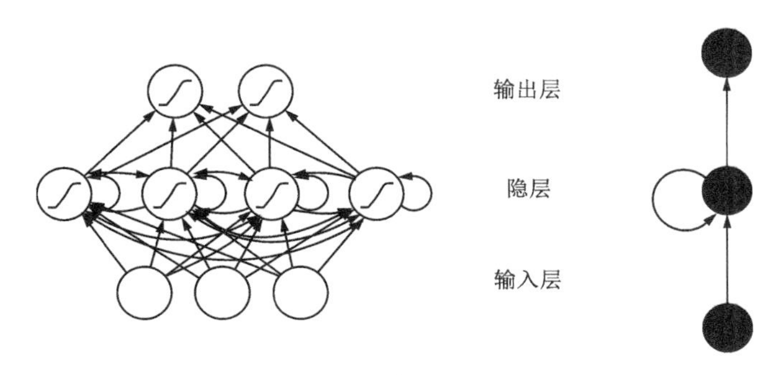

图 7-9　循环神经网络结构

RNN 中，隐藏单元的一个独特之处在于它们具有将信息从输出单元传递回隐藏单元的能力。这种反馈机制可以以多种方式实现，包括节点自连接或节点相互连接。这意味着隐藏层内的信息可以在不同时间步之间传递，从而实现了信息的持久性存储和处理。这种双向信息传递的能力是 RNN 在处理序列数据时如此有效的原因之一。因为序列数据通常具有时序性，先前的信息对于当前计算非常重要。RNN 能够使得它特别适用于自然语言处理、语音识别、时间序列分析等领域，这些任务都涉及序列数据的处理和理解。RNN 的基本结构可以表示为：

$$ht = fw(ht-1, xt) \tag{7-21}$$

式中：ht 为新的目标状态，而 $ht-1$ 则为前一状态，xt 是当前输入向量，fw 是权重参数函数。

循环神经网络(RNN)是一种神经网络模型，具有独特的参数共享和时序信息传递机制，这有助于减少参数空间的大小并增加网络的记忆能力。RNN 的训练过程涉及使用反向传播算法，而在处理序列数据时，它的参数不是独立的，而是与上一时刻的参数相关联，这种设计使得 RNN 能够在不同时间步之间传递信息，有助于捕捉序列中的时序关系。

在训练 RNN 时，通常采用随时间反向传播(back propagation through time，BPTT)方法，这是一种结合了层级间和时间上传播的方法，用于对 RNN 的参数进行优化。BPTT 考虑了时间上的依赖关系，通过追溯和更新梯度信息，RNN 能够适应不同时间步的数据，并在整个序列上进行学习。尽管 RNN 在处理短距离依赖问题上表现出色，能够有效地捕捉相对较短的序列关系，但其主要缺点在于处理长期依赖问题的能力有限。当序列依赖关系距离增加时，RNN 难以有效地建立连接并利用相关信息，这可能导致两个主要问题：梯度消失和梯度爆炸。

梯度消失问题指的是在反向传播过程中，由于连续多个时间步的参数更新，梯度值可能变得非常小，接近零，从而使网络无法有效地学习长期依赖关系。相反，梯度爆炸问题是指梯度值变得非常大，导致参数快速更新，这也会破坏网络的稳定性和学习过程。为了克服这些问题，研究者们设计了更复杂的内部结构来更好地处理长期依赖问题。这些改进使得 RNN 模型在实际应用中更为可行，能够处理各种复杂的序列数据任务。

7.5.3　深度学习流行框架

目前深度学习领域中主要实现框架有 TensorFlow、Caffe/Cafe2、Torch/PyTorch、

Keras、MxNet、Deeplearning4j 等，下面详细对比介绍各框架的特点。

1. Torch

Torch 是一个功能强大的深度学习计算框架。Torch 的一个显著特点是它以图层的方式来定义神经网络，这使得开发者能够快速组合不同的模块来构建复杂的神经网络结构。Torch 还提供了许多预训练的深度学习模型，这些模型可以直接应用于各种任务——从图像识别到自然语言处理。此外，Torch 支持 GPU 加速，这意味着它具备强大的模型运算性能，能够加速训练和推理过程。

然而，Torch 也有一些挑战和限制。首先，相对于其他深度学习框架，Torch 的学习曲线可能较陡峭，对于新手开发者来说，学习和应用集成可能会有一定障碍。其次，Torch 的文档支持相对较弱，这可能导致开发者在使用过程中遇到困难。此外，商业支持也相对有限，这可能对一些企业应用构成挑战，因为它们需要编写自己的训练和部署代码，而无法依赖于完善的商业支持。

最新的 Torch 版本是 PyTorch，它由 Facebook 开发，支持 Python 语言。PyTorch 引入了动态可变的输入和输出，这对于一些任务[如循环神经网络(RNN)等]应用非常有用。由于其灵活性和强大的社区支持，PyTorch 在深度学习领域已经得到广泛的认可和应用，逐渐成为首选的深度学习框架之一。

2. Tensor Flow

TensorFlow 是一款由谷歌公司开发和开源的深度学习框架，它的强大功能和广泛的社区支持使其成了深度学习领域的一颗明星。不仅如此，TensorFlow 还支持多种深度学习任务，包括强化学习等其他算法，因而成为一个多功能的工具。

TensorFlow 的优势之一是其与其他库的兼容性。它可以与 NumPy 等数据科学库结合使用，提供了强大的数据分析和处理能力，使得用户可以更灵活地处理数据。此外，TensorFlow 还支持数据和模型的并行运行，这有助于提高训练效率。对于可视化需求，TensorFlow 提供了 TensorBoard 工具，它可以用于可视化训练过程和结果。用户只需将参数值和结果记录在文件中，就可以轻松实现可视化，这对于监控模型的性能和进展非常有帮助。

3. Caffe

Caffe 是一个深度学习工具，它在深度学习领域有着较早的出现历史，并被广泛运用于工业级应用。最初，Caffe 是用 Matlab 实现的，主要用于快速卷积网络的研究和应用。后来，它被移植到了 C 和 C++平台上，进一步提高了其性能和扩展性。Caffe 的主要适用范围是图像处理，尤其在图像分类、目标检测和图像分割等领域表现出色。然而，Caffe 在处理文本、声音或时间序列等其他深度学习应用方面表现较弱。特别是在循环神经网络(RNN)方面，Caffe 的建模能力相对有限。Caffe 选择了 Python 作为其 API 的一部分，这使得用户能够使用 Python 轻松操作和控制模型。然而，Caffe 的模型定义需要用 protobuf 来实现，这可能需要用户学习一些额外的技能。此外，如果想要在 Caffe 中进行 GPU 加速运算，通常需要用户自行用 C++和 CUDA 来实现，这对于处理大型网络(如 GoogleNet 或

ResNet）可能会稍显烦琐。

值得注意的是，Caffe 的代码更新速度相对较慢，也存在停止更新的可能性。因此，在选择深度学习框架时，需要谨慎考虑其发展前景，以及是否满足项目需求。尽管 Caffe 在图像处理领域仍然有着广泛的应用，但随着深度学习领域的不断发展，其他框架也在不断崭露头角，用户需要综合考虑各种因素来做出明智的选择。

4. Deeplearning4j

DL4J（deep learning for java）是一个用 Java 编写的深度学习框架，它不仅易于学习，还可以轻松集成到现有的 Java 系统中。DL4J 具有强大的特点，其中最显著的是它与一系列开源系统（如 Hadoop、Spark、Hive 和 Lucene）的无缝集成，这为用户提供了丰富的生态环境支持。这意味着 DL4J 可以与其他系统协同工作，充分发挥其在深度学习任务中的优势。

DL4J 还提供了名为 ND4J 的科学计算库，该库支持分布式运行于 CPU 或 GPU。这使得用户可以根据项目需求选择合适的硬件加速，无论是在单个机器上运行还是在分布式集群上进行处理，DL4J 都能胜任。这对于需要处理大规模数据集或复杂模型的项目来说尤为重要。最后，DL4J 提供了实时可视化界面，允许用户随时查看模型训练过程中的网络状态和进展情况。这个功能对于监控模型性能、及时发现问题，以及调整训练参数非常有帮助。通过实时可视化，用户可以更好地理解模型的训练情况，有助于优化深度学习过程。

7.6　本章小结

在本章中，我们深入探讨了机器学习的基本理论，这一理论框架为各种机器学习算法的应用提供了基础。其中，我们特别关注了决策树与分类算法在风险评价中的应用。通过风险评价，我们可以有效地衡量模型的性能和泛化能力，这对于确保模型在不同数据集上的稳定性非常关键。

同时，我们也探讨了神经网络在风险评价方面的应用。在神经网络中，监测模型的性能和误差率是至关重要的，这可以通过计算损失函数的值，以及监测验证集和测试集的性能来实现。这些评估方法有助于我们更好地理解和监控神经网络模型。此外，我们还讨论了深度学习在风险评价中的应用。深度学习通常需要大规模数据集进行训练，而风险评价可以帮助我们监测模型在这些数据上的性能。除了传统的评估方法，如验证和测试，深度学习还引入了对抗性验证和模型不确定性估计等更高级的评价方法。总之，风险评价在机器学习中具有广泛的应用，不仅有助于选择合适的算法和模型结构，还有助于检测潜在的问题，提高模型的鲁棒性和可靠性。这一章的结论强调了在机器学习领域不断演进的基本理论和方法，以及它们在实际应用中的重要性。

第8章 基于支持向量机的项目风险评价研究

支持向量机(support vector machine, SVM)是一种广泛应用于有监督学习的模型，其主要任务是解决数据分类问题[76]。SVM的核心思想是将每个样本数据点表示为空间中的点，并且力图找到一个最优的超平面，以最大程度地区分不同类别的样本点[78]。这个超平面的选择是关键，因为它将决定分类的准确性。为了实现这一目标，SVM采用了一个巧妙的策略，将样本的特征向量映射到高维空间中。在高维空间中，SVM尝试找到一个超平面，使得各个类别到超平面的距离最大化，从而降低分类误差。这个超平面通常被称为"最大间隔超平面"，因为它在两个不同类别的样本点之间留下了最大的距离。其强大的分类性能和可扩展性使得SVM成为许多机器学习问题的首选方法之一[79]。无论是在工业应用还是学术研究中，SVM都为数据分类问题提供了可靠而高效的解决方案。

本章首先介绍支持向量机模型的基础，包括核函数等模型原理知识，并结合实例说明支持向量机的风险评价应用过程。

8.1 支持向量机模型

SVM的直观思想基于以下观察：分类边界距离最近的训练数据点越远越好[81]。这意味着SVM试图找到一个超平面，使不同类别的样本点尽可能远离这个超平面，从而降低了分类器的泛化误差，并提高了模型的鲁棒性。这个超平面不仅能够准确地划分数据点，还能够在未知数据上表现良好。

SVM的优点之一是其在高维空间中有强大性能，这使其在处理复杂数据集和特征空间时非常有用。通过将数据映射到高维空间，SVM能够更好地分离不同类别的数据点，从而实现更准确的分类。这种高维映射允许SVM在处理各种领域的问题时都能够表现出色，包括图像识别、文本分类、生物信息学等。

8.1.1 核函数

然而，这种将数据映射到高维空间的计算通常需要大量的计算资源，而且可能会导致维数灾难，使计算变得非常复杂。为了克服这些问题，SVM引入了核函数(kernel function)。核函数$K(x, y)$是定义在输入空间X上的函数，满足$K(x, y)=\phi(x)\cdot\phi(y)$，其中$\phi(x)\cdot\phi(y)$是在特征空间$H$上的内积。核函数的作用是将计算从高维特征空间$H$

转移到输入空间 X，避免了维数灾难，并显著减少了计算量。这意味着即使在高维特征空间中执行内积运算，也可以在输入空间中计算，从而提高了计算效率。

核函数的重要性在于它们使得支持向量机能够处理线性不可分的问题。这意味着虽然数据在输入空间 X 中无法通过线性超平面分隔，但是通过适当选择核函数，SVM 仍然可以将数据在高维特征空间中有效地分离。以下是几种常用的核函数类型。

1. 线性核函数

线性核函数(linear kernel function)是最简单的核函数，主要用于线性可分的情况，表达式为

$$k(x, y)=x^{\mathrm{T}} \cdot y+c \tag{8-1}$$

式中：c 为可选的常数。线性核函数主要用于处理线性可分问题。当数据在输入空间中可以通过一条直线或超平面完全分开时，线性核函数是一个合适的选择。它在高维数据和大规模数据集上的计算效率较高。

2. 多项式核函数

多项式核函数(polynomial kernel function)的参数比较多，当多项式阶数高时复杂度会很高，对于正交归一化后的数据，可优先选此核函数，其表达式如下：

$$k(x, y)=(\alpha x^{\mathrm{T}} \cdot y+c)^{d} \tag{8-2}$$

式中：α 为调节参数；d 为最高次项次数；c 为可选常数。

3. 径向基核函数

径向基核函数(radial basis function，RBF)是支持向量机中常用的核函数之一，也被称为高斯核函数。这个核函数在机器学习中具有广泛的应用，主要因为它具有很强的灵活性，适用于多种不同类型的数据和问题。RBF 的特点之一是它的参数较少。与其他核函数，如多项式核函数相比，RBF 只有一个参数，即 γ(gamma)，用于调节核函数的形状。这使得 RBF 在大多数情况下都表现良好，因为参数的数量相对较少，不需要过多的调整。RBF 的形状类似于高斯分布，因此也被称为高斯核函数，表达式如下：

$$k(x, y)=\exp\left(\frac{\| x-y \|^{2}}{2\alpha^{2}}\right) \tag{8-3}$$

其中，当 α^2 的值较大时，高斯核函数变得较平滑，即函数曲线相对平缓。这会导致模型对输入数据的变化较不敏感，因此可能会产生较大的偏差，模型的泛化能力较差。这也可能导致模型过拟合，即对训练数据拟合得太好，无法很好地泛化到新数据。相反，当 α^2 的值较小时，高斯核函数的变化较剧烈，函数曲线会更陡峭。这使得模型对输入数据的变化更加敏感，因此可能会产生较小的偏差，模型的泛化能力较好。但是，如果 α^2 的值过小，模型可能对噪声样本过于敏感，导致过拟合。

4. Sigmoid 核函数

Sigmoid 核函数来源于 MLP 中的激活函数，SVM 使用 Sigmoid 相当于一个两层的感知机网络。Sigmoid 核函数表达式如下：

$$k(x,\ y) = \tan h(ax^{\mathrm{T}} \cdot y + c) \tag{8-4}$$

式中：α 为调节参数；c 为可选常数，一般使 c 取 $1/n$；n 为数据维度。

8.1.2 模型原理分析

首先假设有两类数据，如图 8-1 所示。

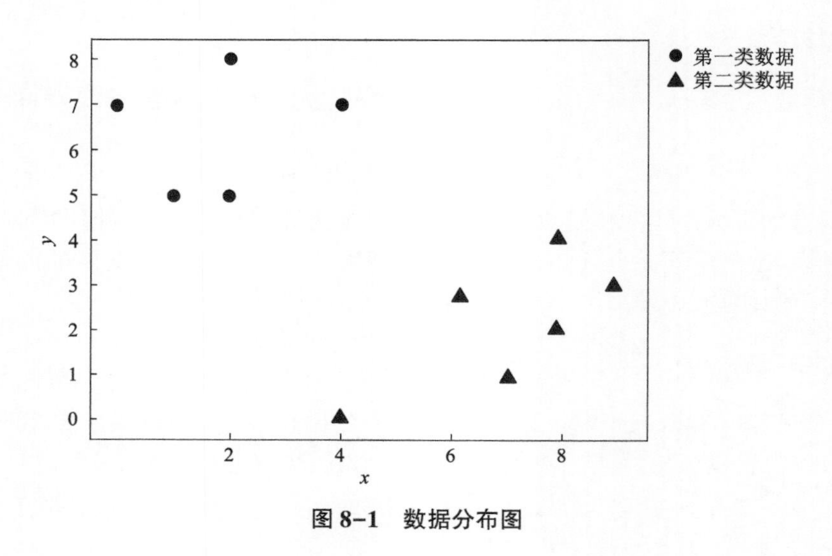

图 8-1 数据分布图

现在主要目标是找到一条最佳的边界线，也称为超平面，以将不同类别的数据点分开，从而实现稳定的分类和强大的抗噪声能力。在 SVM 中，最佳的分界线是通过最大化数据集的边缘来确定的。这里的边缘指的是数据集中的边缘点到分界线的距离，也就是分类间隔的大小。这个分类间隔的大小由支持向量决定，支持向量是距离分界线最近的数据点。这些支持向量起着关键的作用，它们决定了分类间隔的宽度。

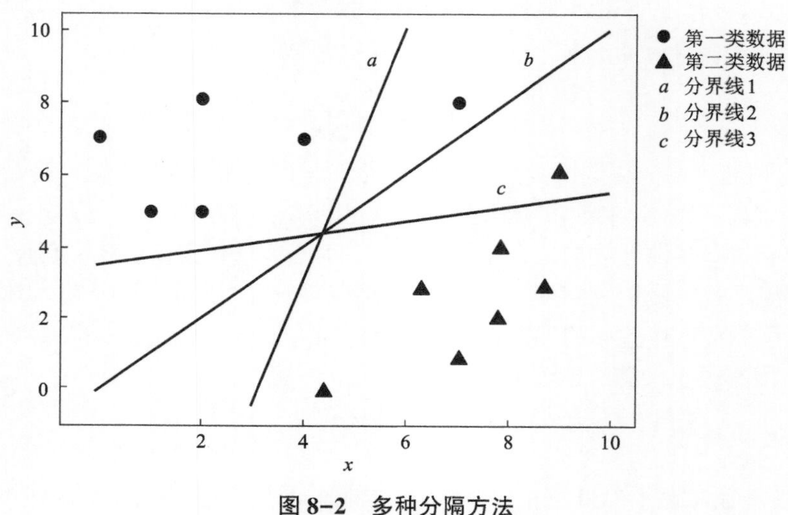

图 8-2 多种分隔方法

SVM 的核心目标是找到具有最大分类间隔的分界线。这意味着要选择那些距离分界线最近的数据点作为支持向量，并确保最大化它们到分界线的距离。这样做的好处是增强了模型的泛化能力，使其在面对新的、未见过的数据时能够更好地进行分类，同时也增强了抵抗噪声的能力。支持向量机的理念在机器学习领域具有重要地位，它强调了最大化分类间隔的思想，为解决分类问题提供了有力的工具。

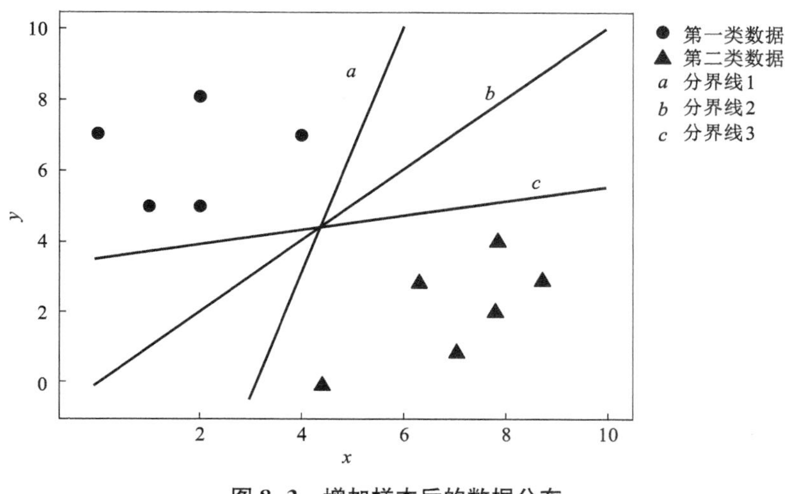

图 8-3　增加样本后的数据分布

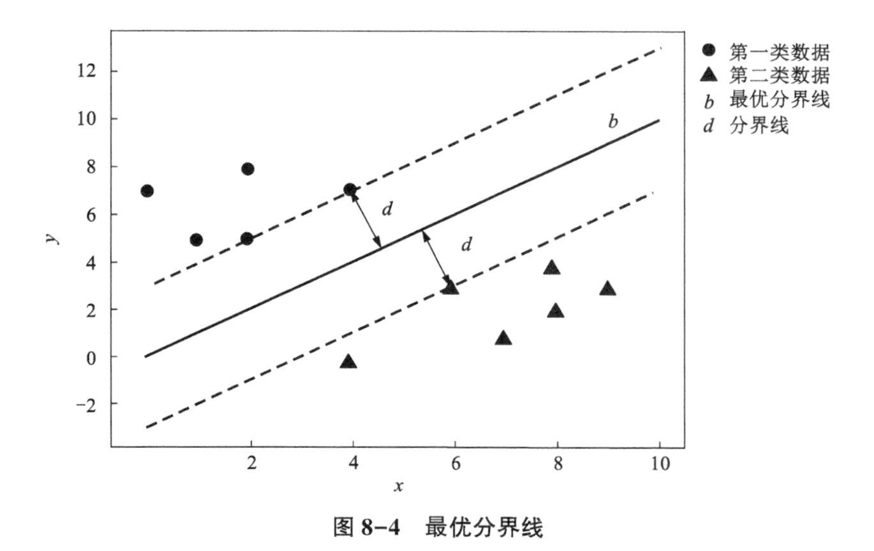

图 8-4　最优分界线

现假设 b 为最优分界线，那么此分界线方程为：

$$w_1x+w_2y+c=0 \tag{8-5}$$

现在将式(8-5)转化成向量形式：

$$[w_1,\ w_2]\begin{bmatrix}x\\y\end{bmatrix}+c=0 \tag{8-6}$$

式(8-6)只是在二维形式上的表示，如果扩展到 n 维，那么式(8-6)将变成：

$$[w_1, w_2, w_3, \cdots, w_n]\begin{bmatrix} x_1 \\ x_2 \\ x_2 \\ \vdots \\ x_n \end{bmatrix}+\gamma=0 \tag{8-7}$$

所以可以根据式(8-7)将超平面方程写成更一般的表达形式：

$$w^{\mathrm{T}}x+\gamma=0 \tag{8-8}$$

其中

$$w^I=[w_1, w_2, w_3, \cdots, w_n], \ x=[x_1, x_2, x_3, \cdots, x_n]^I \tag{8-9}$$

现在已经把超平面的函数表达式推导出来，用函数区分两类数据，为每个样本点 x 设置一个类别标签 yi：

$$y_i=\begin{cases} +1 \\ -1 \end{cases} \tag{8-10}$$

则：

$$\begin{cases} w^{\mathrm{T}}x+\gamma>0 & y_i=1 \\ w^{\mathrm{T}}x+\gamma<0 & y_i=-1 \end{cases} \tag{8-11}$$

由于超平面和两类数据支持向量之间的距离相等，且最大值为 d，那么：

$$\begin{cases} D(w^{\mathrm{T}}x+\gamma)\geqslant d & y_i=1 \\ D(w^{\mathrm{T}}x+\gamma)\leqslant -d & y_i=-1 \end{cases} \tag{8-12}$$

注：这里 $D(t)$ 为向量 $\boldsymbol{t}$ 到超平面的距离。

$$D(t)=\frac{|\boldsymbol{t}|}{\| w \|} \tag{8-13}$$

由式(8-12)和式(8-13)处理可得：

$$\begin{cases} w^{\mathrm{T}}x+\gamma\geqslant 1 & y_i=1 \\ w^{\mathrm{T}}x+\gamma\leqslant -1 & y_i=-1 \end{cases} \tag{8-14}$$

对于式(8-14)两边同乘 y_i 进行归一化处理：

$$y_i(w^{\mathrm{T}}x+\gamma)\geqslant 1, \ i=1, 2, 3, \cdots, n \tag{8-15}$$

那么此时的分类间隔为：

$$W=2d=2\frac{|w^{\mathrm{T}}x+\gamma|}{\| w \|}=\frac{|2|}{\| w \|} \tag{8-16}$$

所以这里便转化成求：

$$\max\left(\frac{|2|}{\| w \|}\right)\text{或}\min(\| w \|) \tag{8-17}$$

为了下面优化过程中对函数求导的方便，将求 $\min(\| w \|)$ 转化为求式(8-18)，即线性 *SVM* 最优化问题的数学描述：

$$\max\left(\frac{1}{2}\| w \|^2\right)y_i(w^{\mathrm{T}}x_i+\gamma)\geqslant 1, \ i=1, 2, 3, \cdots, n \tag{8-18}$$

接下来，采用拉格朗日乘子法进行优化求解极值，式(8-18)的拉格朗日函数可以表达为：

$$L(w,\gamma,\alpha)=\frac{1}{2}\|w\|^{2}+\sum_{i=1}^{n}\alpha_i[1-y_i(w^{\mathrm{T}}x_i+\gamma)] \tag{8-19}$$

其对偶形式为：

$$\max[\min L(w,\gamma,\alpha)] \tag{8-20}$$

求拉格朗日函数的极小值，分别令 $L(\omega,\gamma,\alpha)$ 对 w、γ 求偏导，并使其为0：

$$\frac{\partial L}{\partial w}=0,\ \frac{\partial L}{\partial \gamma}=0 \tag{8-21}$$

由计算式(8-20)可得：

$$w=\sum_{i=1}^{n}\alpha_i y_i x_i \tag{8-22}$$

$$0=\sum_{i=1}^{n}\alpha_i y_i \tag{8-23}$$

将式(8-19)代入式(8-21)可得：

$$\min L(\omega,\gamma,\alpha)=\sum_{i=1}^{n}\alpha_i-\frac{1}{2}\sum_{i=1}^{n}\sum_{j=1}^{n}\alpha_i\alpha_j y_i y_j x_i^{\mathrm{T}}x_j \tag{8-24}$$

将式(8-24)代入式(8-20)可得最终优化表达式：

$$\min\left(\sum_{i=1}^{n}\alpha_i-\frac{1}{2}\sum_{i=1}^{n}\sum_{j=1}^{n}\alpha_i\alpha_j y_i y_j x_i^{\mathrm{T}}x_j\right),\ 0=\sum_{i=1}^{n}\alpha_i y_i,\ \alpha_j\geqslant 0 \tag{8-25}$$

8.2　基于支持向量机的风险评价方法

在实际应用中，很多分类问题都涉及非线性关系，因此非线性支持向量机(SVM)变得非常重要[86]。传统的线性SVM适用于线性可分问题，但对于线性不可分的情况，我们需要采用非线性SVM来解决这些问题。两种最常用的非线性SVM模型分别是C支持向量机(C-SVM)和 ν 支持向量机(ν-SVM)。这些模型允许在非线性问题中进行分类，其核心思想是引入核函数，将原始特征空间映射到一个高维的特征空间，从而使得非线性问题在高维空间中变得线性可分。C-SVM和 ν-SVM是基本的非线性SVM模型，但在实际应用中，研究者们也提出了许多改进算法，以提高性能和增强泛化能力。这些改进包括改进的核函数设计、正则化项的引入、参数调优等。

为了求解支持向量机的二次规划问题，有三种经典的学习算法，分别是分块算法、分解算法和序列最小优化算法(sequential minimal optimization，SMO)。这些算法的目标是寻找最优的超平面，以实现数据的分类。SMO算法是一种常用于SVM训练的算法，它通过迭代更新支持向量的方式来求解SVM的二次规划问题。支持向量机的应用领域广泛，其中高光谱遥感图像分类是一个重要的示例。在这个领域中，SVM可以用于图像的分类、分割和识别等任务，具有良好的性能和泛化能力。这展示了非线性SVM在处理复杂数据和解决实际问题中的重要性。

8.2.1 C 支持向量机(C-SVM)及其改进算法

非线性支持向量机使用核函数，将低维输入空间映射到一个高维特征空间中。这个映射可以处理原始数据的非线性关系。在高维特征空间中，SVM 试图找到一个(广义)最优的分类超平面，以在该空间内实现最佳的数据分类。当高维特征空间内没有严格线性可分的分类超平面时，C-SVM 引入了松弛因子(ξ)，允许一些样本点出现分类错误，以寻找一个能够在尽可能分离样本的情况下找到的最优超平面。设已知训练集 T：

$$T=\{(x_1, y_1), \cdots, (x_1, y_1)\} \in (X \times Y)^1 \tag{8-26}$$

其中，$x_i \in X=R^n$，$y_i \in Y=\{1, -1\}(i=1, \cdots, l)$。对于这样的分类问题，首先引入从输入空间 R^n 到 Hilbert 空间 H 的变换 Φ：

$$\Phi: \left(\frac{X=R^n \to H}{x \to \boldsymbol{\Phi}(x)}\right) \tag{8-27}$$

式中：$\Phi(x)$为非线性映射函数。

通过变换 Φ 将训练集映射为 T，即

$$\tilde{T}=\{(x_1, y_1), \cdots, (x_1, y_1)\}=\{[\boldsymbol{\Phi}(x_1), y_1], \cdots, [\boldsymbol{\Phi}(x_i), y_i]\} \tag{8-28}$$

在 Hilbert 空间 H 中构造二分类问题的原始问题，即

$$\begin{aligned} &\min_{v \in H, b \in R, \xi \in R^1} \frac{1}{2}\|w\|^2 + C\sum_{i=1}^{n}\xi_i \\ &\text{s.t.} \quad y_i\{[w \cdot \boldsymbol{\Phi}(x_i)] + b\} \geqslant 1 - \xi_i, i = 1, \cdots, l \\ &\xi_i \geqslant 0, i = 1, \cdots, l \end{aligned} \tag{8-29}$$

式中：w 为 Hilbert 空间 H 中的输出权值；x_i 为第 i 个样本的输入向量；$\boldsymbol{\Phi}(x_i)$为第 i 个样本在 Hilbert 空间 H 中对应高维特征向量；y_i 为第 i 个样本的期望类别标记；b 为偏置值；$C>0$ 为惩罚参数，C 越大表示对错误分类的惩罚越大，它是算法中唯一可调的参数；$\xi_i(i=1, \cdots, l)$是在训练集线性不可分时引进的松弛因子。

对偶问题为：

$$\begin{aligned} &\min_{a} \frac{1}{a}\sum_{i=1}^{1}\sum_{j=1}^{1} y_i y_j \alpha_i \alpha_j K(x_i, x_j) - \sum_{j=1}^{1}\alpha_j \\ &\begin{cases} \sum_{i=1}^{1} y_i \alpha_i = 0 \\ 0 \leqslant a, \leqslant C, \quad i = 1, \cdots, l \end{cases} \end{aligned} \tag{8-30}$$

式中：α_i 和 α_j 分别为样本 i 和 j 对应的 Lagrange 乘子；$K(x_i, x_j)$为与式(8-27)所示空间变换相对应的核函数

$$K(x_i, x_j)=[\boldsymbol{\Phi}(x_i) \cdot \boldsymbol{\Phi}(x_j)] \tag{8-31}$$

通过求解上述对偶问题，得最优解 $\alpha^*=(\alpha_1^*, \cdots, \alpha_l^*)$，选取 α^* 的一个正分量 $0<\alpha_i^*<C$，并据此计算阈值，即

$$b^* = y_i - \sum\nolimits_{i=1}^{l} y_i \alpha_i^* K(x_i, x_j) \tag{8-32}$$

最后构造决策函数为

$$f(x) = \operatorname{sgn}\left[\sum\nolimits_{i=1}^{l} y_i \alpha_i^* K(x, x_i) + b^*\right] \tag{8-33}$$

上述算法被称为C-SVM监督学习算法，它通过引入松弛变量ξ来处理线性不可分问题，如式(8-27)所示。C-SVM的核心思想是允许一些样本点出现在超平面的错误一侧，并引入松弛变量ξ来度量这些错误的程度，通过最小化松弛变量的总和来实现分类。尽管C-SVM是一种有效的方法，但在某些情况下，仅仅通过引入松弛变量ξ并不能完美地解决线性不可分问题。

因此，许多研究学者对C支持向量机算法进行了改进，以提高其性能和适应性。这些改进包括引入更复杂的核函数，如径向基核函数，以处理非线性关系；引入正则化项，以防止过拟合；进行参数调优，以获得更好的分类结果。这些改进使得支持向量机在实际应用中更加强大和灵活，能够处理各种复杂的数据集和问题。

8.2.2　ν支持向量机(ν-SVM)及其改进算法

C-SVM算法中存在两个相互矛盾的目标：最大化间隔和最小化训练错误。这两个目标由参数C进行平衡和协调。为了解决C值的难题，Scholkoph提出了ν-SVM，其中参数ν代替了参数C，参数ν具有一些直观上的含义，更容易理解。ν-SVM是一种变体的SVM算法，可以提供与C-SVM类似的功能，但具有更直观的参数ν，有助于更好地平衡最大化间隔和最小化训练错误。

在ν-SVM中，参数ν表示了支持向量的上限数量，这个值范围在0到1之间。当ν接近1时，表示允许较少的支持向量，强调最大化间隔；当ν接近0时，表示允许更多的支持向量，更关注最小化训练错误。这使得参数的选择更具直观性，因为ν代表了我们对支持向量的要求程度。

下面将详细介绍基本的ν-SVM及一种变形算法——Bν-SVM算法。

ν-SVM的原始问题为：

$$\min_{w\in H,\ \rho,\ \delta\in R,\ \xi\in R^1} \tau(w,\ \xi,\ \rho)=\frac{1}{2}\|w\|^2-\nu\rho+\frac{1}{l}\sum\nolimits_{i=1}^{n}\xi_i \tag{8-34}$$

式中：w为权值；$\boldsymbol{x}_i$为第i个样本的输入向量；y_i为第i个样本的期望类别标记；b为偏置值；$\xi=[\xi_1,\ \cdots,\ \xi_l]T$为松弛变量；$\nu$为参数；$\rho$为正常数。当$\xi=0$时，式(8-34)的约束条件意味着两类样本点以$2\rho/\|w\|$的间隔被分开。

$$K(x_i,\ x_j)=[\Phi(x_i)\cdot\Phi(x_j)] \tag{8-35}$$

对偶问题为：

$$\min_{a}\frac{1}{2}\sum\nolimits_{i=1}^{n}\sum\nolimits_{j=1}^{n}y_iy_j\alpha_i\alpha_jK(x_i,\ x_j) \tag{8-36}$$

求得对偶问题的最优解为$\alpha^*=(\alpha_1^*,\ \cdots,\ \alpha_l^*)T$，选取$j\in S+=\{i|\alpha_i^*\in(0,\ 1,\ /l),\ y_i=1\}$，$k\in S-=\{i|\alpha_i^*\in(0,\ 1,\ /l),\ y_i=-1\}$，计算

$$b^*=\frac{1}{2}\sum\nolimits_{i=1}^{n}a^*y_i[K(x_i,\ x_j)+K(x_i,\ x_k)] \tag{8-37}$$

最后构造决策函数为

$$f(x)=\mathrm{sgn}\left[\sum\nolimits_{i=1}^{n}y_i\alpha_i^*K(x_i,\ x)+b^*\right] \tag{8-38}$$

下面给出了参数ν的意义。设给定由l个样本点组成的训练集T，并用算法ν-SVM进行分类。

这里的间隔错误样本点，或是由以下两个超平面形成的间隔内的点，或是被决策函数 $y=\mathrm{sgn}[(w^{*}\cdot x)+b^{*}]$ 分错的点。

$$(w^{*}x)+b^{*}=\rho^{*} \tag{8-39}$$

$$(w^{*}x)+b^{*}=-\rho^{*} \tag{8-40}$$

8.2.3 求解支持向量机的优化方法

支持向量机(SVM)是一种强大的分类和回归模型，它通过将分类问题转化为一个约束优化问题来找到最优的分类超平面。这个优化问题包括线性约束，通常是一个凸二次规划问题。传统的二次规划求解方法，如 Lagrange 鞍点法、有效集法、内点法和 Wolfe 算法等，主要适用于小规模的样本集，但当面对大规模数据集时，可能会导致计算量增大和计算资源消耗增加的问题。

为了解决大规模数据的 SVM 二次规划问题，研究者提出了一些高效的优化算法，其中包括以下几种主要方法：分块算法(chunking algorithm)、分解算法(decomposition algorithm)和序列最小优化(sequential minimal optimization，SMO)算法。这些高效的优化算法的出现显著提高了支持向量机的学习效率，使其能够更好地应对大规模数据集。这促进了支持向量机在各种领域的发展和应用，包括图像处理、文本分类、生物信息学等。这些算法的不断演进和改进将进一步推动 SVM 在大规模和复杂问题上的应用。

1. 分块算法(chunking algorithm)

支持向量机(SVM)是一种强大的监督学习算法，可用于分类和回归问题。在 SVM 中，分类问题的目标是找到一个最优的超平面，以将不同类别的数据点分开。在这一过程中，支持向量的概念变得非常重要。支持向量是离分界线最近的训练数据点，它们决定了分类间隔的大小和模型的性能。而对偶问题的解决仅依赖于支持向量，而不依赖于其他样本数据，这使得 SVM 在处理大规模数据时具有很强的优势。

为了解决大规模 SVM 问题，分块算法成为一种有效的方法。其核心思想是将大规模的样本数据集分成多个小规模的样本子集，然后逐个对这些子集进行训练学习。这样的分块策略减小了内存和降低了计算资源的需求。分块算法的迭代过程包括以下步骤：

(1)保留支持向量：在当前子集中，仅保留与非零支持向量对应的训练样本，舍弃其他样本数据。

(2)评估其他样本：使用当前子集上得到的决策函数来评估除当前子集外的所有训练样本。选择最严重违反 karush-kuhn-tucker 条件的 M 个样本，将它们加入新的子集中。

(3)求解对偶问题：在新子集上求解对偶问题，以获取支持向量。

(4)重复迭代：重复上述步骤，直到满足某个停止条件为止。

需要注意的是，分块算法的性能在支持向量数量远小于训练样本数量的情况下表现良好。如果支持向量较多，分块算法可能需要更多的迭代次数，导致计算复杂度增加。因此，在实际应用中，需要仔细选择参数和停止条件以获得最佳性能。这一方法有效地解决了 SVM 在大规模数据集上的计算问题，促进了 SVM 在不同领域的广泛应用。

2. 分解算法(decomposition algorithm)

分解算法和分块算法都是用于处理大规模支持向量机(SVM)问题的迭代策略，以减少计算复杂度和降低内存需求。虽然它们有相似之处，但在某些方面存在重要区别。分解算法的核心思想是将整个训练数据集分成工作集和非工作集。工作集的容量是固定的，每次只处理工作集中的样本，更新它们的 Lagrange 乘子。这一方法使得分解算法在每次迭代中只需处理部分数据，从而降低了内存需求。

分解算法的目标函数包含整个训练集中的样本，但仅对工作集中的样本的 Lagrange 乘子进行更新。这与分块算法不同，后者会将非工作集中样本的 Lagrange 乘子设为零。分解算法的关键挑战之一是确定适当的迭代策略，以在最优解处快速收敛。这包括如何选择工作集和如何处理非工作集中的样本。分解算法的一个关键步骤是求解定义在工作子集上的子优化问题。如果非工作子集中存在某个样本，使得对应的 Lagrange 乘子满足某个条件，那么可以将该 Lagrange 乘子与工作子集中的某个 Lagrange 乘子进行交换，从而获得一个新的子优化问题。通过解决这些新的子优化问题，有望优化原始的 SVM 优化问题。

在分解算法中，训练样本集被分成了工作子集 B 和非工作子集 N，并且将 Lagrange 乘子 α 划分为两部分，分别对应于这两个子集。在求解定义在工作子集 B 上的子优化问题时，如果非工作子集 N 中存在一个样本 x_j，满足 $y_{if}(x_j)<0$，那么可以执行以下操作：

（1）将样本 x_j 从非工作子集 N 中移动到工作子集 B 中。

（2）将对应于样本 x_j 的 Lagrange 乘子 α_j 与工作子集 B 中的任意一个 Lagrange 乘子 α_i 进行交换。

（3）利用新的工作子集 B 上的样本和 Lagrange 乘子，求解一个新的子优化问题。

实施这个过程的目的是通过调整工作子集 B 和非工作子集 N 中的样本以及相应的 Lagrange 乘子，来尝试进一步改善原始的 SVM 优化问题的解。通过不断地执行这个操作，分解算法可以在迭代过程中逐渐优化问题，最终收敛到最优解。

将工作样本集和非工作样本集划分为：

$$\alpha=\begin{pmatrix}\alpha_B\\ \alpha_N\end{pmatrix},\ y=\begin{pmatrix}y_B\\ y_N\end{pmatrix},\ H=\begin{pmatrix}H_{BB}\\ H_{NB}\end{pmatrix} \tag{8-41}$$

因为 α_N 为一常数，此时优化问题转化为

$$\min_{\alpha_B}\frac{1}{2}\alpha_B^{\mathrm{T}}H_{BB}\alpha_B-\alpha_B^{\mathrm{T}}(e-H_{BN}\alpha_N) \tag{8-42}$$

下面给出对工作样本集 B 进行构建的步骤：

（1）设定工作样本集 B 中的样本个数为 $|B|$，该值为一偶数。

（2）将 ν_i 降序排列，排列结果为 $\nu_{i1}\geqslant\cdots\geqslant\nu_{il}$，相对应的有 $\alpha_{i1}\geqslant\cdots\geqslant\alpha_{il}$。

（3）在 $\alpha_{i1}\geqslant\cdots\geqslant\alpha_{il}$ 中，从第一个元素开始向后取满足下面条件的元素，选取条件表示为

$$\begin{gathered}0<\alpha_{ij}<C\\ \alpha_{ij}=0,\ y_{ij}=-1\\ \alpha_{ij}=C,\ y_{ij}=1\end{gathered} \tag{8-43}$$

将与上述两部分选取的总共 $|B|$ 个元素下标相对应的样本构建成工作集 B。

3. 序列最小优化（sequential minimal optimization，SMO）算法

序列最小优化算法（SMO）是一种用于处理大规模 SVM 问题的高效算法，它综合了分块算法和分解算法的思想。SMO 算法的核心思想是每次选择两个 Lagrange 乘子 α_i 和 α_j 来

进行更新，同时保持其他变量不变，然后求这两个乘子的最优值。这个过程将工作样本集的数据容量降到最小，即$|B|=2$，从而显著提高了计算速度。此外，SMO 算法无需存储核矩阵，简化了实现过程。

SMO 算法的核心思想在于通过每次只选择两个乘子进行优化，从而将大规模问题分解成多个小规模问题，每个小规模问题都可以高效地求解。这种策略有助于加速 SVM 的训练过程，特别是在处理大规模数据集时，能够显著提高计算效率。同时，SMO 算法的设计使得它无须存储完整的核矩阵，减少了内存消耗，使得算法更易于实现和应用。因此，SMO 算法在支持向量机的训练中得到了广泛的应用。

序列最小优化算法中工作样本集和非工作样本集的构建过程与分解算法中所介绍的方法相似，有

$$\alpha=\begin{bmatrix}\alpha_B\\ \alpha_N\end{bmatrix},\ y=\begin{bmatrix}y_B\\ y_N\end{bmatrix},\ H=\begin{bmatrix}H_{BB} & H_{BN}\\ H_{NB} & H_{NN}\end{bmatrix} \tag{8-44}$$

每次循环计算中只对 α_B 进行更新，而保证 α_N 不变。因为 Hessian 矩阵式是对称矩阵，故非线性支持向量机的对偶问题等价于

$$W(a)=\frac{1}{2}a_B^{\mathrm{T}}H_{BB}a_B+\frac{1}{2}a_N^{\mathrm{T}}H_{NN}a_N-a_N^{\mathrm{T}}e-a_B^{\mathrm{T}}(e-H_{BN}a_N) \tag{8-45}$$

8.2.4 基于近邻协同的支持向量机高光谱遥感图像分类

支持向量机(SVM)作为一种卓越的分类算法，在处理非线性高维特征数据方面表现出显著的优势。这使其成为高光谱遥感图像分类等任务的理想选择。SVM 不仅在处理高维数据时能够表现出色，还具有一系列其他优点，如防止过拟合、解决“维数灾难”和小样本问题。在高光谱遥感图像分类中，通常会面临数据特征维度高的挑战，这些特征代表了各种光谱波段。SVM 通过引入核函数，将数据映射到高维特征空间，然后在该空间中寻找一个最优的超平面，以区分不同类别的数据点。这种特性使 SVM 能够轻松处理高维数据，不会因为特征过多而失效。

值得一提的是，除了传统的 SVM 方法，Neighborhood Collaborative SVM(NC-SVM)是一种特别适用于高光谱遥感图像分类的方法。NC-SVM 充分利用了高光谱遥感图像中地物分布的空间平滑性，同时结合了空间近邻像素的判别信息，以更准确地对中心像素进行分类。这种方法在高光谱遥感图像分类性能方面表现出色，为这一领域提供了一个高效且可靠的解决方案。因此，SVM 及其改进方法(如 NC-SVM)在高光谱遥感图像分类任务中发挥着重要作用，为准确地识别地物提供了可靠的工具。

为了高效地计算高维空间中的内积，我们引入了核函数[$K(x_i, x_j)$]。核函数用于计算样本之间的相似度或内积，通常表示为$\langle\Phi(x_i), \Phi(x_j)\rangle$。这允许我们在不显式计算高维特征空间中的映射向量 $\Phi(x_i)$ 和 $\Phi(x_j)$ 的情况下，有效地计算它们之间的内积。核函数的选择根据数据的性质和问题的需求而变化，不同的核函数可以用于不同的分类任务，以获得最佳性能。

SVM 分类器不仅关注样本的符号，还考虑了样本的置信度(confidence)。置信度是通过分析 $f(x)$ 的绝对值来计算的，绝对值越大的 $f(x)$ ，其置信度越高。因此，对于分类边界附近的样本，如果其 $f(x)$ 绝对值较小，但处于同一类别的近邻样本的 $f(x)$ 绝对

值较大，那么这些近邻样本的信息可以被用来提高边界附近样本的分类可信度。

基于近邻协同的 SVM 分类器在分类决策时，考虑了样本的相对位置和置信度信息，从而更准确地判断每个样本的类别。这种方法的关键在于如何选择和利用近邻样本的信息，以使分类器更具鲁棒性和泛化能力。因此，这一新颖的方法在处理一些复杂的非线性分类问题时可能表现出色，提高了 SVM 的分类性能。

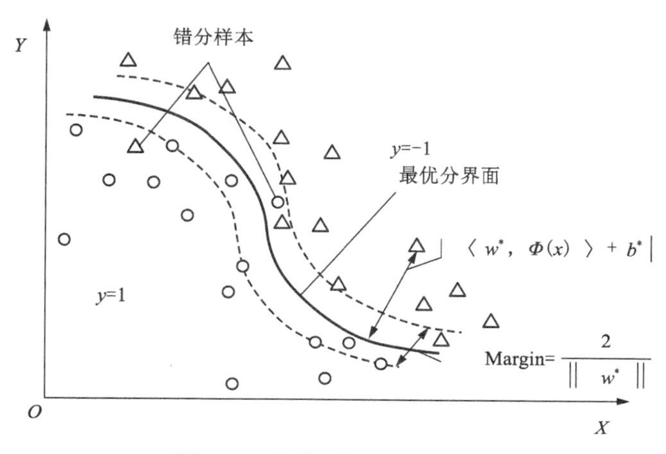

图 8-5　支持向量机分类原理

在支持向量机（SVM）中，当训练样本数量不足时，可能导致分类界面无法全面反映不同类别特征在高维空间的分布情况。虽然中心样本本身难以正确分类，但如果其附近存在许多能够正确分类的相似样本，就可以充分利用这些邻近样本的信息来提高中心样本的分类准确性。这种策略不仅不会增加错误分类的风险，反而可以增强 SVM 的鲁棒性和泛化能力。因此，利用空间平滑特性和近邻样本的信息进行联合分类是一种有效的策略，特别适用于处理高维数据的分类问题。这种方法可以帮助 SVM 更好地应对训练样本不足和类别相似性高的情况，提高分类准确性。

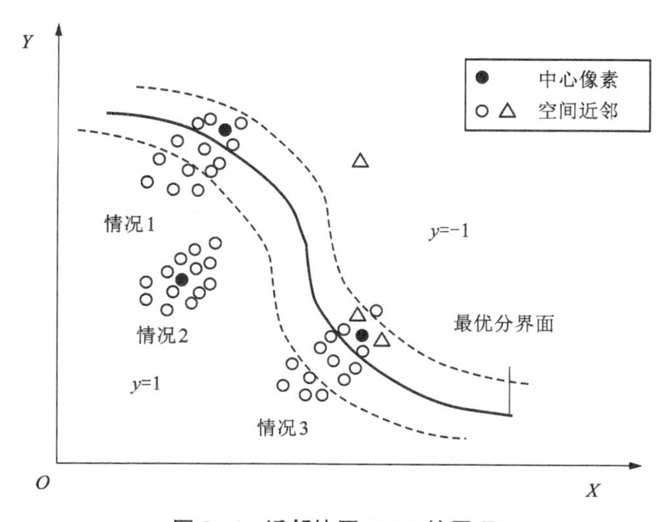

图 8-6　近邻协同 SVM 的原理

支持向量机(SVM)的判别函数$f(x)$的绝对值可以作为一个重要的参考，用来衡量样本分类的可信度。通常情况下，$f(x)$的绝对值越大，表示样本离分类界面越远，对应类别的可信度越高。这一性质被广泛应用于SVM分类中，用于确定样本的类别标签。然而，当处理高维数据或具有空间平滑特性的数据时，仅仅依靠中心样本的SVM判别函数输出可能不足以实现高精度的分类。因此，一种更加全面的方法是综合考虑中心样本自身的判别函数输出，以及其邻域像素的判别输出。

基于近邻协同的支持向量机(SVM)分类器与传统的单样本SVM分类器在训练和分类过程上有许多相似之处，但其关键区别在于核函数的计算方式，以及如何利用近邻样本的信息。传统的单样本SVM分类器主要关注单个样本的判别函数，使用核函数计算样本在高维空间中的位置，然后根据判别函数的输出确定样本的类别。这种方法在处理高维数据时表现出色，但在某些情况下可能无法充分考虑样本之间的相关性和空间平滑性。

相比之下，基于近邻协同的SVM分类器(NC-SVM)在计算判别函数时，不仅使用了中心样本的信息，还将近邻样本的判决信息纳入考虑。这种协同分类的策略有助于更全面地理解样本之间的关系，并充分利用了地物分布的空间平滑特性。NC-SVM的主要优势在于它能够有效减小错分概率，提高分类准确性，而且并不增加设计复杂度。通过综合考虑近邻样本的信息，该方法在实际应用中表现出色，特别适用于处理高维数据和具有空间平滑性的数据。这使得支持向量机成为一个强大的工具，用于解决各种分类问题，并在遥感图像分类等领域取得了显著的成功。

上面的讨论主要是针对两类分类的情况，但可以将这些方法推广到多类分类。在多类分类中，通常会使用一对一(one-against-one)或一对多(one-against-all)的策略，以获得相应的多类NC-SVM分类器。这些策略允许将多类别分类问题转化为多个二类别分类问题，从而使用二类别分类器来解决多类别分类任务。这种方法可以在处理多类别分类问题时保持与二类别分类器相似的框架，并扩展到更多的类别。

8.3 本章小结

本章的结论回顾了我们在支持向量机(SVM)和项目风险评价方面的研究。我们首先深入探讨了支持向量机模型的基本原理，包括核函数的作用和模型的工作方式。SVM是一种强大的监督学习算法，它在项目风险评价中具有广泛的应用潜力。

在支持向量机的应用中，我们介绍了C支持向量机(C-SVM)及其改进算法。C-SVM通过调整正则化参数C来平衡模型的拟合程度和泛化能力，这在项目风险评价中具有重要意义。此外，我们还讨论了一些改进算法，以进一步提高SVM模型的性能。此外，我们还介绍了ν支持向量机(ν-SVM)及其改进算法。ν-SVM是一种引入了新的参数ν的SVM变体，它可以提供更多的灵活性，特别适用于不平衡数据集的项目风险评价。

在整个研究中，我们深入分析了支持向量机模型在项目风险评价中的应用潜力，并讨论了不同变种和改进算法。这些方法不仅可以帮助我们更好地理解项目风险，还可以提供更准确的风险评估，有助于决策者制定更明智的决策。支持向量机在项目风险评价中的研究和应用仍然具有广阔的前景，我们期待未来能够进一步推动这一领域的发展。

第 9 章 基于支持向量数据描述的项目风险预警研究

9.1 引言

将以机器学习为基础的低碳环保改造技术应用到工业园区的供配电改造施工项目上，可以实现对工业园区用电数据、园区电网总体布设进行精准的预测和把控。我国是一个农业大国，工业化建设与农村电网的总体改造工程相对进行得较为缓慢。电力建设事关着人民群众的生活质量，同时也是我国新农村建设中的重点工作之一。目前，我国农村的经济呈现出欣欣向荣的态势，农村居民也开始追求更高质量的生活水平，农村经济发展的需求和人们生活的需求就导致了农村用电量迅速增加。很多农村以往的老旧电力设施已经满足不了目前对电量的需求，农村电网改造刻不容缓。随着改革开放的推行，我国在农村供电改造方面的投入有所增加，农村工业配电工作正在有声有色地开展。

但是在当代的农村电网改造建设中，仍然涌现出了许许多多的问题。摆在首要位置的就是安全问题。农村的电力设施陈旧落后的现象依旧存在，电力线路的安装不符合规范，使用也有着非常大的安全隐患，这已经成为妨碍新农村建设的一大障碍。如图 9-1 所示，该图展现了农村老式的变压器，图中明显看出该变压器已经毁坏在森林中。为了有效解决这一问题，诸多专家在不同的方面进行了探索与实践。规划合理的电网结构及布局，可以有效提高供电效率、质量。因此，农村的电网改造的第一步就是对现存的电网结构进行调整与优化。众多专家深入农村进行考察，发现改造工作的首要核心点就是要因地制宜，对待不同的地区要有灵活的对策。不同农村地区的居民受地理环境、风俗习惯、思想理念等方面的影响，在生产生活用电、电力负荷、原有的电力设施等方面都会有不同的需求。以这些作为调整电网结构的根据，并且要把重心放在主干电网、线路建设上。农村变电站的选址应该尽量以农村的中心地区为准。

农村的电网改造的第二步就是要切准农村电网改造活动的要害。确保农村地区的电力设备和线路的安全性、高效性和可持续性，对于提高供电环境的质量至关重要。在进行线路改造工作之前，进行一次全面的现状评估和排查是十分有必要的。这将有助于确定哪些设备和线路需要更新和改造。考虑到设备的年限、性能、安全性等因素，将老化设备和不符合标准的设备列入优先改造计划。确保选用高质量、可靠的电力设备和线材，这有助于提高供电系统的稳定性和安全性，并减少设备维护成本。同时，选择符合能效标准的设备，以降低能源消耗和运行成本。在改造中考虑可再生能源集成，例如太阳能光伏板和风力发电设备。这些可再生能源可以帮助降低电力供应的碳足迹，并减少对传统能源的依赖。确保在改造过程中遵循绿色原则，尽量减少对自然资源的损耗，可持续实践提升能源效率和推广。这包括使用环保的材料和工艺，以及考虑节能措施，如 LED 照明和智能电表。一旦完成线路改造，建立定期监测和维护机制至关重要。这将有助于及时发现潜在问题并进行修复，确保供电系统的可靠性。提供培训和教育，帮助居民了解电力使用的最佳实践，以减少私拉乱接电路等危险行为。确保所有改造工作符合电力行业的安全标准和法规。安全始终是首要任务，尤其是在电力领域。建立定期检查设备和线路的计划，以确保其性能和安全性。及时发现和解决问题，可以减少停电和发生事故的风险。

图 9-1 老式农村变压器线路

综合考虑这些因素，农村供电线路改造可以提高供电质量，减少能源浪费，增强农村地区的电力可持续性，提升生活质量。同时，也有助于降低电力供应中断和安全隐患的风险，为农村居民提供更可靠的电力服务。

农村电网改造的第三步就是要找到一个强有力的支撑点，可以一直支持和促使农村电网改造活动有效持续地推进。而这个强有力的支撑点就是为农村提供稳定有效的电压输出。因为国家的建设布局问题，农村一般偏离城市，而很多电力厂都建设在城市附近，所以就会导致农村在接通电力时难免增加各种设备线路，从而使农村的电压都比较低，这对农村居民的生活质量造成了比较大的消极影响。而解决供电电压不足的问题则需要电气技术的支持。在电气工程师眼中，消弧线圈常常用来解决设备供电电压不足的问题。这个是用来解决农村供电环境改造工程中供电电压不足问题的硬件措施。然而除了硬件措施，还需要在监测方面再进行投入。例如搭建一个强大的监控平台，24 小时不间断对农村的电网系统进行监控。借助这种强有力的监测手段，当为农村进行供电的时候如果出现了电压过低或过高的情况，电力部门就能及时进行修正，从而保证农村的基本用电需求。

以上是从宏观改造的角度对当前我国农村电力改造现状以及在后续改造工作中应当注重的方面进行了一个大体的概述。下面将从农村电力改造的具体电力技术及相应的改造指标方面来对农村供电改造问题做出进一步的阐述。

首先我们前面讲到在进行农村电网改造时要注重因地制宜的原则。那么我们在统计不同农村地区对于这个供电的需求时应该运用到哪些可靠的方法和指标呢？首先有一种运用普遍的对电网负荷的预测方法是电力弹性系数法。然而这种方法也存在着很大的局限性。事实上，电力弹性系数指的是电增长率与全社会总产值的比值，所以电力弹性系数法主要依据的是全社会总产值的变化，然而在实际中，全社会总产值总是不稳定地变化，受到经济情况的影响。所以运用电力弹性系数法进行电网负荷的预测往往是不准确的。因此这种方法更多的是从经济产量的角度出发去对不同农村地区的供电需求状况进行预测和评估，不确定性随着社会生活与生产生活的变动而变动，稳定性很差。

前面提到过的农村一般偏离城市，而很多电力厂都建设在城市附近，所以就会导致农村在接通电力时难免增加各种设备线路，从而使农村的电压都比较低。而这也就引出了一个电能质量的问题，电能质量问题在很长一段时间内严重困扰了农村居民。电能质量问题包括电压不稳定、电压波动、谐波、闪烁和电压暂降等。这些问题可以导致家用电器性能下降，甚至设备损坏。农村地区通常更容易受到电能质量问题的影响，因为电力输送距离较远，电力损耗较大。供电企业在提供电力服务时有责任确保电能质量达到合理的标准。虽然在农村地区可能存在经济效益较低的情况，但供电企业仍应履行其基本职责，保障可靠的电力供应，并致力于提高电能质量。监测电能质量是关键的一步，以便及时发现问题并采取措施。农村供电网络可以安装电能质量监测设备，以跟踪电压和频率的波动，以及其他潜在的电能质量问题。一旦问题被识别，供电企业应采取措施来修复。提高电能质量的方法包括电力系统升级、电容器安装以提高功率因数、谐波滤波器的使用以减少谐波、稳压器的安装以维持稳定的电压等。这些措施有助于减少电能质量问题。政府在农村供电环境改造中可以发挥重要作用，通过监管政策和激励措施来鼓励供电企业提高电能质量。例如，提供激励措施，以鼓励供电企业投资于电能质量改进项目。农村居民也可以在一定程度上参与解决电能质量问题，他们可以接受有关电能质量的培训，了解如何正确使用电器设备以减少问题的发生。由此看来，在农村供电环境改造的过程中，电能质量这一指标应该被纳入农村供电环境改造后的考核指标。

综上所述，在进行农村供电环境改造工作过程中，各项指标尤其重要。在农村改造工作前要通过一些指标来大体确定当前农村各地区供电需求的大致分布，以便提供一个良好的整体性较强的改造大纲。在农村改造工作进行中，要采取一些易于监测的指标去控制整个工作的进行。在农村供电环境改造后，要设定一些指标来量化考核农村供电环境改造工作的成果。

首先是要合理规划新建变电站，在农业电网的运行中，应尽可能提高电压，以减少电力的传输电能的损耗从而保证电能的质量和传输的可靠性。例如，对于原来的 35 kV 变电站，应改为 110 kV。此外，对于新建的变电站和线路，应尽可能与大型网站连接，即使用 110 kV 变电站并令该站成为负载点，因此主电源为 220 kV。这样，农村电力电网的电压和传输能力大大提高，电力在输送过程中，电能损失也减少了。对于这些新线路，我们将它们连接到大网格。对于那些旧线路，将不得不改造。尽管在短期内，翻新将带来一些经济损失，但从长远来看，这通常是值得的。农村变电站相当于乡村电路系统的心脏，定期地运营维护和故障诊断是维系农村变电站持续运行的必要措施。农村变电站的项目经济效益分析内容包括项目所需资金的测算、项目的获利能力分析、项目所需资金来源的选择这三个方面。而电网变电站技术与设备的更新都会影响上述的三个指标。如下所示，图 9-2 为一个农村变电站。农村变电站的布设方案一般要考虑远景规划、主接线、总平面控制、主设备选用等诸多方面。我们要在预设供电环境改造方案时就把前面所述的总体因素和指标因素都考虑进去。根据不同地区不同的环境及不同地区不同的供电需求，在总平面布置部分有的地方采用全户外敞开式半高型布置，有的地区采用户外或户内布置。同时围墙面积、是否设置回车道等众多因素都要随着不同地区的不同特征而被考虑进来。主要影响这些布设措施的关键因素就是该地区的供电量需求。因此，选用合理高效的电网负荷的预测方法尤其重要。

图 9-2　农村变电站

升级变电站的电压等级是一个重要的措施，可以减少输电损耗，提高电能质量和传输可靠性。将 35 kV 变电站升级为 110 kV 变电站是一个有效的方式，因为高电压输电线路的输电损耗较低。这种升级需要仔细地规划和投资，但长期来看，它将提高电力供应的效率。

与大型网站连接：将农村变电站连接到大型电力网是确保电力供应可靠性的关键。这可以通过使用 110 kV 变电站作为负载点，并连接到主电源 220 kV 来实现。这种连接方式确保了农村地区有一个稳定的电力来源，减少了停电风险。对于旧线路的改造是很有必要的，尤其是对于不符合新电压等级的线路。虽然翻新可能会导致一些短期经济损失，但从长远来看，这是值得的，因为它提高了电能质量、减少了输电损耗，并增加了电力供应的可靠性。确保农村变电站的定期维护和故障诊断至关重要。这可以防止潜在问题的出现，并确保电力供应的持续稳定。定期检查和维护可以提前发现设备问题，减少停电时间。

进行项目经济效益分析是非常重要的，它有助于权衡投资与收益之间的关系。虽然一些措施可能需要较大的资金投入，但它们可能会在长期内带来更大的经济效益。准确的电网负荷预测是电力规划的关键，这有助于确保电力供应满足需求，避免电压不足或过剩的问题。合理的负荷预测可以帮助规划适当容量的变电站和线路。

具体规划新建变电站需要从下面几个方面去考虑：首先就是新的变电站无论是技术成本还是人力成本方面都要有突破性的进展。新的变电站最宜采用无人值班的运行模式，那么如何跟进这种无人值班的运行模式呢？那就是要在设备的选择与使用上注重高技术、高可靠性综合自动化的二次设备。这样的选择不仅可以提高新变电站这一批设备的质量，而且可以简化变电站的人员配置，在一定程度上降低人力成本。除了在二次设备的选择上需要注重这些原则，我们在一次设备的选择上也要做出相应的调整。一次设备包括一些直接输送电流的接线。在对这些一次设备进行调整时，我们要注意优先简化主接线，可以采取的应对措施有使用线路变压器组和采用负荷开关等。同时也不能忽略的一点是，在布设这些一次设备和二次设备时，我们要时刻遵守防火防盗的原则，要考虑到如果发生火情，如何将火情发生后的损失降到最少。在防盗方面，我们可以采取监控原则，即设置变电站的遥视功能。

9.2 支持向量数据描述

9.2.1 向量数据描述概述

数据描述是一个对数据特征进行分类、总结和判别的工作。好的数据描述应该尽可能地涵盖所有符合大体条件的数据，不仅要实现全面覆盖，还要保证精准性，尽量剔除所有不符合条件的数据。由此看来，采用合理的数据描述办法可以提高数据描述效率，同时也可以保证分类工作的准确性与稳定性。好的数据描述得到的数据空间不能包括冗余的样本。

在这里我们找到了一个符合这种分类要求的数据描述方法，那就是支持向量数据描述的方法。支持向量数据描述方法受益于向量分类器，这种分类方法是在样本空间中建立一个球形边界。相应地，这个球形边界有一个对应的球心，我们称之为核。在不断地筛选和训练过程中，我们可以通过使用不同的核函数来让这个支持向量数据描述方法更加灵活。

简而言之，这类分类与回归问题在数据空间上实际上是一种映射问题。在这些问题中，基于一组训练示例来推断由特征向量表示的对象与输出之间的映射。然而在诸多的实际问题中，一种向量空间上的特征类别会存在很多种，从而符合向量空间的对应样本点的分类标准较为多样。而这种多样性既包括冲突性的结合也包括适应性的结合。因此，更多的时候我们是对对象的训练集进行训练，然后通过不断地训练来找到与训练集相似的对象。

在绝大部分实际问题中，数据描述常常用来进行异常检测。这个检测的定义从字面上的意思来说是找到不正常的对象，而从向量空间的角度来说则是找到不那么靠近训练集核心的样本。支持向量数据描述的方法(也称 SVDD 法)如图 9-3 所示。

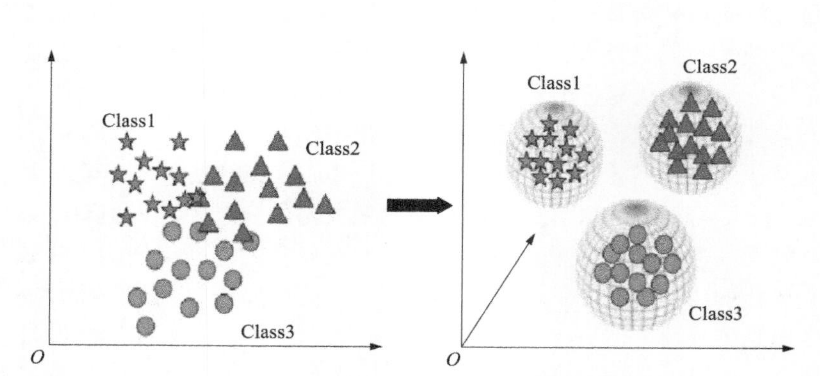

图 9-3 SVDD 分类示意图

在训练机器学习分类器或回归器时，通常会使模型对训练数据更可靠。这是因为模型试图拟合已知数据点，以便在训练数据上表现良好。模型在未知和偏远区域的推断上可能会不太可靠。这意味着当模型用于数据点远离训练数据分布的情况时，置信度可能会降低。对于这些情况，异常值检测是一种有用的方法，可帮助识别并排除远离训练数据的异常数据点，从而提高模型的可靠性。当一个类的样本丰富而另一个类的样本稀缺时，模型可能会倾向于较丰富类别，因为训练数据中的信息有限。数据描述方法是一种处理这种问题的技术，通常用于异常检测和异常数据点的标识。这些方法不依赖于具体的类别，而是专注于数据的整体分布。有时，获取异常数据价格可能非常昂贵或不可行，因为这可能涉及破坏或损坏正常运行的系统。在这种情况下，可以使用仅依赖于目标数据的异常检测方法，而不依赖于具有代表性的异常数据。其中两个数据集可以进入相同的机器学习样本空间。这种比较可用于检测数据集之间的差异或矛盾，从而可能需要重新训练分类器。实际数据分布具有不确定性，尤其是在分类模式和正常工作区域的定义方面。这指向了模型的不确定性和对模型可信度的挑战。在这种情况下，应使用正态类的边界进行建模，而不是对完整的密度分布进行建模。这是一个有效的策略，特别适用于异常检测问题。解决这些问题需要谨慎的数据预处理、合适的模型选择和训练策略，以及对模型的鲁棒性和可信度的深入理解。

综上所述，再结合他人的研究成果，解决数据描述的方法就是在正常工作区域的目标周围生成异常数据样点，然后使用这些异常数据对普通训练器进行训练。这与常规的通过正常值来训练的方法不同，通常，在机器学习中，我们训练模型来学习正常数据的模式，并将与正常模式不匹配的数据标记为异常值。这种方法在很多情况下都是有效的。但有时如果异常值在数据中罕见，或者我们的关注点是检测这些异常值，那么传统方法可能不够有效。使用贝叶斯方法来检测异常值。贝叶斯方法是一种概率统计方法，用于估计事件发生的概率，而不是仅仅使用最可能的权重配置。在异常值检测中，可以将贝叶斯方法用于估计数据点属于正常情况的概率。首先，您需要定义一个模型族，用于描述数据。对于给定模型族的特定对象(数据点)，贝叶斯方法估计该对象符合每个模型的概率。当某一情况的概率值低于某一程度时，该对象被归类为异常值。这个程度通常由您设定，可以是一个阈值。远离训练数据分布的对象会被自动归类为异常值，因为它们的概率低于正常情况。

支持向量数据描述是一种异常值检测方法，其目标是找到一个能够包裹所有目标数据集样本的最小超球体(球形边界)。这种方法通常用于将异常值检测问题转化为一个描述性的问题，通过找到一个最小的超球体来包含正常数据，并将远离该超球体的点标记为异常值。需要注意的是，贝叶斯方法和支持向量数据描述在异常值检测中是不同的方法，它们采用不同的理论和技术来解决问题。选择哪种方法取决于您的数据和对解决问题的具体要求。贝叶斯方法可能对处理复杂分布的数据更有效，但可能会涉及较高的计算成本。支持向量数据描述则更注重于数据的几何性质和边界的建模。

9.2.2　向量数据描述基本原理

接下来我们描述一下支持向量数据描述的基本概念。寻找对目标数据集中样本点的描述，对新的测试点进行类别判别。支持向量数据描述能用于解决目标数据集中一类样本点采样充分而其他类欠采样的分类问题。

给定一组数据集$\{x_i\}$，$i=1, 2, \cdots, N$

我们要找到一个能集中目标样本并且同时体积最小的球体，于是便有了以下优化问题(优化的目的是让球体直径最小)：

$$\min F(R, a)=R^2+C\sum_{i=1}^{N}\xi_i$$

$$\|\varphi(x_i)-a\|^2\leqslant R^2+\xi_i,\ i=1, 2, \cdots, N$$

$$\xi_i>0,\ i=1, 2, \cdots, N$$

式中：a 为球体球心；R 为球体直径；ξ_i 为松弛变量；$\varphi(x)$为高斯核函数对应的特征映射。相关的知识我们会在后面的部分进行说明。

同样地，对于需要对两类样本进行分类时，我们也简单说明一下这种描述方法。我们首先表达出两类数据的训练集：

第一类：$\{x_i\}x_i\in R^n$，$i=1, 2, 3, \cdots, l_1$

第二类：$\{y_j\}y_j\in R^n$，$j=1, 2, 3, \cdots, l_2$

那么对于这两类数据进行描述的超球体应该注意些什么呢？首先，就是超球体还是要在尽可能多地包含目标数据的前提下体积达到符合要求的最小值。其次，这个超球体还得拒绝其他类的样本。因此我们可以得到下列描述问题：

$$\min R_1^2+R_2^2+C_1\sum_{i=1}^{l_1}\xi_i+C_2\sum_{j=1}^{l_2}\eta_j+C_3\sum_{j=1}^{l_2}\xi_{1j}+C_4\sum_{i=1}^{l_1}\xi_{2i}$$

$$\|\varphi(x_i)-a_1\|^2\leqslant {R_1}^2+\xi_k,\ i=1, 2, 3, \cdots, l_1$$

$$\|\varphi(y_j)-a_2\|^2\leqslant {R_2}^2+\eta_j,\ j=1, 2, 3, \cdots, l_2$$

$$\|\varphi(y_j)-a_1\|^2\geqslant {R_1}^2-\xi_{1j},\ j=1, 2, 3, \cdots, l_2$$

$$\|\varphi(x_i)-a_2\|^2\leqslant {R_2}^2+\xi_{2i},\ i=1, 2, 3, \cdots, l_1$$

式中：a_1 和 a_2 分别为第一类样本和第二类样本的球体的球心；R_1 和 R_2 分别为第一类样本和第二类样本的球体半径；ξ_i、η_j、ξ_{1j}、ξ_{2i} 为松弛变量；$\varphi(x)$为高斯核函数对应的特征映射。

我们应该寻找一种具有获得兼备数据完整性及边界灵活性的球形边界的方法。为了最小化错误地将正常数据点归为异常值的情况，该描述的数量被最小化。我们应该通过设置更加灵活的球形边界来控制异常值灵敏度，同时在训练过程中我们应该通过异常值的找寻来使得这种描述更加具备合理性。下面我们将通过一些描述来介绍支持向量数据描述的基本原理。

首先，我们先设定一些基本的数据符号。我们假定向量 $\boldsymbol{x}$ 是列向量，并且$\boldsymbol{x}^2=\boldsymbol{x}\cdot\boldsymbol{x}$。

支持向量数据描述的基本目的，我们要对一个描述进行不断的训练来使得描述更加具有合理性。我们设定有一个训练集$\{x_i\}$，$i=1, 2, \cdots, N$，我们想要获得其描述，就要进一步假设数据显示了所有特征方向上的方差。

设定了基本训练集之后，我们先要完成对正常数据的描述工作。通过之前的描述，我们要定义一个模型来分辨方差的大小与数据正常与否的关系。我们建立了一个模型，使用超球体来围绕正常数据，并希望通过调整球体半径的平方来平衡模型的灵敏度和空间效率。球体在空间中的数字特征为球体中心 a，以及球体半径 $R>0$。我们需要考虑到如何让每次的训练过程效率最大化，就是要在最小的空间内得出最大的灵敏度。我们将球体半径的平方 R^2 设置得尽可能地小以最小化球体的体积，同时最基本的要求要被满足，那就是球体要包含所有的训练对象 x_i。

这就有点类似于设置半径来估计与界定分类器的维度。类似于支持向量分类器，我们定义了误差函数以最小化：

$$F(R, a)=R^2 \tag{9-1}$$

误差函数同时也有限制条件：

$$\|x_i-a\|^2\leqslant R^2 \tag{9-2}$$

同时我们也要允许在训练过程中出现异常值的可能性，因此训练对象 x_i 及球体中心 a 之间的距离不能界定得过于严格，理应上可以在 R^2 范围左右徘徊，也就是可以稍微小于或大于 R^2。但是有一点必须明确，那就是过大的距离显然是不符合要求的，过大的距离在训练过程中必须遭受惩罚。在这个基础上，我们引入新的指标松弛变量 ξ_i 来优化这个最小化球体半径的问题：

$$F(R, a)=R^2+C\sum_i \xi_i \tag{9-3}$$

同时我们也要设置对应的限制条件使得几乎所有的对象都约束在球体之内，相当于松弛变量的引入只是让这个球体边界具有更多的灵活性：

$$\|x_i-a\|^2\leqslant R^2+\xi_i,\ \xi_i>0 \tag{9-4}$$

其中，参数 C 控制了检测值的量与误差之间的平衡。通过拉格朗日乘子我们可以把式(9-4)合并到式(9-3)中：

$$L(R, a, \alpha_i, \gamma_i, \xi_i)=R^2+C\sum_i \xi_i-\sum_i \alpha_i\{R^2+\xi_i-(\|x_i\|^2-2a\cdot x_i+\|a\|^2)\}-\sum_i \gamma_i\xi_i \tag{9-5}$$

其中，拉格朗日乘子应满足 $\alpha_i\geqslant 0$ 及 $\gamma_i\geqslant 0$。这两个条件对应于 R、a 和 ξ_i 的最小化，而相对于 α_i 和 γ_i 是最大化。

将偏导数设置为零会产生以下约束：

$$\frac{\partial L}{\partial R}=0:\ \sum_i \alpha_i=1 \tag{9-6}$$

$$\frac{\partial L}{\partial a}=0:\ a=\frac{\sum_i \alpha_i x_i}{\sum_i \alpha_i}=\sum_i \alpha_i x_i \tag{9-7}$$

$$\frac{\partial L}{\partial \xi_i}=0\text{：}C-\alpha_i-\gamma_i=0 \tag{9-8}$$

根据方程 $\alpha_i=C-\gamma_i$，同时又有条件 $\alpha_i\geqslant 0$ 及 $\gamma_i\geqslant 0$，我们可以对拉格朗日乘子 γ_i 做出需求：

$$0<\alpha_i<C \tag{9-9}$$

将式(9-6)到式(9-8)改写为式(9-5)的形式，我们可以得到：

$$L=\sum_i \alpha_i(x_i\cdot x_i)-\sum_{i,j}\alpha_i\alpha_j(x_i\cdot x_j) \tag{9-10}$$

受到式(9-9)的影响，式(9-10)提供了一个最大化的集合 α_i。在训练过程中，当对象 x_i 满足不等式(9-4)的条件时，说明其满足了正常检测值的条件，同时相应的拉格朗日乘子值 α_i 将等于零。对于刚好满足条件 $\|x_i-a\|^2=R^2+\xi_i$ 的对象，必须采取强制执行措施，即拉格朗日乘子值将不等于零。我们将检测点的情况分为下面几种情况，并且采取相应的拉格朗日乘子值来描述：

$$\|x_i-a\|^2<R^2\rightarrow\alpha_i=0,\ \gamma_i=0 \tag{9-11}$$

$$\|x_i-a\|^2=R^2\rightarrow 0<\alpha_i<C,\ \gamma_i=0 \tag{9-12}$$

$$\|x_i-a\|^2>R^2\rightarrow\alpha_i=C,\ \gamma_i>0 \tag{9-13}$$

式(9-7)表明，球体的中心是对象的线性组合，我们在描述的过程中只需要将 $\alpha_i>0$ 的对象 x_i 描述出来就行，因此我们将这些对象称为描述的支持向量(SV)。

当我们对一个对象进行测试时，我们暂且将这个对象命名为 z，我们要计算这个对象到球体中心的距离。当这个距离小于或者等于下式所给的半径时，在学习的过程中我们必须接受这个测试对象。

$$\||z-a|\|^2=(z\cdot z)-2\sum_i \alpha_i(z\cdot x_i)+\sum_{i,j}\alpha_i\alpha_j(x_i\cdot x_j)\leqslant R^2 \tag{9-14}$$

我们定义 R^2 是球体中心到球体边界上任何一个支持向量的距离，但是不包括描述($\alpha_i=C$)之外的支持向量，因此，我们可以得到 R^2 的表达式：

$$R^2=(x_k\cdot x_k)-2\sum_i \alpha_i(x_k\cdot x_i)+\sum_{i,j}\alpha_i\alpha_j(x_i\cdot x_j) \tag{9-15}$$

对于任何监测点 $x_k \epsilon SV<C$，都会有 $\alpha_k<C$ 的支持向量集。

在式(9-10)、式(9-14)、式(9-15)中，我们发现对象 x_i 都是以内积的形式与其他对象(例如 $x_i\cdot x_j$)一起出现。我们发现这种内积可以使用核函数来代替，使用核函数后这种分类方法将会更加灵活。

图 9-4 展示了一个二维数据集的示例描述，主要涉及实心球体、支持向量和数据描述的边界。您提到该图中使用了灰色值表示对象到球体中心的距离，暗色表示距离较近，亮色表示距离较远。图中的实心圆表示支持向量，它们是在训练学习过程中起关键作用的样本点。数据描述的边界由虚线表示，这些边界定义了满足约束条件式(9-6)的区域。通过计算对象到球体中心的距离，然后将该距离与给定的半径进行比较。如果该距离小于或等于给定的半径，那么该对象将被接受为满足约束条件的测试对象。

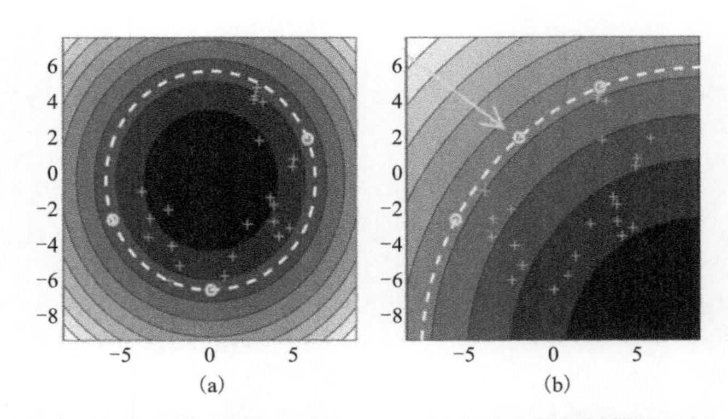

图 9-4　没有异常值(a)和有一个异常值(b)的数据描述示例

查阅以往的文献，我们发现有人提出了另外一种可用于描述数据的可替代的方法。该方法的精髓是设置一个超平面，以便将数据集与设置的原点联系起来。SVM 是这类方法中的一种，该方法是在描述的过程中在两个类别的间隔中构造分界面。如图 9-5 展示了在二维平面直角坐标系中构造两类数据间分界面的示意图。然而这种是或否的分割方法在处理具有交叉性质的检测值时会遇到麻烦。我们知道数据的分类是一门学问，任何一种数据的性质很难用硬币正反面的性质来看待它，许多数据都会在各个数据集中有重叠的部分，很难保证选取的数据集没有这个重叠的区域。由此观之，上述这种在两个类别的间隔中构造分界面的方法具有很大的局限性。实际世界中的数据往往是复杂的，而不是简单的线性可分的情况。这意味着在许多情况下，简单地在两个类别之间构建一个线性分界面可能会面临局限性。在实际应用中，我们常常需要考虑到数据的复杂性和重叠部分。这可能包括同一类别内部的差异、类别之间的相似性等。这就需要我们使用更为复杂的分类方法。

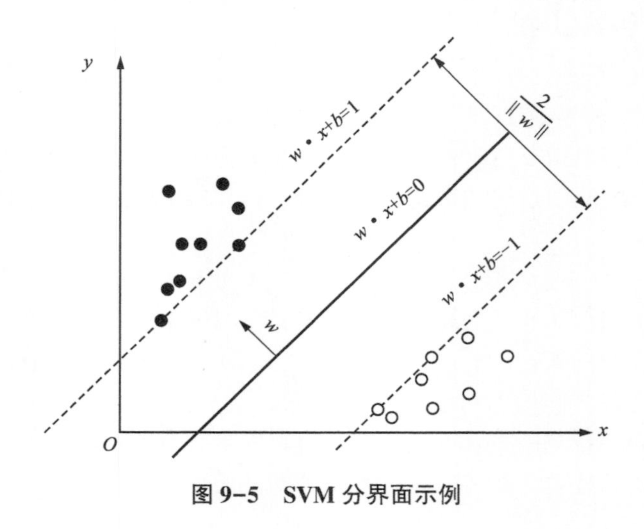

图 9-5　SVM 分界面示例

在这种方法的基础上，又有人发明了基于收缩的超平面的支持向量分类算法。这种算法叫作 SVASH。基于收缩的超平面的支持向量分类算法，通过构造贯穿数据分布区的超平面进行分类。与传统的支持向量机算法不同，这种方法通过测试数据在超平面上的投影来进行分类。这种基于收缩的超平面的方法相较于在不同类数据间隔处设置分界面的方法，具有显著的优点。它可以利用每个数据点对每个类别提供鉴别性信息。由于相互之间有重叠的类别对分类误差的影响较小，因此这种方法可以更好地应对类别之间的重叠情况。传统的支持向量机算法是基于二分类的原理设计的，在面对多类数据环境时，它只能对多类问题的某一个局部问题进行判断。而基于收缩的超平面的方法揭示了其所在类别区别于其他类别的差异，并且在多类数据环境中，这种鉴别性信息具有全局性，因此可以自然地适应多分类任务。

这种基于收缩的超平面的支持向量分类算法(SVASH)具有以下基本思想和意义：这种算法从几何学的角度描述了类别内部密集分布区域的轮廓。通过构造穿过密集分布区的收缩超平面，可以更好地捕捉到数据的分布情况。算法将多分类问题视为一个整体来解决，避免了在不同类别之间进行多个二分法的分类问题。这种方法减少了对数据进行多次分类的复杂性。为了识别鉴别性的信息，每个类别结构的内部都需要构造一个收缩超平面，该超平面负责分类数据并提供关于数据所属类别的特定特征。通过计算待分类数据相对于不同超平面的最小投影距离，可以确定数据所属的类别。这种基于收缩的超平面的支持向量分类算法在二分类问题上表现出接近同类最优算法的性能，并且在多分类问题上显示出优于同类算法的性能。这种方法的意义在于通过考虑类别内部的密集分布区域和鉴别性信息，能够更好地应对复杂的数据分布情况和多类别分类问题。它提供了一种更全面的分类方法，使得分类器能够对每个类别都提供特定的鉴别性信息，从而提高分类的准确性和性能。

尽管这种方法并没有在数据周围建立起有效的闭合边界，但是如果被处理的数据经过一次处理而具备单位范数时，这种方法就会有很好的效果[96]。

对于数据 x_i 与带边距 ρ 的原点的超平面 ω，我们可以用下面这个公式来描述：

$$\omega \cdot x_i \geqslant \rho - \xi_i \, \forall i \xi_i \geqslant 0 \tag{9-16}$$

其中，ξ_i 表示可能存在的误差，我们通过设置一个参数 $||\omega||$ 来定量最大程度地减小超平面的结构误差，我们可以用下面这个公式来感受这个减小误差的过程：

$$\min_{\omega,\rho,\xi} \frac{1}{2}\|\omega\|^2 - \rho + \frac{1}{\nu N}\sum_i \xi_i \tag{9-17}$$

在约束条件(9-16)的基础上，正则化参数 $\nu \in (0,1)$ 是我们定义的，用来指示分离数据的分数的参数。这个参数可以与 SVDD 中的参数 C 进行比较。这种方法通过查阅文献发现可以被定义为 ν-SVC。

表达式(9-16)和式(9-17)的等效表达式为：

$$\max_{\omega,\rho,\xi} \rho - \frac{1}{\nu N}\sum_i \xi_i \text{ 和 } \omega \cdot x_i \geqslant \rho - \xi_i \xi_j \geqslant 0,\ \|\omega\| = 1 \tag{9-18}$$

在这个表达式中，我们引入了约束参数 $||\omega||$，当原始 SVDD 公式中的所有数据都转换为单位范数时，我们得到以下优化问题：

$$\min R'^2 + C'\sum_i \xi'_i \text{和} \|x'_i - a\|^2 \leqslant R'^2 + \xi'_i \, \forall i \tag{9-19}$$

其中，x' 和 a' 是归一化矢量，我们可用其他形式表示：

$$\max -R'^2 - C'\sum_i \xi'_i \text{和} 2(a' \cdot x'_i) \geq 2 - R'^2 - \xi'_i \tag{9-20}$$

我们做出下列定义：$\omega=2a'$，$\rho=2-R'^2$，$\frac{1}{\nu N}=C'$，$\xi_i=\xi'_i$，通过这些定义我们可以将优化问题重新写出：

$$\max -2+\rho-\frac{1}{\nu N}\sum_i \xi_i \text{ 和 } \omega \cdot \underset{x_i}{\rightarrow} \geq \rho-\xi_i,\ \xi_i \geq 0,\ \|\omega\|=2 \tag{9-21}$$

这个解与式(9-18)中的解相当。它的不同之处在于对 w 的范数的约束和误差函数中 2 的偏移。对于非标准化数据，由于描述模型(超平面或超球面)的差异，解变得不可比。

接下来我们要讲述 SVDD 中的负面例子。负面例子在 SVDD 训练过程中应该划分到应该拒绝的对象。然而当这些负面例子出现时，我们可以将其纳入培训中以改进描述来使得这些负面例子变得可用。当该例子与应该在范围内的训练(目标)例子相反，负面例子应该在范围外。

该数据描述现在与普通的 SupportVector 分类器的不同之处在于，SVDD 产生的闭合边界只针对训练中的某一类，换言之，只在一个类周围产生包围这个类的闭合边界。由此我们发现支持向量分类器只是区分两个(或多个)类，然而一旦这个异常值不属于中间的任何一类，那么问题就变得麻烦起来了。由于我们在训练过程中也是把异常值归于某一类的范围，这样的异常值我们就检测不出来。

在下文中，目标对象由索引 i、j 枚举，反例由 l、m 枚举。为了进一步方便进行数据描述，假设目标对象标记为 $y_i=1$，异常对象标记为 $y_l=-1$。我们再次考虑目标和异常值集中的误差，并引入松弛变量 ξ_i 和 ξ_l：

$$F(R,\ a,\ \xi_i,\ \xi_l)=R^2+C_1\sum_i \xi_i+C_2\sum_l \xi_l \tag{9-22}$$

限制条件为：

$$\|x_i-a\|^2 \leq R^2+\xi_i,\ \|x_i-a\|^2 \geq R^2-\xi_l,\ \xi_i \geq 0,\ \xi_l \geq 0\ \forall i,\ l \tag{9-23}$$

这些限制条件再次包含在式(9-22)中。在下面的公式中，拉格朗日乘子 α_i、α_l、γ_i、γ_l 被引入：

$$L(R,\ a,\ \xi_i,\ \xi_l,\ \alpha_i,\ \alpha_l,\ \gamma_i,\ \gamma_l)=R^2+C_1\sum_i \xi_i+C_2\sum_l \xi_l-\sum_i \gamma_i\xi_i-\sum_l \gamma_l\xi_l$$
$$-\sum_i \alpha_i[R^2+\xi_i-(x_i-a)^2]-\sum_l \alpha_l[(x_l-a)^2-R^2+\xi_l] \tag{9-24}$$

其中，$\alpha_i \geq 0$，$\alpha_l \geq 0$，$\gamma_i \geq 0$，$\gamma_l \geq 0$。

将 L 相对于 R，a，ξ_i，ξ_l 的偏导数设置为零，可以得到约束：

$$\sum_i \alpha_i-\sum_l \alpha_l=1 \tag{9-25}$$

$$a=\sum_i \alpha_i x_i-\sum_l \alpha_l x_l \tag{9-26}$$

$$0 \leq \alpha_i \leq C_1,\ 0 \leq \alpha_l \leq C_2 \tag{9-27}$$

当式(9-25)～式(9-27)被代入式(9-24)时，我们可以获得：

$$L=\sum \alpha_i(x_i \cdot x_i)-\sum_l \alpha_l(x_l \cdot x_l)-\sum_{i,j} \alpha_i\alpha_j(x_i \cdot x_j) \tag{9-28}$$

$$+2\sum_{l,j} \alpha_l\alpha_j(x_l \cdot x_j)-\sum_{l,m} \alpha_l\alpha_m(x_l \cdot x_m) \tag{9-29}$$

我们最终要定义一个新的变量 $\alpha'_i=y_i\alpha_i$(索引 i 现在既可以指代目标对象也可以指代异常

对象)，检测到负例的SVDD与正常SVDD的情况类似。式(9－25)及式(9－26)中的限制条件变为$\sum_i \alpha_i' = 1$和$a = \sum_i \alpha_i' \cdot x_i$，当代入这些条件后，式(9－14)又可以再被使用了。我们前面提到过要通过检测出的异常值来训练这个描述，这样可以使得异常值具有可用性。因此，当异常值示例可以用时，我们用式(9－29)来替代式(9－10)，同时我们还要用α_i'来代替α_i。

在图9-4的右图中，显示了与左图中相同的数据集，并扩展了一个异常对象(由箭头指示)。异常值位于左侧的原始描述中，必须计算一个新的描述来拒绝这个异常值。在对旧描述进行最小调整的情况下，将异常值放置在描述的边界上。它成为异常值类的支持向量，并且不能基于式(9-14)与来自目标类的支持矢量区分开。尽管描述被调整为拒绝异常对象，但它不再紧密地围绕目标集的其余部分从而需要更灵活的描述。

当我们需要面对更加灵活性的问题时，我们要选择更加灵活的数据描述方式来替代这种刚性超球面，这时我们可以选择另外一种内积形式($x_i \cdot x_j$)。通过核函数$K(x_i, x_j) = (\Phi(x_i) \cdot \Phi(x_j))$来代替新的内积，我们定义了将数据转换成另一个(可能是高维)特征空间的隐式映射Φ。理想的核函数将目标数据映射到特征空间中的有界球形区域和该区域外的异常对象上。然后，超球体模型将再次拟合数据(这与在类不可线性分离时替换支持向量分类器中的内积相当)。

核函数在支持向量分类中发挥了重要的作用。核函数的思想早在分类方法的应用中就有所提及。当我们需要解决非线性图像分类问题时，传统的线性分类方法可能无法准确地划分非线性数据。为了处理这种情况，我们采取非线性特征变换的方法，将原始二维线性空间中的数据点通过映射投影到某个高维特征空间中。将数据映射到高维特征空间中后，我们可以在该空间中寻找最优的分界面来进行分类。然而，直接在高维特征空间中寻找最优分界面可能会面临低效和计算复杂度高的问题。这时核函数的概念就派上了用场。核函数的核心意义在于通过内积运算将各类线性算法的点积运算公式非线性化。它可以有效地避免在高维特征空间中显式计算内积，而是通过核函数将计算转化为在原始输入空间中进行。核函数可以根据不同的问题和数据特点进行选择。常用的核函数包括线性核函数、多项式核函数、高斯核函数(也称为径向基函数)，以及更复杂的核函数(如径向基函数组合)等。这些核函数通过非线性的映射，将数据从低维特征空间映射到高维特征空间，从而使得原本线性不可分的问题在高维特征空间中变得线性可分。通过使用核函数，支持向量分类算法可以处理更加复杂的非线性分类问题，提高分类准确性。核函数的引入使得支持向量分类算法具备了更大的灵活性和适应性，广泛应用于图像分类、文本分类、生物信息学等领域。在SVM问题中，我们经常使用的核函数有以下几种：

(1)线性内核为$K(x_i, x_j) = x_i \cdot x_j$；

(2)高斯径向基核函数(RBF)为$K(x_i, x_j) = \exp(-\frac{\|x_i - x_j\|^2}{\sigma^2})$；

(3)多项式内核为$K(x_i, x_j) = [(x_i \cdot x_j) + 1]^q$；

(4)感知器核函数为$K(x_i, x_j) = \tan h(v(x_i \cdot x_j) + c)$。

为了更好地了解核函数，我们来介绍一些核函数的基本特性：

(1)封闭性

如果 k_1，k_2，k_3，…，k_n 是核函数，则有

1) k_1+k_2 是核函数；

2) αk_1，$\alpha \geqslant 0$ 是核函数；

3) $k_1 \cdot k_2$ 是核函数；

4) 若 $k(\mathcal{X}, \mathcal{X}') = \lim\limits_{n\to\infty} k_n(\mathcal{X}, \mathcal{X}')$ 存在，则 $k(\mathcal{X}, \mathcal{X}')$ 是核函数。

(2) 组合性

设 k: $X\times X\to R$ 是核函数，f: $X\to R$ 是任意核函数，则有：

1) $f(\mathcal{X})f(\mathcal{X}')$ 是核函数；

2) $f(\mathcal{X})k(\mathcal{X}, \mathcal{X}')f(\mathcal{X}')$ 是核函数。

(3) 正定性

k: $X\times X\to R$ 是核函数，当且仅当它是正定的。

(4) 无关性

在 SVM 中，最优分类面的决定只在于核函数本身，而特征空间和特征映射的具体表示不会影响最优分类面的位置。

我们用数学语言来表示这个含义：

设 k: $X\times X\to R$ 是核函数，Φ_1: $X\to H_1$，Φ_2: $X\to H_2$ 是 k 的两个特征映射，并且对于任意的 $\omega_1 \in H_1$，存在 $\omega_2 \cdot H_2$，使得 $\|\omega_2\| \leqslant \|\omega_1\|$，并且同时满足 $\langle \omega_1, \varphi_1(\mathcal{X}) \rangle \to \langle \omega_2, \varphi_2(\mathcal{X}) \rangle$，$\forall \mathcal{X} \in X$。

(5) 相似性

核函数本身就是一个测度函数，是根据输入样本之间的相似性(也就是不同样本在类别上面的共同覆盖领域)而设置的特征映射，即距离公式。对于核函数 k: $X\times X\to R$ 的特征映射 φ，我们有如下距离公式：

$$\rho_k(\mathcal{X}, \mathcal{X}') = \|\varphi(\mathcal{X}) - \varphi(\mathcal{X}')\| =$$
$$\sqrt{\langle \varphi(\mathcal{X}), \varphi(\mathcal{X}) \rangle - 2\langle \varphi(\mathcal{X}), \varphi(\mathcal{X}') \rangle + \langle \varphi(\mathcal{X}'), \varphi(\mathcal{X}') \rangle} =$$
$$\sqrt{k(\mathcal{X}, \mathcal{X}) - 2k(\mathcal{X}, \mathcal{X}') + k(\mathcal{X}', \mathcal{X}')}$$

这个距离公式就是用来计算 $\mathcal{X}$ 与 $\mathcal{X}'$ 这两类样本之间的相似性度量，这一点对于理解核函数和 SVM 是非常重要的。

似乎并非所有这些核函数都将目标集映射到特征空间中的有界区域中。为了证明这一点，我们首先研究多项式核。

多项式核由下式给出：

$$K(x_i, x_j) = x_i \cdot x_j^{\ 4} \tag{9-30}$$

其中参数 d 是正整数，表达的是多项式核的次数。如式(9-14) SVDD 的测试函数表明，只有第二项说明了测试对象 z 和支持对象 x_i 之间的相互作用。考虑到 $x_i \cdot x_j = \cos\theta_{i,j} \| x_i \| \cdot \| x_j \|$，其中 $\theta_{i,j}$ 是向量 $\boldsymbol{x}_i$ 和向量 $\boldsymbol{x}_j$ 之间的角度。当这些数据的中心不是原点时，对象向量将会变大。当 $\theta_{i,j}$ 很小时，$\cos\theta_{i,j} \sim 1$ 将几乎保持不变。再者，当次数 d 较大时，多项式核近似为：

$$x_i \cdot x_j^{\ d} = \cos^d(\theta_{i,j}) \| x_i \|^d \cdot \| x_j \|^d \approx \| x_i \|^d \cdot \| x_j \|^d \tag{9-31}$$

方程(9-31)在训练数据的邻域中失去了对 $\theta_{i,j}$ 的敏感性(其中 θ 变小)。训练集中具

有最大范数的对象将压倒多项式核中的所有其他项。通过将数据集中在原点周围并将数据重新缩放为单位标准方差，可以抑制这种影响。不幸的是，重新缩放为单位方差可能只会在方差较小的方向上增加误差，并且无法避免范数的影响。最后，通过减去平均值 x 将数据集中在特征空间中并不能解决向量范数中的大差异问题。可以看出，居中的 SVDD 相当于原始的 SVDD。

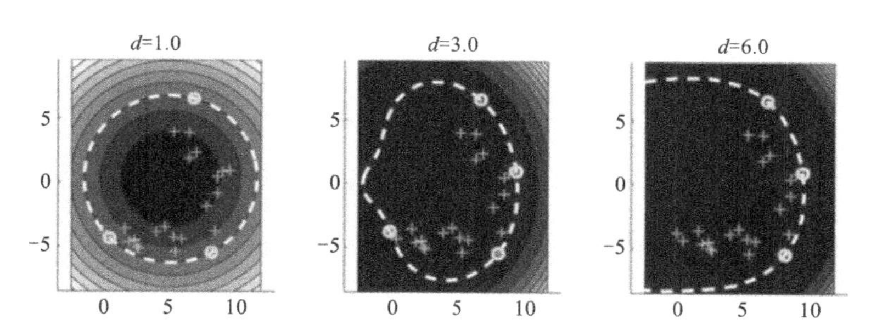

图 9-6　大型范数对象对数据描述工作的影响

图 9-6 展示了大型范数对象对数据描述工作的影响。该图主要是描述使用不同阶数的多项式核来对一个简单的二维数据集进行描述，阶数从 $d=1.0$（左）到 $d=6.0$（右）。

实心圆再次指示支持向量，虚线是映射在输入空间中的描述边界。当 $d=1.0$ 时，得到了刚性球面描述。对于阶数 $d=6.0$，描述是六阶多项式。这里，距离原点最远的训练对象（右侧的对象）成为支持对象，并且数据描述仅基于向量的范数进行区分。输入空间中没有目标对象的大区域将被描述所接受。

接下来我们研究高斯核：

$$K(x_i, x_j)=\exp(-\|x_i-x_j\|^2/s^2) \tag{9-32}$$

该内核与数据集相对于原点的位置无关，它只利用对象之间的距离。在测试函数[等式(9-14)]中，第一项等于 1.0，测试函数归结为高斯的加权和。测试对象 z 在以下情况下被接受：

$$\sum_i \alpha_i \exp\left(\frac{-\|z-x_i\|^2}{s^2}\right) \geqslant -R^2/2+C_R \tag{9-33}$$

其中 C_R 仅取决于支持向量 x_i 而不取决于 z。使用高斯核避免了对象的范数的影响。对象被映射到单位范数向量[映射对象的范数 $\Phi(x_i)\cdot\Phi(x_j)=1$]，并且仅计算对象向量之间的角度。当使用高斯核时，SVDD 和 Γ-SVC 都给出了可比较的解。

对于较小的 s 值，$\exp\left(-\frac{\|x_i-x_j\|^2}{s^2}\right)\cong 0$，$\forall i\neq j$，当所有对象都成为具有相等 $\alpha_i=1/N$ 的支持对象时，式(9-10)被优化。这与具有小内核宽度的密度估计相同。然而对于非常大的 s 值，这个解近似于原始的球形解，这时我们可以用高斯核的泰勒展开式来表示：

$$K(x_i, x_j)=1-\|x_i\|^2/s^2-\|x_j\|^2/s^2+2(x_i\cdot x_j)/s^2+\cdots \tag{9-34}$$

将式(9-34)代入式(9-10)中，我们可以得到：

$$L=\sum_i \alpha_i(1-\|x_i\|^2/s^2-\|x_i\|^2/s^2+2(x_i\cdot x_i)/s^2+\cdots)-$$

$$\sum_{i,j}\alpha_i\alpha_j(1-\|x_i\|^2/s^2-\|x_j\|^2/s^2+2(x_i\cdot x_j)/s^2+\cdots)$$
$$=1-1+2\sum\alpha_i\|x_i\|^2/s^2-2\sum_{i,j}\alpha_i\alpha_j(x_i\cdot x_j)/s^2+\cdots \tag{9-35}$$

忽略更高阶的步骤，式(9-35)相当于式(9-10)(具有额外的缩放因子 $2/s^2$)。当我们在这个基础上再次规定一个新的正则化参数 $C'=(2C)/s^2$，我们可以发现等效的解决方案。

对于 s 的中间值，获得加权密度估计。核的权重和训练对象成为支持向量的选择都是通过优化过程自动获得的。

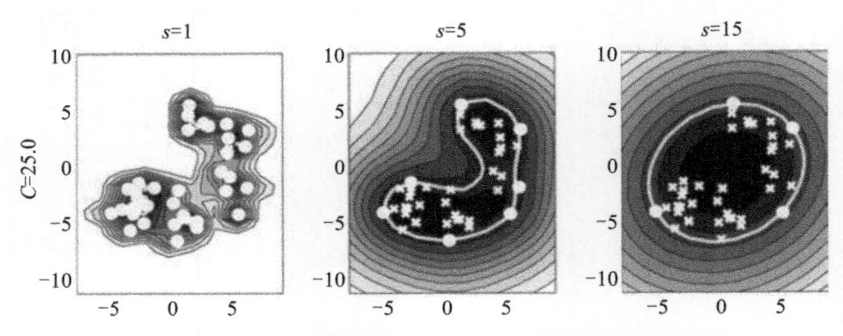

图 9-7 不同宽度和 C 值对高斯核的影响

这些情况，从密度估计到刚性超球面，可以在图 9-7 中观察到，结合 C 的变化值。在图片的左列中，使用了小的宽度参数($s=1$)，在右列中，使用了大的宽度参数($s=15$)。在所有情况下，除了 s 变得巨大的极限情况外，描述比正常的球形描述或具有多项式核的描述更严格。请注意，随着 s 的值增加，支持向量的数量会减少。其次，参数 C 的减小约束了 α_i 的值，并且更多的对象成为支持向量。目标类上的错误增加，但数据描述的覆盖量随着 C 的减小而减少。

通过这些我们发现，当分类角度的维度较多时，我们可以引入核函数来构造新的平面，这种方法对于解决这类问题有很大的帮助。

当然不可避免地我们会在分类的过程中产生一些误差，正如前面所讲的，有的时候我们会把一些距原点中心略大于规定距离值的点代入进去来对分类器进行训练。接下来我们要叙述对目标误差进行估计的问题。

如果从目标分布中绘制的对象被描述拒绝，则称为错误。通过应用 leave one out 估计，可以表明支持向量的数量是对目标集的预期误差的指示。这似乎是在指出如果模型不能正确描述从目标分布(或数据集)中采样的对象，那么就会发生错误。在机器学习中，模型的性能通常通过其对数据的拟合程度来衡量，因此正确地描述数据很重要。

leave one out 方法是一种交叉验证技术，它用于评估模型在不同数据子集上的性能。每个数据点都被单独用作测试集，而其他数据点用于训练模型。这意味着有与数据点数量相同数量的模型训练和测试迭代。这个过程旨在估计模型的性能，特别是在小数据集上。支持向量的数量是对目标集的预期误差的指示：这是交叉验证在支持向量机(SVM)等模型中的一种应用。它可以帮助确定 SVM 中支持向量的数量，支持向量通常是在 SVM 中用于构建分类边界的关键数据点。估计可以帮助找到合适数量的支持向量，以在保持模型性能的同时减少模型的复杂性。留一法交叉验证在每次迭代中，一个数据点被留出作为测试集，而其他数据点被用于训练模型。这种方法确保每个数据点都被用于测试，从而提供了对模型性能的全面评估。避免过拟合，同时有较好的拟合效果交叉验证有助于避免过拟合，因为它使用了尽可能多的数据点进行训练和测试，从而更好地估计了模型的性能。由于每个数据点都被用作测试集，因此可以更准确地评估模型的泛化能力。

为此我们需要引入基本支持向量的概念。描述中心的扩展 $a=\sum_i \alpha_i x_i$ 是具备多样性的。球体边界上的对象可能比描述所需的多(例如，当二维特征空间中的一个圆上有四个对象时，只需三个就足够进行描述)。基本支持向量是出现在所有可能展开中的这些对象。

当将其中一个内部点($\alpha_i=0$)排除在训练之外并计算数据描述时，会获得与包括该训练对象的训练集相同的解决方案。因此，在测试期间，该对象将被说明书所接受。当在训练过程中忽略了非必要的支持向量时，包括该训练对象的解决方案仍然可以使用扩展中的剩余支持向量来获得。当边界上的一个基本支持对象($\alpha_i<C$ 这个支持向量)被忽略时，这时训练器上会发现一个较小的描述。新解决方案将拒绝此支持点。像 $\alpha_i=C$ 这样错误点的支持对象已经在球体之外。一旦它们被排除在训练之外，它们将再次被拒绝。因此，成为(重要)支持对象和异常值的对象的分数是目标集的一个遗漏误差估计，利用这一点我们来进行误差估计：

$$\tilde{E}_{LOO} \leqslant \frac{\#SVs+\#\text{errors}}{N} \tag{9-36}$$

当不是所有的支持向量都是必要的支持向量时，不等式成立。

在估计遗漏误差时，主要关注的是目标集合中的支持向量的分数。这是因为在 SVDD 中，支持向量代表了目标类的重要数据点，它们对于描述目标类的重要数据点分布非常关键。

虽然也可以尝试估计异常类别的误差，但这仅在从真实的异常值分布中提取一组具有代表性的异常值时才可行。这是因为异常类通常是一个稀疏类别，很难获得足够具有代表性的数据集，因此难以对异常类别的误差进行可靠的估计。

该目标误差估计开启了优化正则化参数 C 和高斯核的宽度 s 的可能性。正则化参数 C 的值可以通过使用对于误差$\alpha_i=C$ 的事实来选择。考虑一下约束 $\sum_i \alpha_i=1$，还有 $\sum_i \alpha_i'$这个反例可以使用时，因此$\frac{\#\text{errors}}{N}\leqslant\frac{1}{NC}$。当训练集中从未出现错误示例时，$C$ 的值可以设定为 1.0，这表示应当接受所有目标数据并且应当拒绝所有负面示例。当没有反例可用，并且训练集中预计会有一些异常值时，我们事先设定 $C\leqslant\frac{1}{N(FRA)}$，其中 FRA 为分数异常值。参数(分数异常值) 被称为 v，这个 v 设置误差(在目标类上) 的事实被称为 ν - 性质。

其次，可以基于所需的目标接受率来优化内核宽度 s。通过比较两个内核宽度的值 $s_1>s_2$，我们可以得到 $\exp(-\|x_i-x_j\|^2/s_1^2)>\exp(-\|x_i-x_j\|^2/s_2^2)$。当 s_1 足够大时，对应于较大项 $K(x_i, x_j)$的 α_i、α_j 值变成零时，式(9-10)的值就能最大化。这意味着最独立的对象成为支持向量，并且支持向量的数量往往随着 s 的增加而减少。使用式(9-36)也意味着目标集的预期误差减少。这并不奇怪，因为当数据模型从具有小 σ 的密度估计变为刚性超球面

时，特征空间中的覆盖面积往往会增加。不幸的是，式(9-10)的值最小化，使用高斯核事先需要 s，因此优化需要用迭代方案来最小化分数 SV 和用户定义的误差分数之间的差。

在 SVM 中，支持向量是在训练数据中起关键作用的数据点。通常，SVM 模型的性能与支持向量的数量有关。您提到的典型情况是，通常只需要 2~3 个支持向量来定义决策边界。这表明 SVM 在处理小样本问题时非常有效，因为它专注于那些对分类最关键的数据点。在处理小样本问题时，确实需要更多的训练数据以获得可靠的估计和降低目标误差。特别是，当决策边界位于目标分布的尾部时，为了获得准确的估计，需要大量的样本来捕获分布的尾部特征。这可以提高模型的性能，但也会增加工作量。SVM 以其在非线性问题中的出色性能而闻名，因此适用于故障检测等复杂分类任务。SVDD 和球结构支持向量机是 SVM 的变种，它们更适合异常检测和数据描述。这些方法通过构建描述目标类别的球状边界来捕获目标类别的特征。这种方法在故障检测中非常有用，因为它们可以帮助识别异常或故障模式，而不受小样本和高维特征的限制。

总的来说，支持向量机及其变种在处理小样本、非线性问题和高维数据方面表现出色，并且在故障检测等应用中具有潜在的优势。但是，要取得良好的性能，需要仔细调整模型参数，并确保有足够的训练数据来捕获目标分布的特征，特别是在目标分布尾部。

9.2.3 双超球支持向量数据

兼顾前面的超球体支持向量数据分类的问题，我们又发现了一种双超球支持向量数据分类的数据描述方法[99]。这种双超球支持向量数据分类的方法主要是用来描述多类数据。正确使用该方法后，我们能够有效地绘制出两类样本的超球体。假设样本中出现了三类数据，我们也能够利用这三类数据来有效表达其中两类数据的超球体，同时对于第三类样本我们采取拒绝的方式来进行分类。从几何空间的角度来说，类似于单球体分类的方法，我们也要找到这两个球体的最小直径，这个最小体积的球体要满足包含第一类样本、同时拒绝第二类和第三类样本的条件。同样地，第二类样本的最小球体也要满足接受第二类样本、同时拒绝第一类和第三类样本的条件。从另外一个角度说，这种方法对于第三类样本的描述会存在较大的误差，因为第一类和第二类样本球体外的数据就会被识别为第三类样本。那么我们就会理解为第三类样本的球体直径是无穷大的。那么使用这种方法我们要注意第三类样本识别误差的问题。

在双超球支持向量数据分类中，您有一个包含三个或更多类别的目标数据集。您的目标是找到两个超球体，每个超球体代表一个类别。这两个超球体的半径和位置应该能够最大程度地分隔不同的类别。解决这个问题的关键是构建两个优化问题。这两个问题类似于单超球体支持向量数据描述(SVDD)的问题，但需要进行适当的修改以处理多类别情况。构建一个优化问题，其中一个超球体的半径和球心是变量，而其他类别的所有数据点都必须位于或在这个超球体之外。这可以通过构建约束来实现，确保目标类别的数据点在球体内，而其他类别的数据点在球体之外。构建另一个优化问题，其中另一个超球体的半径和球心是变量，而其他类别的所有数据点必须位于或在这个球体之外。同样，通过构建约束来实现这一点，确保目标类别的数据点在球体内，而其他类别的数据点在球体之外。在支持向量机中，核函数用于将数据映射到高维特征空间，以便更好地分离不同类别的数据。在双超球支持向量数据分类中，您可以使用不同的核函数来增加模型的灵活性，以便更好地适应数据。求解这两个优化问题通常涉及求解小规模的二次规划问题。这可以使用优化算法(如序列最小优化算法)来实现。我们同时设置六个松弛变量，再设置六个惩罚因子来平衡超球体体积与错误率的关系。针对两个超球体我们设置下列两组函数：

$$\min_{R_1,\ a_1,\ \xi_k,\ \eta_{1i},\ \eta_{2j}} R_1^2 + C_1 \sum\nolimits_{k=1}^{l_1} \xi_k + C_3 \sum\nolimits_{i=1}^{l_2} \eta_{1i} + C_5 \sum\nolimits_{j=1}^{l_3} \eta_{2j} \tag{9-37}$$

对其中的参数我们要设置以下限制条件：

$$\|\varphi(x_k)-a_1\|^2 \leqslant {R_1}^2+\xi_k,\ k=1,\ 2,\ 3,\ \cdots,\ l_1 \tag{9-38}$$

$$\|\varphi(y_i)-a_1\|^2 \leqslant {R_1}^2-\eta_{1i},\ i=1,\ 2,\ 3,\ \cdots,\ l_2 \tag{9-39}$$

$$\|\varphi(z_j)-a_1\|^2 \leqslant {R_1}^2-\eta_{2j},\ j=1,\ 2,\ 3,\ \cdots,\ l_3 \tag{9-40}$$

$$\xi_k \geqslant 0,\ \eta_{1i} \geqslant 0,\ \eta_{2j} \geqslant 0 \tag{9-41}$$

$$k=1,\ 2,\ 3,\ \cdots,\ l_1;\ i=1,\ 2,\ 3,\ \cdots,\ l_2;\ j=1,\ 2,\ 3,\ \cdots,\ l_3$$

还有第二个球体的函数：

$$\min_{R_1,\ a_2,\ \eta_k,\ \xi_{1k},\ \xi_{2j}} R_2^2 + C_2 \sum\nolimits_{k=1}^{l_1} \eta_k + C_4 \sum\nolimits_{i=1}^{l_2} \xi_{1k} + C_6 \sum\nolimits_{j=1}^{l_3} \xi_{2j} \tag{9-42}$$

对其中的参数我们要设置以下限制条件：

$$\|\xi_{2j}-a_2\|^2 \leqslant {R_2}^2+\eta_k,\ j=1,\ 2,\ 3,\ \cdots,\ l_1 \tag{9-43}$$

$$\|\varphi(x_k)-a_2\|^2 \leqslant {R_2}^2-\xi_{1k},\ k=1,\ 2,\ 3,\ \cdots,\ l_2 \tag{9-44}$$

$$\|\varphi(z_j)-a_2\|^2 \leqslant {R_2}^2-\xi_{2j},\ j=1,\ 2,\ 3,\ \cdots,\ l_3 \tag{9-45}$$

$$\eta_k \geqslant 0,\ \xi_{1k} \geqslant 0,\ \xi_{2j} \geqslant 0 \tag{9-46}$$

$$k=1,\ 2,\ 3,\ \cdots,\ l_1;\ i=1,\ 2,\ 3,\ \cdots,\ l_2;\ j=1,\ 2,\ 3,\ \cdots,\ l_3$$

式中：ξ_k，η_{1i}，η_{2j}，η_k，ξ_{1k}，ξ_{2j} 为松弛变量；φ 函数为特征映射函数；C_1，C_2，C_3，C_4，C_5，$C_6>0$ 为设置的惩罚因子。

设置式(9-37)和式(9-38)是为了找到第一类数据的超球体的半径及球心，同时最小化超球体的半径。这意味着我们试图找到一个半径最小的超球体，以包含所有的第一类数据点。式(9-37)约束了第一类数据点到球心的距离不超过 R_1，而式(9-38)确保其他类别的数据点(第二类和第三类)位于这个超球体的外部。式(9-39)和式(9-40)这两个公式是用来定义和找到第一类数据点的松弛变量。松弛变量表示对于某些数据点放宽限制，允许它们不满足超球体约束(距离小于 R_1)，从而允许一些数据点位于超球体的外部。目标是最小化这些松弛变量，以便在保持超球体尽量小的情况下容忍一些违规点。式(9-41)是一个综合目标函数，它要最小化第一类数据点的松弛变量，同时最小化第一类数据的超球体半径 R_1。这个综合目标函数在尽量小的半径和尽量少的违规点之间找到平衡，以确保对第一类数据的有效分类。

式(9-42)和式(9-43)类似于第一系列公式，但是针对第二类数据的超球体进行描述。式(9-42)用于找到第二类数据的超球体的半径和球心，同时最小化 R_2。式(9-43)则确保其他类别(第一类和第三类)的数据点位于这个超球体的外部。式(9-44)和式(9-45)是用来定义和找到第二类数据点的松弛变量。松弛变量表示对于某些数据点，允许它们不满足超球体约束(距离小于 R_2)，从而容忍一些违规点。式(9-46)是一个综合目标函数，它要最小化第二类数据点的松弛变量，同时最小化第二类数据的超球体半径 R_2，以确保对第二类数据的有效分类。

下面我们通过一个简单的实例来认识一下双超球支持向量数据描述，如图 9-8 是利用双超球支持向量对三类数据进行分类。

下面我们通过图形来进行一定的说明。首先该图是对三类样本进行描述，在图中第一类样本用加号来描述，而第二类样本用星号来描述。位于两个球体之外的第三类样本数量明显较第一类样本和第二类样本要少，我们用句号来表示。在图形中，我们可以看到第一类和第二类样本点分布在两个不同的超球体内，而第三类样本点则分布在这两个超球体之外。这种布局可能代表了一个分类问题，其中我们尝试将第一类和第二类样本点分类到两个不同的类别，而第三类样本点可能是噪声或者不属于这两个类别的样本。该图中核函数参数 s_1 和 s_2 的值都是 5，惩罚参数的设置如下：$C_1=C_2=0.4$，$C_3=C_4=0.02$，$C_5=C_6=0.1$。

对于直接求优化问题，即直接求式(9-37)和式(9-42)是十分复杂的，因此我们要引入一些非负拉格朗日乘子来求解这个优化问题的对偶问题。每个线性规划问题都存在两个问题，这两个问题互为对偶。对偶问题的目标是找到一组称为拉格朗日乘子或对偶变量的值，以最大化或最小化一个与原问题相关的函数，同时满足一组对偶约束条件。对偶问题通常用来解决原问题的下界或上界问题。当原线性规划问题中的所有变量都有非负约束时，我们称其对偶问题为对称型对偶问题。在这种情况下，对偶变量也没有非负约束。当原线性规划问题中的某些变量没有非负约束时，对应的对偶问题称为非对称型对偶问题。在这种情况下，对偶变量可能会受到非负限制。如果原线性规划问题中某个变量没有非负约束，那么其对偶问题中对应的对偶约束是等式约束。如果原线性规划问题中某个变量有非负约束，那么其对偶问题中对应的对偶约束是非负约束。

对偶问题在线性规划中具有重要的理论和实际作用，它们可以用来证明原问题的最优解性质，提供了求解复杂线性规划问题的有效方法。拉格朗日乘子是用来建立对偶问题的关键元素，它们帮助我们理解约束对最优解的影响，同时也用于求解对偶问题。

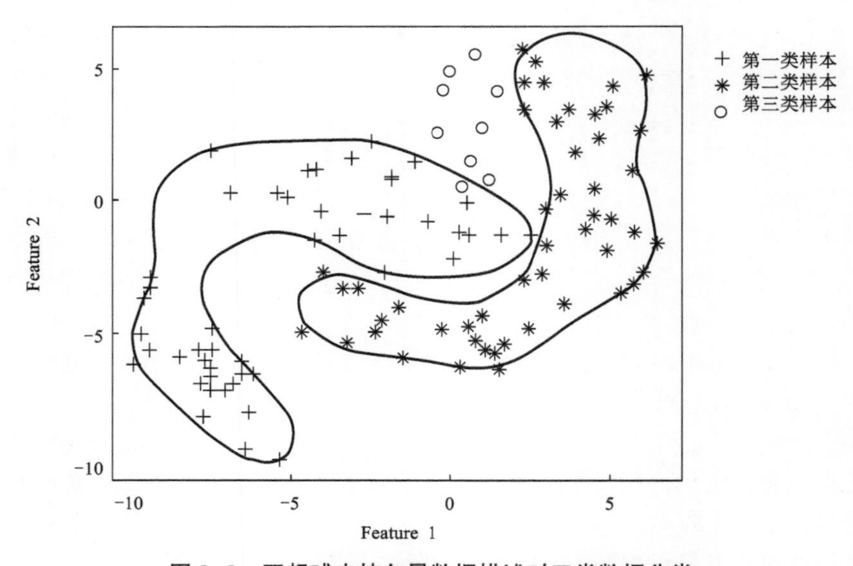

图 9-8　双超球支持向量数据描述对三类数据分类

通过引入非负拉格朗日乘子α_k，γ_k，$k=1, 2, 3, \cdots, l_1$，而β_{1i}，ζ_{1i}，$i=1, 2, 3, \cdots, l_2$，以及β_{2j}，ζ_{2j}，$j=1, 2, 3, \cdots, l_3$，我们可以得到以下拉格朗日函数：

$$L(\cdot)=R_1^2+C_1\sum_{k=1}^{l_1}\xi_k+C_3\sum_{i=1}^{l_2}\eta_{1i}+C_5\sum_{j=1}^{l_3}\eta_{2j}-\sum_{k=1}^{l_1}\alpha_k[R_1^2+\xi_k-(\varphi(x_k)-a_1)^2]-\sum_{i=1}^{l_2}\beta_{1i}\begin{bmatrix}(\varphi(y_i)-a_1)^2-\\R_1^2+\eta_{1i}\end{bmatrix}-\sum_{j=1}^{l_3}\beta_{2j}[(\varphi(z_j)-a_1)^2-R_1^2+\eta_{2j}]-\sum_{k=1}^{l_1}\gamma_k\xi_k-\sum_{i=1}^{l_2}\zeta_{1i}\eta_{1i}-C_5\sum_{j=1}^{l_3}\zeta_{2j}\eta_{2j} \quad (9-47)$$

式(9－47)中，拉格朗日函数对应于变量R_1、a_1及松弛变量ξ_k、η_{1i}、η_{2j}，求拉格朗日函数对它们的梯度：

$$\frac{\partial L}{\partial R_1}=0\rightarrow\sum_{k=1}^{l_1}\alpha_k-\sum_{i=1}^{l_2}\beta_{1i}-\sum_{j=1}^{l_3}\beta_{2j} \quad (9-48)$$

$$\frac{\partial L}{\partial a_1}=0\rightarrow a_1=\sum_{k=1}^{l_1}\alpha_k\varphi(x_k)-\sum_{i=1}^{l_2}\beta_{1i}\varphi(y_i)-\sum_{j=1}^{l_3}\beta_{2j}\varphi(z_j) \quad (9-49)$$

$$\frac{\partial L}{\partial \xi_k}=0\rightarrow C_1-\gamma_k-\alpha_k\rightarrow 0\leqslant\alpha_k\leqslant C_1,\ k=1, 2, 3, \cdots, l_1 \quad (9-50)$$

$$\frac{\partial L}{\partial \eta_{1i}}=0\rightarrow C_2-\zeta_{1i}-\beta_{1i}\rightarrow 0\leqslant\beta_{1i}\leqslant C_2,\ i=1, 2, 3, \cdots, l_2 \quad (9-51)$$

$$\frac{\partial L}{\partial \eta_{2j}}=0\rightarrow C_3-\zeta_{2j}-\beta_{2j}\rightarrow 0\leqslant\beta_{2j}\leqslant C_3,\ j=1, 2, 3, \cdots, l_3 \quad (9-52)$$

我们将前两个公式代入拉格朗日函数$L(\cdot)$中：

$$L(\cdot)=\sum_{k=1}^{l_1}\alpha_kK(x_k, x_k)-\sum_{i=1}^{l_2}\beta_{1i}K(y_i, y_i)-\sum_{j=1}^{l_3}\beta_{2j}K(z_j, z_j)-\sum_{k=1}^{l_1}\sum_{l=1}^{l_1}\alpha_k\alpha_lK(x_k, x_l)-\sum_{i=1}^{l_2}\sum_{m=1}^{l_2}\alpha_k\alpha_lK(x_i, x_m)-\sum_{j=1}^{l_3}\sum_{n=1}^{l_3}\alpha_j\alpha_nK(x_j, x_n)+2\sum_{k=1}^{l_1}\sum_{i=1}^{l_2}\alpha_k\beta_{1i}K(x_k, y_i)+2\sum_{k=1}^{l_1}\sum_{j=1}^{l_3}\alpha_k\beta_{2j}K(x_k, z_j)-2\sum_{i=1}^{l_2}\sum_{j=1}^{l_3}\beta_{1i}\beta_{2j}K(y_i, z_j) \quad (9-53)$$

同理，将第二序列的前两个公式代入拉格朗日函数中可得将原始问题[式(9－37)代入～式(9－41)]中的对偶问题：

$$\max\sum_{k=1}^{l_1}\alpha_kK(x_k, x_k)-\sum_{i=1}^{l_2}\beta_{1i}K(y_i, y_i)-\sum_{j=1}^{l_3}\beta_{2j}K(z_j, z_j)-\sum_{k=1}^{l_1}\sum_{l=1}^{l_1}\alpha_k\alpha_lK(x_k, x_l)-\sum_{i=1}^{l_2}\sum_{m=1}^{l_2}\alpha_k\alpha_lK(y_i, y_m)-\sum_{j=1}^{l_3}\sum_{n=1}^{l_3}\alpha_j\alpha_nK(z_j, z_n)+2\sum_{k=1}^{l_1}\sum_{i=1}^{l_2}\alpha_k\beta_{1i}K(x_k, y_i)+2\sum_{k=1}^{l_1}\sum_{j=1}^{l_3}\alpha_k\beta_{2j}K(x_k, z_j)-2\sum_{i=1}^{l_2}\sum_{j=1}^{l_3}\beta_{1i}\beta_{2j}K(y_i, z_j) \quad (9-54)$$

对于这些代入过后的拉格朗日函数，我们还要做出如下限制条件：

$$\sum_{k=1}^{l_1}\alpha_k-\sum_{i=1}^{l_2}\beta_{1i}-\sum_{j=1}^{l_3}\beta_{2j}=1 \quad (9-55)$$

$$0\leqslant\alpha_k\leqslant C_1,\ k=1, 2, 3, \cdots, l_1 \quad (9-56)$$

$$0\leqslant\beta_{1i}\leqslant C_3,\ i=1, 2, 3, \cdots, l_2 \quad (9-57)$$

$$0 \leqslant \beta_{2j} \leqslant C_5, j=1, 2, 3, \cdots, l_3 \tag{9-58}$$

对于原始问题[式(9-42)~式(9-46)]，我们同样引入一些拉格朗日乘子β_i，ζ_i，$i=1, 2, 3, \cdots, l_2$，同样α_{1k}，γ_{1k}，$k=1, 2, 3, \cdots, l_1$，还有α_{2j}，γ_{2j}，$j=1, 2, 3, \cdots, l_3$，由此也可得到相应的对偶问题：

$$\begin{aligned} \max \sum_{i=1}^{l_2} \beta_i K(y_i, y_i) - \sum_{k=1}^{l_1} \alpha_{1k} K(x_k, x_k) - \sum_{j=1}^{l_3} \alpha_{2j} K(z_j, z_j) - \\ \sum_{k=1}^{l_1} \sum_{l=1}^{l_1} \alpha_{1k}\alpha_{1l} K(y_i, y_m) - \sum_{i=1}^{l_2} \sum_{m=1}^{l_2} \beta_i \beta_l K(x_i, x_m) - \\ \sum_{j=1}^{l_3} \sum_{n=1}^{l_3} \alpha_{2j}\alpha_{2n} K(z_j, z_n) + 2\sum_{k=1}^{l_1} \sum_{i=1}^{l_2} \alpha_{1k}\beta_i K(x_k, y_i) \\ + 2\sum_{k=1}^{l_1} \sum_{j=1}^{l_3} \alpha_{1k}\alpha_{2j} K(x_k, z_j) - 2 \end{aligned} \tag{9-59}$$

同样地，我们也有限制条件：

$$\sum_{i=1}^{l_2} \beta_i - \sum_{k=1}^{l_1} \alpha_{1k} - \sum_{j=1}^{l_3} \alpha_{2j} = 1 \tag{9-60}$$

$$0 \leqslant \beta_i \leqslant C_2, i=1, 2, 3, \cdots, l_2 \tag{9-61}$$

$$0 \leqslant \alpha_{1k} \leqslant C_4, k=1, 2, 3, \cdots, l_1 \tag{9-62}$$

$$0 \leqslant \alpha_{2j} \leqslant C_6, j=1, 2, 3, \cdots, l_3 \tag{9-63}$$

我们引入支持向量这个概念来解释原始问题的解与对偶问题的解这两者之间的内在联系。我们先用一些简单的语言来描述一下支持向量这个概念。支持向量的核心思想是找到一个最佳的超平面，这个超平面使得两个不同类别的数据点之间的间隔最大化。这个间隔被称为间隔边界。超平面的定义是一个d维空间中的子空间，其中d是特征的数量。在二维空间中，这个超平面是一条直线，而在更高维度的空间中，它是一个超平面。支持向量是离超平面最近的那些数据点。这些数据点的特点是它们对于超平面的位置非常关键，改变它们的位置会影响超平面的位置和方向。因此，支持向量对于定义超平面和最大化间隔非常重要。

支持向量的数学表述涉及优化问题，其目标是找到一个最大间隔的超平面，同时要求正确分类所有的训练样本。这可以通过解决对偶问题来实现，其中引入了拉格朗日乘子，这些乘子用于处理不等式约束。拉格朗日乘子的非零值对应支持向量。

我们分别对这三条直线都展开一定的论述。首先H_1不能把类别分开，这个分类器肯定是万万不能被选区的；H_2可以将类别分开，但是分割线与最近的数据点之间的间隔较小，存在噪声的一部分数据很有可能会被H_2错误分类(通俗而言，即对噪声敏感、泛化能力弱)。H_3则是用较大间隔将不同类的数据分开，这样就能减少测试数据的一些噪声对分类的影响从而正确分类，是一个泛化能力不错的分类器。通过以上描述我们把这个划分数据的决策边界就叫"超平面"，离这个超平面最近的点就叫作"支持向量"，点到超平面的距离叫做"间隔"，往更深的角度说支持向量机的意思就是使超平面和支持向量之间的间隔尽可能大，这样才可以使两类样本准确地分开。

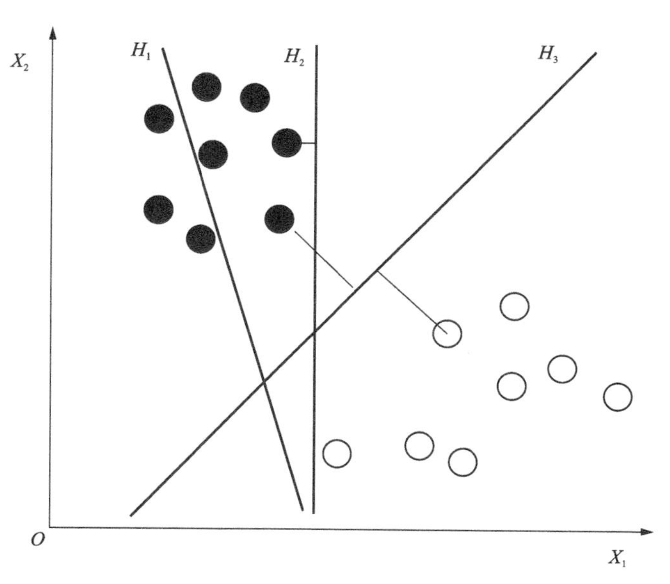

图 9-9　平面空间“支持向量描述”

接下来我们叙述支持向量的具体数学定义。对于第一组原始问题，我们假定样本点 x_k，y_i，z_j 是第一类样本的支持向量，对于其对偶问题中我们求出的一个解 $\alpha'_k(k=1, 2, 3, \cdots, l_1)$，$\beta'_{1i}(i=1, 2, 3, \cdots, l_2)$，$\beta'_{2j}(j=1, 2, 3, \cdots, l_3)$。这个解对应于样本点 x_k，y_i，z_j 并且满足条件 $\alpha'_k>0$，$\beta'_{1i}>0$，$\beta'_{2j}>0$，我们就称样本点 x_k，y_i，z_j 为边界支持向量和非边界支持向量。假如对应解满足的是这个条件（$0<\alpha'_k<C_1$，$0<\beta'_{1i}<C_3$，$0<\beta'_{2j}<C_5$ 和 $\alpha'_k=C_1$，$\beta'_{1i}=C_3$，$\beta'_{2j}=C_5$）。

对于第二类样本点的原始问题，我们假定第二类样本的支持向量为 y_i，x_k，z_j。对应于其对偶问题，我们有一个解 $\beta'_i(i=1, 2, 3, \cdots, l_2)$，$\alpha'_{1k}(k=1, 2, 3, \cdots, l_1)$，$\alpha'_{2j}(j=1, 2, 3, \cdots, l_3)$。当其解对应于原始问题的样本点 y_i，x_k，z_j 并且满足条件 $\beta'_i>0$，$\alpha'_{1k}>0$，$\alpha'_{2j}>0$，我们同样也称 y_i，x_k，z_j 为边界支持向量和非边界支持向量。如果对应于对偶问题解 β'_i，α'_{1k}，α'_{2j} 满足 $0<\beta'_i<C_2$，$0<\alpha'_{1k}<C_4$，$0<\alpha'_{2j}<C_6$ 和 $\beta'_i=C_2$，$\alpha'_{1k}=C_4$，$\alpha'_{2j}=C_6$。

接下来我们对原始问题和对偶问题的解之间的关系进行一定的阐述。

我们可以得到第一个超球平面问题，即式（9-37）到式（9-41）的对偶问题，我们得到的解为 R_1，a_1，$\xi_k(k=1, 2, 3, \cdots, l_1)$，$\eta_{1i}(i=1, 2, 3, \cdots, l_2)$，$\eta_{2j}(j=1, 2, 3, \cdots, l_3)$，其对偶问题的解为 $\alpha'_k(k=1, 2, 3, \cdots, l_1)$，$\beta'_{1i}(i=1, 2, 3, \cdots, l_2)$，$\beta'_{2j}(j=1, 2, 3, \cdots, l_3)$，我们可以得到下面几个结论：

（1）如果 $\|\varphi(x_k)-a_1\|^2<R_1^2$，有 $\alpha'_k=0$；如果 $\|\varphi(y_i)-a_1\|^2>R_1^2$，有 $\beta'_{1i}=0$；

如果 $\|\varphi(z_j)-a_1\|^2<R_1^2$，有 $\beta'_{2j}=0$。

（2）如果 $\|\varphi(x_k)-a_1\|^2=R_1^2$，有 $0<\alpha'_k<C_1$；如果 $\|\varphi(y_i)-a_1\|^2=R_1^2$，有 $0<\beta'_{1i}<C_3$；如果 $\|\varphi(z_j)-a_1\|^2=R_1^2$，有 $0<\beta'_{2j}<C_5$。

（3）如果 $\|\varphi(x_k)-a_1\|^2>R_1^2$，有 $\alpha'_k=C_1$；如果 $\|\varphi(y_i)-a_1\|^2<R_1^2$，有 $\beta'_{1i}=C_3$；如果 $\|\varphi(z_j)-a_1\|^2<R_1^2$，有 $\beta'_{2j}=C_5$。

由原始问题[式(9-37)到式(9-41)]及对偶问题[式(9-54)]可得到相互补充的松弛条件：

$$\alpha_k\{R_1^2+\xi_k-[\varphi(x_k)-a_1]^2\}=0,\ k=1,\ 2,\ 3,\ \cdots,\ l_1 \tag{9-64}$$

$$\beta_{1i}\{-R_1^2+\eta_{1i}-[\varphi(y_i)-a_1]^2\}=0,\ i=1,\ 2,\ 3,\ \cdots,\ l_2 \tag{9-65}$$

$$\beta_{2j}\{-R_1^2+\eta_{2j}-[\varphi(z_j)-a_1]^2\}=0,\ j=1,\ 2,\ 3,\ \cdots,\ l_3 \tag{9-66}$$

$$\gamma_k\xi_k=0,\ k=1,\ 2,\ 3,\ \cdots,\ l_1 \tag{9-67}$$

$$\zeta_{1i}\eta_{1i}=0,\ i=1,\ 2,\ 3,\ \cdots,\ l_2 \tag{9-68}$$

$$\zeta_{2j}\eta_{2j}=0,\ j=1,\ 2,\ 3,\ \cdots,\ l_3 \tag{9-69}$$

对于式(9-63)到式(9-65)，当出现下列情况：

$$\|\varphi(x_k)-a_1\|^2<R_1{}^2$$

$$\|\varphi(y_i)-a_1\|^2>R_1^2$$

$$\|\varphi(z_j)-a_1\|^2>R_1^2$$

可以有下列公式：

$$R_1^2+\xi_k-[\varphi(x_k)-a_1]^2>0$$

$$-R_1^2+\eta_{1i}-[\varphi(y_i)-a_1]^2>0$$

$$-R_1^2+\eta_{2j}-[\varphi(z_j)-a_1]^2>0$$

从而有：

$$\alpha_k'=0,\ \beta_{1i}'=0,\ \beta_{2j}'=0$$

这是对上述结论(1)的证明，用同样的方法我们可以证明结论(2)：

$$\|\varphi(x_k)-a_1\|^2=R_1{}^2$$

$$\|\varphi(y_i)-a_1\|^2=R_1^2$$

$$\|\varphi(z_j)-a_1\|^2=R_1^2$$

可以有下列公式：

$$R_1^2+\xi_k-[\varphi(x_k)-a_1]^2=0$$

$$-R_1^2+\eta_{1i}-[\varphi(y_i)-a_1]^2=0$$

$$-R_1^2+\eta_{2j}-[\varphi(z_j)-a_1]^2=0$$

从而有：

$$0<\alpha_k'<C_1$$

$$0<\beta_{1i}'<C_3$$

$$0<\beta_{2j}'<C_5$$

同理可证明结论(3)：

$$\|\varphi(x_k)-a_1\|^2>R_1{}^2$$

$$\|\varphi(y_i)-a_1\|^2<R_1^2$$

$$\|\varphi(z_j)-a_1\|^2<R_1^2$$

可以有下列公式：

$$R_1^2+\xi_k-[\varphi(x_k)-a_1]^2<0$$

$$-R_1^2+\eta_{1i}-[\varphi(y_i)-a_1]^2<0$$

$$-R_1^2+\eta_{2j}-[\varphi(z_j)-a_1]^2<0$$

从而有：

$$\alpha_k' = C_1,\ \beta_{1i}' = C_3,\ \beta_{2j}' = C_5$$

接下来我们对第二个超球平面问题，即式(9-42)到式(9-46)的对偶问题，我们得到的解为 R_2，a_2，$\eta_i(i=1,2,3,\cdots,l_2)$，$\xi_{1k}(k=1,2,3,\cdots,l_1)$，$\xi_{2j}(j=1,2,3,\cdots,l_3)$，其对偶问题的解为 $\beta_i'(i=1,2,3,\cdots,l_2)$，$\alpha_{1k}'(k=1,2,3,\cdots,l_1)$，$\alpha_{2j}'(j=1,2,3,\cdots,l_3)$，我们可以得到下面几个结论：

(1) 如果 $\|\varphi(y_i)-a_2\|^2<R_2^2$，有 $\beta_i'=0$；如果 $\|\varphi(x_k)-a_2\|^2>R_2^2$，有 $\alpha_{1k}'=0$；如果 $\|\varphi(z_j)-a_2\|^2<R_2^2$，有 $\alpha_{2j}'=0$。

(2) 如果 $\|\varphi(y_i)-a_2\|^2=R_2^2$，有 $0<\beta_i'<C_2$；如果 $\|\varphi(x_k)-a_2\|^2=R_2^2$，有 $0<\alpha'_{1k}<C_4$；如果 $\|\varphi(z_j)-a_2\|^2=R_2^2$，有 $0<\alpha'_{2j}<C_6$。

(3) 如果 $\|\varphi(y_i)-a_2\|^2>R_2^2$，有 $\beta'_i=C_2$；如果 $\|\varphi(x_k)-a_2\|^2<R_2^2$，有 $\alpha'_{1k}=C_4$；如果 $\|\varphi(z_j)-a_2\|^2<R_2^2$，有 $\alpha'_{2j}=C_6$。

由原始问题[式(9-42)~式(9-46)]及对偶问题[式(9-59)]可得到相互补充的松弛条件：

$$\beta_i\{R_2^2+\eta_i-[\varphi(y_i)-a_2]^2\}=0,\ i=1,2,3,\cdots,l_2 \tag{9-70}$$

$$\alpha_{1k}\{-R_2^2+\xi_{1k}-[\varphi(x_k)-a_2]^2\}=0,\ k=1,2,3,\cdots,l_1 \tag{9-71}$$

$$\alpha_{2j}\{-R_2^2+\xi_{2j}-[\varphi(z_j)-a_2]^2\}=0,\ j=1,2,3,\cdots,l_3 \tag{9-72}$$

$$\zeta_i\eta_i=0,\ i=1,2,3,\cdots,l_2 \tag{9-73}$$

$$\gamma_{1k}\xi_{1k}=0,\ k=1,2,3,\cdots,l_1 \tag{9-74}$$

$$\gamma_{2j}\xi_{2j}=0,\ j=1,2,3,\cdots,l_3 \tag{9-75}$$

对于式(9-70)~式(9-72)，当出现下列情况：

$$\|\varphi(y_i)-a_2\|^2<R_2^2$$
$$\|\varphi(x_k)-a_2\|^2>R_2^2$$
$$\|\varphi(z_j)-a_2\|^2<R_2^2$$

可以有下列公式：

$$R_2^2+\eta_i-[\varphi(y_i)-a_2]^2>0$$
$$-R_2^2+\xi_{1k}-[\varphi(x_k)-a_2]^2>0$$
$$-R_2^2+\xi_{2j}-[\varphi(z_j)-a_2]^2>0$$

从而有：

$$\beta'_i=0,\ \alpha'_{1k}=0,\ \alpha'_{2j}=0$$

这是对上述结论(1)的证明，用同样的方法我们可以证明结论(2)：

$$\|\varphi(y_i)-a_2\|^2=R_2^2$$
$$\|\varphi(x_k)-a_2\|^2=R_2^2$$
$$\|\varphi(z_j)-a_2\|^2=R_2^2$$

可以有下列公式：

$$R_2^2+\eta_i-[\varphi(y_i)-a_2]^2=0$$
$$-R_2^2+\xi_{1k}-[\varphi(x_k)-a_2]^2=0$$
$$-R_2^2+\xi_{2j}-[\varphi(z_j)-a_2]^2=0$$

从而有：

$$0<\beta'_i<C_1$$
$$0<\alpha'_{1k}<C_3$$
$$0<\alpha'_{2j}<C_5$$

同理可证明结论（3）：

$$\|\varphi(y_i)-a_2\|^2>R_2^2$$
$$\|\varphi(x_k)-a_2\|^2<R_2^2$$
$$\|\varphi(z_j)-a_2\|^2<R_2^2$$

可以有下列公式：

$$R_2^2+\eta_i-[\varphi(y_i)-a_2]^2<0$$
$$-R_2^2+\xi_{1k}-[\varphi(x_k)-a_2]^2<0$$
$$-R_2^2+\xi_{2j}-[\varphi(z_j)-a_2]^2<0$$

从而有：

$$\beta'_i=C_1,\ \alpha'_{1k}=C_3,\ \alpha'_{2j}=C_5$$

我们通过这些公式来计算第一类样本超球体的半径 R_1：

$$R_1^2=\|\varphi(x_s)-a_1\|^2=\|\varphi(x_s)-\sum_{k=1}^{l_1}\alpha'_k\varphi(x_k)+\sum_{i=1}^{l_2}\beta'_{1i}\varphi(y_i)+\sum_{j=1}^{l_3}\beta'_{2j}\varphi(z_j)\|^2 \quad (9-76)$$

式中：x_s 为任意一个边界支持向量，即样本中满足条件 $0<\alpha'_s<C_1$ 或 $0<\beta'_{1s}<C_3$ 或 $0<\beta'_{2s}<C_5$ 的样本。

我们将式（9-71）改成核函数的形式，可得：

$$R_1^2=K(x_s,x_s)-2\sum_{k=1}^{l_1}\alpha'_kK(x_s,x_k)+2\sum_{i=1}^{l_2}\beta'_{1i}K(x_s,y_i)+2\sum_{j=1}^{l_3}\beta'_{2j}K(x_s,z_j)+\sum_{k=1}^{l_1}\sum_{l=1}^{l_1}\alpha'_k\alpha'_lK(x_k,x_l)+\sum_{i=1}^{l_2}\sum_{m=1}^{l_2}\beta'_{1i}\beta'_{1m}K(y_i,y_m)\sum_{j=1}^{l_3}\sum_{n=1}^{l_3}\beta'_{2j}\beta'_{2n}K(z_j,z_n)-2\sum_{k=1}^{l_1}\sum_{i=1}^{l_2}\alpha'_k\beta'_{1i}K(x_k,y_i)-2\sum_{k=1}^{l_1}\sum_{j=1}^{l_3}\alpha'_k\beta'_{2j}K(x_k,z_j)+2\sum_{i=1}^{l_2}\sum_{j=1}^{l_3}\beta'_{1i}\beta'_{2j}K(y_i,z_j) \quad (9-77)$$

同理，我们来求解一下第二类样本超球体的半径 R_2：

$$R_2^2=\|\varphi(y_s)-a_2\|^2=\|\varphi(y_s)-\sum_{i=1}^{l_2}\beta'_i\varphi(y_i)+\sum_{k=1}^{l_1}\alpha'_{1k}\varphi(x_k)+\sum_{j=1}^{l_3}\alpha'_{2j}\varphi(z_j)\|^2 \quad (9-79)$$

式中：y_s 为任意一个边界支持向量，即样本中满足条件 $0<\beta'_s<C_2$ 或 $0<\alpha'_{1s}<C_4$ 或 $0<\alpha'_{2s}<C_6$ 的样本。

我们将式（9-82）改成核函数的形式，可得：

$$R_2^2=K(y_s,\sum_{j=1}^{l_3}\sum_{n=1}^{l_3}\alpha'_{2j}\alpha'_{2n}K(z_j,z_n)-2\sum_{i=1}^{l_2}\sum_{k=1}^{l_1}\beta'_i\alpha'_{1k}K(y_i,x_k)-2\sum_{i=1}^{l_2}\sum_{j=1}^{l_3}\beta'_i\alpha'_{2j}K(y_i,z_j)+2\sum_{k=1}^{l_1}\sum_{j=1}^{l_3}\alpha'_{1k}\alpha'_{2j}K(x_k,z_j) \quad (9-79)$$

在确定了这两个种类的超球体的半径后，我们现在就可以对样本空间中的测试点 f 进行分类。为了判断测试点 f 的类别，我们要先找到测试点 f 在特征空间中的映射，这是转换问题的第一步。我们命名这个映射为 $\varphi(f)$，我们算出要求 $\varphi(f)$ 到两个超球体球心的距离，记为 h_1 和 h_2。下面我们来描述 h_1 和 h_2 的表达式：

$$h_1=\|\varphi(f)-a_1\|^2=\|\varphi(f)-\sum_{k=1}^{l_1}\alpha'_k\varphi(x_k)+\sum_{i=1}^{l_2}\beta'_{1i}\varphi(y_i)+\sum_{j=1}^{l_3}\beta'_{2j}\varphi(z_j)\| \quad (9-80)$$

我们将这个公式转换成高斯核函数的形式：

$$h_1=K(f,f)-2\sum_{k=1}^{l_1}\alpha'_kK(f,x_k)+2\sum_{i=1}^{l_2}\beta'_{1i}K(f,y_i)+2\sum_{j=1}^{l_3}\beta'_{2j}K(f,z_j)+\sum_{k=1}^{l_1}\sum_{l=1}^{l_1}\alpha'_k\alpha'_lK(x_k,x_l)+\sum_{i=1}^{l_2}\sum_{m=1}^{l_2}\beta'_{1i}\beta'_{1m}K(y_i,y_m)+\sum_{j=1}^{l_3}\sum_{n=1}^{l_3}\beta'_{2j}\beta'_{2n}K(z_j,z_n)-2\sum_{k=1}^{l_1}\sum_{i=1}^{l_2}\alpha'_k\beta'_{1i}K(x_k,y_i)-2\sum_{k=1}^{l_1}\sum_{j=1}^{l_3}\alpha'_k\beta'_{2j}K(x_k,z_j)+2\sum_{i=1}^{l_2}\sum_{j=1}^{l_3}\beta'_{1i}\beta'_{2j}K(y_i,z_j) \quad (9-81)$$

同样地：

$$h_2=\|\varphi(f)-a_2\|^2=\left\|\varphi(f)-\sum_{i=1}^{l_2}\beta'_i\varphi(y_i)+\sum_{k=1}^{l_1}\alpha'_{1k}\varphi(x_k)+\sum_{j=1}^{l_3}\alpha'_{2j}\varphi(z_j)\right\|^2 \quad (9-82)$$

我们将这个公式转换成高斯核函数的形式：

$$h_2=K(f,f)-2\sum_{i=1}^{l_2}\beta'_iK(f,y_i)+2\sum_{k=1}^{l_1}\alpha'_{1k}K(f,x_k)+2\sum_{j=1}^{l_3}\alpha'_{2j}K(f,z_j)+\sum_{i=1}^{l_2}\sum_{m=1}^{l_2}\beta'_i\beta'_mK(y_i,y_m)+\sum_{k=1}^{l_1}\sum_{l=1}^{l_1}\alpha'_{1k}\alpha'_{1l}K(x_k,x_l)+\sum_{j=1}^{l_3}\sum_{n=1}^{l_3}\alpha'_{2j}\alpha'_{2n}K(z_j,z_n)-2\sum_{i=1}^{l_2}\sum_{k=1}^{l_1}\beta'_i\alpha'_{1k}K(y_i,x_k)+2\sum_{i=1}^{l_2}\sum_{j=1}^{l_3}\beta'_i\alpha'_{2j}K(y_i,z_j)+2\sum_{k=1}^{l_1}\sum_{j=1}^{l_3}\alpha'_{1k}\alpha'_{2j}K(x_k,z_j) \quad (9-83)$$

在将这些表达式都整理出来后，我们终于到了激动人心的时刻，那就是要对测试点 f 进行类别分辨。

以下是分辨原则：

(1) $h_1\leqslant R_1^2$，并且 $h_2>R_2^2$，那么 f 是第一类样本点。

(2) $h_2\leqslant R_2^2$，并且 $h_1>R_1^2$，那么 f 是第二类样本点。

(3) $h_1\leqslant R_1^2$，并且 $h_2\leqslant R_2^2$，$h_1<h_2$，那么 f 是第一类样本点。

(4) $h_1\leqslant R_1^2$，并且 $h_2\leqslant R_2^2$，$h_2<h_1$，那么 f 是第二类样本点。

(5) $h_1>R_1^2$，并且 $h_2>R_2^2$，那么 f 是第三类样本点。

了解了双球体描述样本类别的方法后，我们再回来谈一谈基于向量数据描述方法(SVDD)的具体特征[90]。在描述 SVDD 特征的过程中，我们都使用高斯核函数，先验地设置目标集上的误差的上限，并且优化宽度参数 s。

在描述一个球体时，所需的样本点数量取决于精度要求、数据集形状，以及异常值的分布。虽然这个问题没有一个先验的回答，但是在考虑刚性球形数据描述时，我们可以确定一个下限。对于刚性球形数据描述，我们仅需要球体的中心坐标和半径。理论上，只有两个样本点就足以确定一个球体，而且这个结果与维度无关。这是因为权重是正的，并且被约束为总和为 1[通过等式(9-6)]，所以球体的中心必须位于支持向量的凸包内。当中心位于连接这些样本点的线上时，只需要两个样本点就可以描述一个球体。然而，对于具有在所有方向上变化的高维数据集，所需的样本点数量可能会增加。对于子空间中的数据集，所需的样本点数量可能会减少。例如，如果数据集在一维线上，则只需要两个样本点就可以描述一个球体。

总的来说，问题的复杂性取决于数据集的特征和目标的精度要求。在实际应用中，需要根据具体情况进行实验和分析，以确定在给定条件下描述球体所需的样本点数量。在图 9-10 中，针对不同维度(2D 和 5D)的数据，显示了可接受的异常值的分数、成为支持向量的训练对象的分数，以及目标集上的误差。数据来自(人工生成的)香蕉形状的分布。针对不同的 s，对 SVDD 进行培训。然后通过绘制包含 200 个对象的新的独立测试集来估计目标集上的误差。从数据周围的正方形块中绘制 1000 个异常值。对于(左)2 维和(右)5 维数据，可接受的(独立测试)异常值的分数、成为支持向量的(训练)目标数据的分数，以及拒绝的(独立检测)目标数据相对于宽度参数 s 的分数。

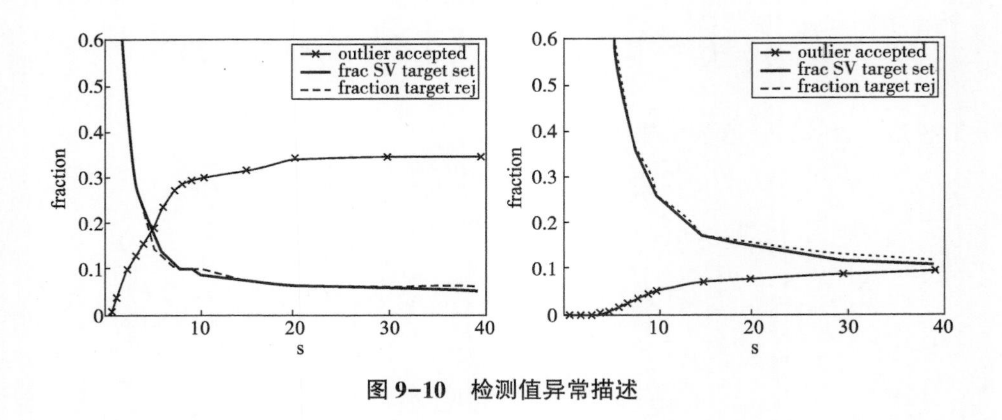

图 9-10　检测值异常描述

通过增加 s，支持向量的数量会减少，紧随其后的是目标集上的误差变小。对于大的 s，误差由描述所需的最小数量的支持向量来限制，在这种情况下，对于 2D 数据大约为 3 个支持向量，对于 5D 数据大约为 5 个支持向量。对于 50 的训练集大小，这导致大约 6% 或 10%的最小误差。可接受的异常值的最大分数是超球体的体积与异常值数据块的体积之间的商。对于 2D 数据中 s>20 和 6D 数据中 s>40，两个分数都保持不变，表明达到了数据中的最大比例。

注意，对于增加特征空间的维度，异常块的体积往往比目标类的体积增长得更快。这意味着目标数据和异常数据之间的重叠减少，分类问题变得更容易。在实践中，这种现象不太明显(尽管仍然存在)，因为异常值通常不是完全随机地分散在所有特征方向上。增加维度以提高分类性能确实有其局限性，因为随着维度的增加，目标类边界也会增加，因此为了可靠地估计边界，需要更多的数据。

在表 9-1 中，显示了不同数据集和不同维度(使用所有可用特征，从 2D 到全维度)的支持向量的最小数量。前三个数据集(高斯、香蕉和椭圆)是人工生成的。高斯集和香蕉集在所有特征方向上都有方差，椭圆主要在第一个方向上。其他数据集是正常的分类问题，取自 UCI 存储库。在每个类上分别训练数据描述(因此，三类 Iris 数据集显示了三行结果)。在第一列中，显示了原始特征空间中 SV 的数量(人工数据集除外)。在接下来的几列中，它显示了被简化为前几个主要组件的数据集。

表 9-1　不同数据集的最小支持向量数

Dataset	Full	2D	5D	10D	25D
Gauss		2. 94(0. 64)	5. 63(0. 97)	7. 81(1. 69)	11. 42(2. 06)
Banana		3. 23(0. 71)	5. 50(1. 48)	7. 76(2. 61)	8. 71(5. 36)
Ellipse		2. 08(0. 04)	2. 16(0. 08)	2. 17(0. 07)	2. 34(0. 19)
Iris	2. 00(0. 00)	2. 00(0. 00)			
(4D)	2. 20(0. 63)	2. 10(0. 32)			
	2. 30(0. 67)	2. 10(0. 32)			
Sonar	6. 20(1. 23)	2. 40(0. 97)	2. 70(1. 34)	5. 60(0. 97)	6. 00(1. 33)
(60D)	7. 30(1. 70)	3. 10(0. 32)	4. 40(0. 97)	4. 90(1. 37)	7. 20(1. 40)
Dataset	Full	2D	5D	10D	25D
Glass	3. 90(0. 32)	3. 00(0. 67)	3. 90(0. 32)		
(9D)	3. 00(0. 47)	2. 10(0. 32)	2. 30(0. 67)		
	2. 30(0. 48)	2. 20(0. 42)	2. 20(0. 42)		
	4. 20(0. 42)	3. 70(0. 48)	4. 30(0. 48)		
Imox	4. 00(0. 47)	3. 80(0. 42)	4. 00(0. 47)		
(8D)	2. 60(1. 07)	2. 30(0. 67)	2. 60(1. 07)		
	3. 70(0. 67)	2. 20(0. 42)	3. 10(0. 57)		
	5. 00(0. 82)	3. 30(0. 67)	5. 00(0. 82)		

对于高斯和香蕉数据集，SV 的数量随着维度的增加而增加，但保持在 d/2 的数量级。在椭圆数据集中，单一的大方差方向导致这个数字保持非常低(数据集末端的两个支持向量通常支持整个数据描述)。对于其他数据集，支持向量的数量主要由数据分布的子空间的维度决定。对于声呐数据库，SV 的数量在 25D 之后几乎没有变化。对于其他数据集，5D 数据已经发生了这种情况。最后要注意的是，不同类别的 SV 的数量可能不同，例如，在 imox 中，这个数字的范围是 2~5。当这个有限数量的数据可用时，这个最小数量的支持向量立即给出可以最小限度地实现的目标误差的指示［通过式(9-36)］。只有使用更多的训练数据才能进一步减少目标集上的误差。

当我们得到异常值时，我们还要使用异常值来进行训练。为了将用异常数据训练的数据描述与标准的两类分类器进行比较，上一节中提到的分类问题的结果如表 9-2 所示。

一个类是目标类，所有其他数据都是异常数据。使用十重交叉验证来查找分类错误。报告的结果是独立(标记)测试集上的分类错误。分类器包括基于高斯密度的线性分类器(称为贝叶斯)、Parzen 分类器和具有多项式核的 3 次支持向量分类器。将其与数据描述进行比较，不包括示例异常值(分别为 SVDD 和 SVDDneg)。

在这两种情况下都使用了高斯核。对参数 σ 进行了优化，使大约 10%的数据成为支持向量。当使用示例异常值时，参数 C_1 和 C_2 被设置为使得目标集上被拒绝对象的分数应该小于 1%，而被接受的异常值对象的分数可以高达 50%。

为了研究现实世界应用中向量范数的影响，不仅使用高斯核，还使用多项式核（具有 3 次，其中数据被重新缩放为单位方差）。这些结果在 SVDD，p3 和 SVDDneg，p3 列中给出。

仅使用来自目标集的信息的一类分类器的性能较差，但在某些情况下仍然与使用目标数据和异常数据的信息的分类器相当。使用异常值的数据描述执行比没有异常值的情况要好一些，正如应该预期的那样。但在某些情况下，它需要仔细优化 C_1、C_2 参数（例如，对于类之间有很多重叠的 imox 数据集）。在大多数情况下，除了少数情况外，使用多项式核的数据描述的性能比使用高斯核的差。

注意，当使用多项式核时，数据被预处理为沿每个特征方向具有零均值和单位方差。当不应用这种预处理时，分类性能会变得非常差（比随机猜测更差）。

表 9-2 用于区分其中一个类和其他类的不同分类器的交叉验证错误

clnr	Bayes	Parzen	SVC p3	SVDD	SVDD p3	SVDD neg	SVDD neg p3
				Iris			
1	**0.0(0.0)**	**0.0(0.0)**	**0.0(0.0)**	**4.7(6.3)**	33.3(0.0)	8.0(6.1)	**4.7(4.5)**
2	26.7(9.4)	**3.3(3.5)**	8.0(6.1)	**8.0(8.8)**	23.3(8.5)	**9.3(4.7)**	10.0(3.5)
3	7.3(4.9)	**3.3(3.5)**	6.0(3.8)	**7.3(3.8)**	38.7(8.2)	**9.3(5.6)**	20.0(4.4)
				Glass			
1	21.9(8.6)	**19.2(7.8)**	22.4(8.7)	**33.6(7.8)**	36.5(9.3)	**29.0(5.7)**	32.7(8.6)
2	32.6(10.2)	**19.2(6.9)**	20.5(11.2)	51.5(5.1)	**50.6(6.1)**	30.4(7.9)	51.9(7.0)
3	**8.4(3.0)**	**8.4(3.7)**	10.3(4.4)	**30.0(10.9)**	54.7(6.9)	**9.3(4.3)**	46.8(5.3)
4	7.1(4.7)	**5.2(3.5)**	7.5(6.2)	**69.7(4.6)**	76.2(4.1)	**14.9(3.6)**	72.5(6.0)
				Sonar			
1	25.0(11.9)	14.5(6.4)	**11.0(7.5)**	50.6(8.5)	**44.3(8.7)**	**35.2(10.6)**	45.2(8.1)
2	25.0(11.9)	14.5(6.4)	**11.0(7.5)**	**41.3(6.3)**	53.8(7.0)	**30.3(11.6)**	45.2(9.2)
				Imox			
1	8.8(4.8)	**4.1(4.7)**	4.6(4.5)	**17.6(8.4)**	74.5(10.6)	**13.4(8.6)**	48.8(8.6)
2	4.7(5.7)	**0.5(1.7)**	1.6(2.5)	**6.8(7.5)**	66.7(7.9)	**8.3(5.1)**	22.4(6.1)
3	6.3(4.8)	**0.5(1.7)**	6.2(6.8)	**4.2(4.8)**	17.7(8.5)	6.7(5.9)	**4.2(3.3)**
4	11.4(7.1)	**4.1(4.7)**	10.4(5.0)	**18.8(9.0)**	49.1(15.2)	**13.1(10.9)**	40.2(12.8)

9.3　本章小结

本章讨论了一种解决多维异常值检测问题的新方法。它不是估计概率密度，而是获得围绕数据集合的边界。通过避免对数据密度的估计，可以获得更好的数据边界。数据描述的灵感来自分类器。边界由几个训练对象，即支持向量来描述。可以用内核函数代替正常的内积，从而获得更灵活的数据描述。与支持向量分类器相比，使用多项式核的支持向量数据描述受到对象向量范数的较大影响，但对于高斯核，它显示出有希望的结果。使用高斯核，得到了与超平面解相当的描述。

成为支持向量的目标对象的分数是被描述拒绝的目标对象分数的估计。当预先知道目标集合上的最大期望误差时，可以设置宽度参数 s 以给出期望数量的支持向量。当没有足够的对象可用时，无论使用什么宽度参数 s，支持向量都会保持较高的分数。这表明需要更多的数据。异常对象形式的额外数据也可以用于改进支持向量数据描述。

第 10 章

电力负荷模型研究

10.1 引言

中国农村电力供应和改造问题涉及国家发展、农村经济和基础设施建设等多个方面。电力供应对于人民群众的生活质量至关重要。它影响了农村地区的照明、供暖、烹饪、通信、教育、医疗等方面的生活条件。通过提供稳定可靠的电力，可以改善农村居民的生活水平，促进社会和经济发展。中国的农村地区经济近年来取得了显著的进展。农村居民的收入水平提高，他们对电力的需求也相应增加。农村电化是农村经济发展的重要推动力之一，它可以促进农村产业升级、农产品加工、农村电商等领域的发展。许多农村地区存在着老旧的电力设施，这些设施难以满足当代电力需求的高标准。这可能导致电力供应不稳定、线路老化、用电设备安全隐患等问题。针对农村电力设施的老化和不足，中国政府已经采取了一系列措施，推动农村电网改造[101]。这包括扩建和升级电网基础设施、提高电力输配能力、改进供电质量、推广清洁能源等。随着农村产业结构的调整和农村工业的兴起，农村工业配电成为重要任务。为支持农村企业和产业园区，电力系统需要进行相应的改造和升级，以满足工业用电的需求。

中国的改革开放政策有助于吸引投资和技术，加速农村电力改造进程。私营部门和外资也可以在农村电力供应领域发挥作用，促进市场竞争和技术创新。随着我国在社会主义道路上的飞速发展，我国综合国力日益昌盛，经济实力日益雄厚。我国正在全面稳步地迈向小康社会。国家在发展的同时也重点关注了农村的发展问题，注重了对农村的改造社会主义，落实了新农村建设的实施，农村的生活面貌出现翻天覆地的变化，在许多贫困农村地区现代农业也逐渐发展到成熟的阶段，大部分的农村家庭都得到了家用电器的全面覆盖。在这个农村现代化程度不断发展，农村电力体系不断完善的背景下，农村的用电量也越来越多，因此为了适应农村社会主义现代化建设的征程与步伐，我们也要适时地关注农村电力问题。

“光伏+储能”是一种整合太阳能光伏发电和储能技术的解决方案，它为可再生能源的利用和电力系统的稳定运行提供了有效手段。在中国，“光伏+储能”方案已受到广泛关注和推广。

随着分布式电站的普及，一些地区电网承载的余电上网负荷已经达到上限，导致光伏等新能源项目的并网存在困难。通过配置储能系统，可以实现错峰消纳或错峰接入，减轻电网运行压力，也能更好地发展新能源项目。这样的系统能够将白天发电的过剩能量储存起来，晚上或需求高峰时释放出来，提高能源利用效率。

2021年3月，浙江海宁市在尖山新区成立了全国首个“源网荷储一体化”示范区，并从政策机制上对“新能源+储能”提出了要求。根据要求，原则上应该按照新能源项目装机容量的10%配置储能。示范区的成立促使越来越多的园区企业开始采用清洁能源。

“光伏+储能”只是园区企业实施清洁生产改造的一种方式之一。在“双碳”目标发布后，各地的园区根据自身特点积极展开低碳生产实践，推动可持续发展和减少碳排放。通过“光伏+储能”的应用，可以有效提高可再生能源的利用率，减少对传统能源的依赖，降低能源消耗和排放，推动清洁能源的发展，促进能源转型和可持续发展的目标实现。

江苏张家港经济技术开发区和山东万华烟台工业园都展示了积极的能源管理和可持续发展实践。江苏张家港经济技术开发区建立了电力需求侧管理平台：这个平台的建立允许270多家企业参与，这有助于更好地监测和管理电力需求。通过这个平台，企业可以实时监测电力使用情况，优化能源利用，降低能源浪费。新能源利用和能源互联网迅速发展，投资80亿元用于建设园区光伏电站，这是一种可再生能源的应用。同时，打造燃料电池热电联供自立型系统，这种系统可以同时提供电力和热能，最大程度地提高能源综合利用效益。这些举措有助于减少对传统能源的依赖，降低环境影响，同时节省能源成本。至于山东万华烟台工业园，成立了能源管理系统项目组：这个团队的任务是建立能源管理系统，以更好地监控和管理能源使用情况。通过搭建能源管理平台，他们能够实时监测80%的用电设备，这有助于识别能源浪费和优化能源使用。通过分析园区内各装置不同运行方式下的能源损耗，并总结与工艺条件、设备运行方式，以及运行参数的相关性，他们每年可节约电量1529.3万千瓦时，节省费用1085.8万元。这不仅降低了能源成本，还有助于降低环境影响，符合可持续发展目标。

这两个园区的实践展示了如何通过创新的能源管理和可再生能源的应用来提高能源利用效率、减少浪费、降低成本，同时推动可持续发展和环保。这些做法在全球范围内都具有重要的示范意义，有助于应对能源问题和气候变化挑战。电力是农村经济发展的重要基础，是改善农村地区广大群众物质文化生活的重要条件，电力在农业生产、农村发展、农民增收等方面发挥着重要的促进作用。目前农村电力仍存在许多矛盾和问题，并已逐步成为影响农村发展的制约因素，也与建设社会主义新农村的要求不相适应。突出表现为以下几点：一是受资金、体制等因素的制约，农网改造还有死角，而且部分已改造的电网又出现了不适应问题，线路“卡脖子”、设备“过负荷”现象十分普遍，影响了家用电器的正常使用和农村消费水平的提高。

对于工业园区电网改造的工作，我们要借鉴农村电网改造的工作模式来建立起工业园区供电改造预警模型。在新时代的背景下我们提出了节能型农村建设的命题。这一命题符合了“碳达峰，碳中和”的绿色愿景，为达到这一目的我们首先要对电力负荷进行精准的预测。为此我们提出了对于工业园区电网改造的部分，主要从下面两个角度入手：第一个是电力负荷预测。在农村电网改造过程中，存在着农电供给与需求不符的问题。在预测农村用电负荷的工作中，我们往往先从农村用电的需求角度入手，同时我们还要考虑从农村供电供求均衡的角度出发，从供给和需求两方面入手，找到相应的对策对农村供电电力负荷预测模型进行比较完善的评估。

当然，对于工业区用电的预测模型，我们最重要的就是找到几个切入点去寻找分析这个用电情况的角度。首先我们来研究影响农村用电供给平衡结构体系的几个关键指标。

工业区用电负荷是对工业区电力需求和供给进行评估和分析的重要指标。以下是对各个方面的详细说明。

首先是负荷评估指标：

(1)年总用电负荷水平：评估规划区一年内的总用电负荷水平，以了解工业区用电需求的整体情况。

(2)逐月供电用量和最大负荷：分析规划区每月的供电用量和最大负荷，以了解不同月份的用电峰谷变化和电力需求的波动情况。

(3)典型日负荷曲线和年负荷曲线：了解规划区在典型日和整个年度内的负荷分布情况，揭示用电的高峰期、低谷期和负荷特征。

其次是特征值分析：

(1)年平均负荷率：计算年度平均负荷与装机容量之比，可以反映工业区电力利用的高效性。

(2)最小负荷率和最大负荷率：评估工业区负荷的波动范围，以制订合理的电力供应和备用计划。

还有供需平衡和装机容量：

(1)农电负荷和发电机成本：决定农电负荷的大小将影响到所选择的发电机组类型好坏及成本高低，因为更大负荷需要更昂贵的发电设备来满足需求。这同时影响工业区用电市场的装机容量，供给成本的上升可能会减少市场供给，导致供不应求的现象，进而影响供需平衡。

(2)装机容量的影响：工业区用电市场的装机容量对市场供需平衡也有一定影响。若装机容量不足，供给较少，将导致电价较高；反之，增加装机容量将增加供给，降低电价，维持供需平衡。

最后是供电方的电源结构：

(1)工业用电和居民用电的区别：工业用电通常使用三相电压，而居民用电采用单相电压。工业用电的价格较高，同时在高负荷期可能会导致断电并对家用电器产生安全隐患。

(2)发电方式：分析火力发电和水力发电。火力发电使用煤炭和天然气作为燃料，受燃料购买成本的影响，进而影响市场供给。水力发电主要受气候因素的影响，如河流干旱可能导致水力发电机组出力不足，进而影响供给市场的供给能力。

(3)分散式电源结构：利用太阳能、风能、地热、生物能、海浪能和燃料电池等新能源发电技术来实现绿色环保发电装置。分散式电源发电成本随着技术进步和批量生产的增加而降低，增加了市场供给。在工业区用电市场，需要同时考虑发电效率和环保性。

综上所述，工业区用电负荷评估涉及各个方面的指标和影响因素，包括负荷水平、特征值分析、供需平衡和装机容量，以及供电方的电源结构。将这些因素综合考虑，可以制定出合理的电力规划和管理策略，以满足工业区用电需求，并推动绿色、高效、可持续的电力发展。

气候因素对供电结构确实有重大影响。极端气候事件，如高温、降水异常等情况，可能导致电力供应不足或不稳定。以四川去年的“缺电潮”为例，夏季高温和降水减少导致了该地区水电发电能力的下降，同时负荷却因高温而增加，这使得四川面临缺电的困境。由于四川在西电东供中扮演重要角色，其自身的缺电情况也难以满足其他省份电力调控的需求。这种情况给电力供应的可靠性提出了警示，需要采取一系列措施来加强电力供应的可靠性。对于工业园区的用电情况，气候因素也会产生具体影响。例如，在极端降雨天气下，工业园区中的建筑生产企业可能会受到阻碍，导致当日的用电负荷急剧下降。与此同时，工业园区中的清洁能源公司，如风力发电企业，也会受到降雨天气的直接影响，因为其产能与电力负荷有直接关联。为了应对这些影响，需要采取综合应对措施来加强电力保供。一方面，可以进一步发展多样化的电力资源，减少对特定能源的过度依赖，以提高系统的抗风险能力。另一方面，应加强电力系统的调度管理，确保在供需紧张情况下能够合理分配电力资源。此外，还可以加强能源储备设施的建设，以备不时之需。对于工业园区，可以考虑制定应急预案，确保在极端气候事件发生时能够采取相应的措施应对产能下降或供电中断的情况。

总的来说，气候因素对电力供应结构和工业园区的用电情况都有显著影响，需要通过综合措施来加强电力保供和应对气候变化带来的挑战。

10.2　电力负荷预测原理

10.2.1　电力负荷内容

电力预测和负荷预测在电力系统规划、控制和运行中扮演着重要角色。它们旨在估计满足特定负荷所需的功率或能量，以便有效管理和分配电力资源。

电力预测具有多方面的重要意义：首先，它可以帮助节省对用户设备的投资，通过准确预测电力需求，电力公司可以合理规划和配置电力资源，避免过度的投资。其次，电力预测在降低燃料消耗和提高发电设备的热效率方面起着关键作用，从而帮助降低发电成本。最后，准确的电力预测还可以提高供电质量，增加电力系统运行的安全性和稳定性。

评估电网负荷状况的关键指标是负荷的特性和水平。负荷的特性可以反映出电网的用电结构、用电模式和负荷优劣等情况。这些特性对于电力系统规划和资源配置至关重要。负荷水平反映了电网用电负荷高低的现状及其增长趋势，帮助预测未来的电力需求，从而指导电力系统的发展和管理。

根据范围的不同，电力系统负荷可以分为发电负荷、供电负荷和用电负荷。发电负荷是指发电厂或电力系统在某一瞬间实际承担的发电负荷。供电负荷是指某一供电地区、供电网或供电企业在某一瞬间实际承担的供电工作负荷。用电负荷指的是在整个电力系统中所有的用电设备消耗的电功率总和。这些负荷之间的关系和变化趋势对于电力系统管理和规划都至关重要。

综上所述，电力预测和负荷评估在电力行业中具有重要的意义。它们可以帮助电力公司合理规划资源、提高效率、降低成本、提高供电质量，并确保电力系统的安全和稳定运行。通过对负荷特性和水平进行分析和预测，电力系统可以更好地满足日益增长的电力需求。

10.2.2 电力负荷预测模型概述

我们接下来介绍使用各种方法设计的电力预测智能模型。这些方法分为五组——人工神经网络(ANN)、支持向量回归(SVR)、决策树(DT)、线性回归(LR)和模糊集合(FS)。

电力负荷预测非常关键，因为它在维持电力系统稳定运行、满足电力需求、最小化成本和确保电力质量方面起着重要作用。电力负荷预测系统需要考虑多个输入变量，如温度、湿度、压力、时间和季节等，因为这些因素会影响电力需求。通过分析这些变量的历史数据，可以预测未来电力负荷的波动情况。短期电力负荷预测通常用于预测未来数小时或数天内的电力需求。这对于电力公司决定何时启动或停止发电机组以满足电力需求非常重要。准确的短期负荷预测可以减少成本，提高效率，并确保电力质量。根据短期负荷预测，电力公司可以决定启动或停止发电机组，以确保电力供应与需求匹配。这有助于避免供电不足或过剩，从而提高电网的可靠性。确保电力生产与消耗之间的平衡对于维持电力系统的稳定非常重要。如果电力生产不足，可能会导致停电或电压不稳定，而电力过剩则可能浪费资源。电力负荷预测有助于实现这种平衡。除了数量上的匹配，电力负荷预测还应考虑电能质量参数，这包括电压稳定性、频率稳定性和谐波等因素。确保电能质量在满足电力需求的同时保持稳定是至关重要的。公用事业需要提供可靠的电力供应，以满足客户的需求。电力负荷预测可以帮助公用事业规划资源，以确保在任何情况下都能维持可靠的供电。

总之，电力负荷预测是电力行业的核心任务之一，涉及多种因素和数据，以确保电力系统的可靠性、效率和电能质量。它不仅对公用事业公司重要，也对终端用户和整个社会产生重大影响。因此，高效的电力负荷预测系统在电力行业中具有关键作用。根据现有研究，电力负荷预测方法可分为以下三种类型：

(1)短期负荷预测用于预测一小时到一周的负荷功率。

(2)中期负荷预测用于预测一周到一年的负荷功率。

(3)长期负荷预测用于预测一年至五十年的负荷功率。

通常，在评估电力负荷预测领域设计模型的预测精度时，使用平均绝对百分比误差(*MAPE*)和均方根误差(*RMSE*)，如下例方程所示。*MAPE* 展示了实际电力负载值和预测电力负载值之间的平均相对误差。*RMSE* 计算实际电力负载值和来自模型输出的预测值之间的差的平方和的平方根。它们的表达式如下：

$$MAPE = \frac{100}{n}\sum_{i=1}^{n}\left(\frac{A_i - F_i}{A_i}\right) \tag{10-1}$$

$$RMSE = \sqrt{\frac{1}{n}\sum_{i=1}^{n}(A_i - F_i)^2} \tag{10-2}$$

式中：A_i 为电力负载的实际值；F_i 为电力负荷的预测值；n 为评估的预测值的数量。

电力需求随时间变化在电力行业中是非常常见的。这种变化称为“负荷曲线”，它是用来表示一段时间内电力需求波动的图形。负荷曲线可以绘制一天的电力负荷曲线，称为每日负荷曲线，也可以绘制一周的电力负荷曲线，一个月的电力负荷曲线，或者绘制一年的电力负荷曲线。了解和分析负荷曲线对电力行业的各个方面都非常重要，包括电力生产、输电和分配、资源规划和成本控制。负荷曲线的准确预测和管理有助于确保电力系统的可靠性和效率。

我们使用并结合了各种类型的技术来设计电力和电力负荷预测模型，重点讲述五组技术：ANN、SVR、DT、LR 和 FS。负荷预测模型试图确定电力负荷与许多影响因素之间的关系，如气温、湿度、天数、以前的负荷等。

10.3 电力负荷预测模型

10.3.1 人工神经网络(ANN)

电力负荷预测是一种重要的任务，用于预测未来时间段内的电力负荷需求。神经网络作为一种机器学习方法，在电力负荷预测中广泛应用，并且可以与其他预处理技术相结合以提高模型性能。下面我将介绍几个相关的应用案例，涉及深度学习的前馈神经网络(FNN)、递归神经网络(RNN)、小波分解和高级小波与神经网络的结合。ANN 使用 FNN 和 RNN 进行短期电力负荷预测，在一个研究中，使用从新英格兰地区收集的 2007 年~2012 年的数据集，研究人员应用了基于深度学习的前馈神经网络(FNN)和递归神经网络(RNN)来进行短期电力负荷预测。模型在两种情况下进行了测试：第一种情况下只使用时域特征，而第二种情况下同时使用时域和频域特征。结果显示，在第二种情况下，模型的预测误差较小，并且提高了预测准确性。Reddy 和 Jung 使用小波分解和神经网络进行电力负荷预测，在另一个研究中，提出了一种结合小波分解和神经网络的系统用于电力负荷预测。该系统包括以下四个步骤：首先，使用小波变换将负载数据分解为高频和低频分量。其次，基于互信息进行特征选择。再次，对每个分量训练神经网络。最后，测试训练好的模型。该模型在澳大利亚和西班牙两个数据集上进行了评估，结果显示模型的平均绝对百分比误差较小。Rana 和 Koplinska 使用高级小波和神经网络进行电力负荷预测：另一项研究提出了结合高级小波和神经网络的方法并用于电力负荷预测。该方法使用高级小波将负载数据进行分解，并利用分解后的分量进行负荷预测。实验结果表明，该系统在效率性能方面超过了其他方法。综上所述，神经网络在电力负荷预测中的应用包括使用 FNN、RNN、小波分解和高级小波与神经网络相结合的方法。这些方法可以通过结合不同的特征和预处理技术来提高预测模型的准确性和效率性能。

Mordjaoui 通过将动态神经网络用于电力负荷预测得到的一项研究，提出使用动态神经网络来预测电力负荷。该系统使用法国输电系统运营商的数据集进行设计和测试，并通过仿真结果证明了该方法的有效性。这表明动态神经网络在电力负荷预测中可能是一种有前途的方法。陈结合小波变换和神经网络进行电力负荷预测得到的另一项研究提出了将小波变换与神经网络结合，使用相同天数的负荷数据作为输入变量，以预测未来的电力负荷值。这种方法可以利用小波变换来分解数据，并使用神经网络来预测负荷的未来趋势，从而提高了预测的准确性。郑等人设计了一种智能模型，结合了数据聚类、小波变换和神经网络，用于需求电力预测。这个模型首先对数据进行聚类，然后应用小波变换，最终使用神经网络来预测电力负荷的最终值。这种多层次的方法可能有助于更好地捕捉数据的复杂性。牛利用贝叶斯神经网络与混合蒙特卡洛技术的电力负荷预测。牛等人提出了使用贝叶斯神经网络和混合蒙特卡洛技术来设计电力负荷预测模型。他们将这个系统与使用算法训练的神经网络和使用反向传播技术训练的神经网络进行了比较，并证明了所设计的方法在电力负荷预测中的有效性。K-means 聚类与神经网络相结合进行负荷预测得到的另一项研究将 K-means 聚类与人工神经网络(ANN)相结合，通过将原始数据聚类成组，并测量样本与聚类之间的距离来生成新的特征输入。这种方法的结果表明，在标准比较中，ANN 的性能优于决策树。这些研究展示了在电力负荷预测中采用不同的方法和技术，包括神经网络、小波变换、聚类，以及贝叶斯方法。这些方法的选择取决于具体的问题和数据特征，但它们都有潜力提高电力负荷预测的准确性和效率性能。事实证明，ANN 的结果比决策树要好。

人工神经网络模型应用于电力电荷预测系统中最多的是带有隐层的前馈型神经网络，如图 10-1 所示。这是一种非线性映射系统，包括输入层、输出层和若干隐层。这个系统在接触了大量的样本学习后可以具备优秀的分类与识别能力。

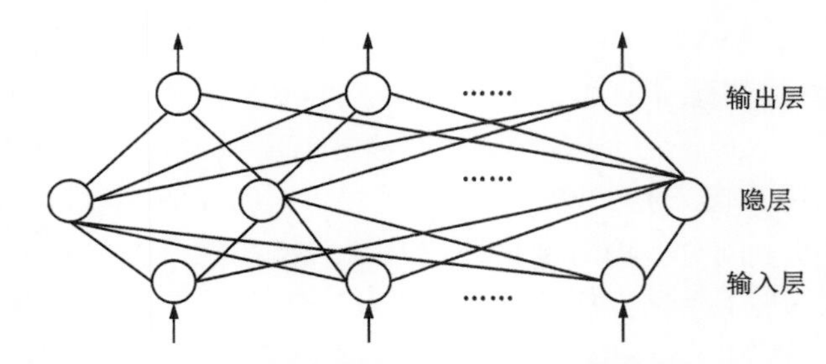

图 10-1　单隐层结构的前馈型神经网络

短期负荷预测和中、长期负荷预测。对于短期负荷预测，采用三层结构的人工神经网络，并将天气、温度等参数的影响纳入模型中。还可以利用神经网络预测出预测日的最大和最小负荷，并根据负荷曲线上各点的预测负荷与最大、最小负荷之间的系数关系推算出各点的负荷。这种方法可以降低神经网络节点数，提高效率。

对于中、长期负荷预测，采用时间序列预测和三层神经网络结构。对于年负荷预测，由于主要受长期趋势变动因子的影响，可以将连续年的负荷作为输入，连续年的电力负荷作为输出。对于月、季负荷预测，除了受长期趋势变动因子的影响，还受季节和循环变动因子的影响。可以采用历史连续年的同期负荷加上与本月连续月的负荷数据及月份索引作为输入，连续月的负荷作为输出。由于使用前面方法可能得到的实例较少，并且较大的隐层节点可以更好地避免陷入局部解，所以可以采用具有较大隐层节点的模型。

综上所述，短期负荷预测和中、长期负荷预测可以采用不同的方法和网络结构，以适应不同的预测需求和数据特征。这些方法和模型可以通过结合传统的误差反向传播算法及改进的学习算法来提高计算效率和准确性。

10.3.2　支持向量回归(SVR)

支持向量机(support vector machine，SVM)是一种常用的机器学习算法。梁等人设计了一个预测系统，使用小波变换和最小二乘支持向量机来预测需求功率。他们通过布谷鸟搜索优化模型参数，将这一系统的结果与其他支持向量机方法进行了比较，证明了所引入的模型的有效性。任等人提出了一种基于支持向量机的年度电力负荷预测系统，并利用粒子群优化算法对其进行优化。他们使用北京市 2004—2014 年的数据对该方法进行了训练和测试，仿真结果显示该模型在负荷预测方面的有效性，均方误差(MSE)约为某个数值。刘等人设计了一个短期负荷预测智能系统，结合了小波最小二乘支持向量机、离散小波变换和不一致率模型。他们使用数据集进行训练和评估，评估结果表明该模型的性能优于其他现有方法，并给出了相应的指标。牛等人提出了一种电力负荷预测方法，将蚁群优化算法与支持向量机相结合，用于特征选择和负荷回归。该系统适用于短期负荷预测，并超越了其他现有方法。还有一项研究探讨了大规模线性规划支持向量回归在电力负荷预测中的应用。该研究将该模型与袋装回归树、前馈神经网络和大规模支持向量回归进行了比较，结果显示该方法的误差较其他模型小于某个数值。在这些研究中，支持向量机在电力负荷预测中发挥了重要的作用，并通过与其他方法的比较证明了其有效性和性能优势。这些研究表明支持向量机是一个强大的工具，可以用于提高电力负荷预测的精度。Perea 等人研究了大规模线性规划支持向量回归(LP-SVR)在 STLF 中的应用，将所研究的模型与袋装回归树、前馈神经网络和大规模支持向量回归进行了比较。LP-SVR 方法的 MAPE 误差比其他比较模型小约 1.58%。Sreekumar 等人将 SVM 的树模型应用于短期电力需求预测并进行了测试。标准 SVM 使用遗传算法优化的 SVM(SVRGA)和使用粒子群优化算法优化的 SVM(SVRPSO)。当对 SVM、SVRGA 和 SVRPSO 进行估计时，所提出的模型的结果准确率分别约为 97.67%、97.82%和 97.89%。文章得出的结论是，这三个模型对 STLF 非常活跃，但 SVRPSO 和 SVRGA 消耗的时间比标准 SVM 的要多。叶等人对湖北地区的短期电力负荷预测进行了研究。他们的方法与传统模型 BPNN(反向传播神经网络)和时间序列方法进行了比较。SVM(支持向量机)在模拟结果中表现出更好的能力，其误差较小。SVM 的 MAPE 误差约为 1.91%，BPNN 误差为 4.06%，时间序列误差为 4.47%。根据模拟结果，SVM 在 STLF 中的能力优于其他方法。张等人将采用了奇异谱分析支持向量机和布谷鸟搜索相结合的方法进行电力预测。他们的方法在与其他研究进行比较时表现出了较好的能力，验证了混合模型在电力负荷预测中的有效性，将所提出的方法的结果与其他研究进行了比较，证实了混合模型在负荷预测中的能力。李在中为 STLF 设计了一个混合智能系统。先前的温度和先前负载的小波系数被用作输入变量，其中 Gram-Schmidt(GS)用于特征选择，SVR 用于预测对该项消耗功率。

李在中为 STLF 所设计的混合系统适用于工作日和周末的电力负荷预测。戴等人设计了一个日高峰电力负荷预测系统，并采用了以下方法：

(1)完全集成经验模式分解方法：该方法用于对电力负荷进行分解。它采用自适应噪声的方法，可能是为了处理负荷数据中的噪声。

(2)改进的灰狼优化算法和支持向量机：使用改进的灰狼优化算法结合支持向量机来对负荷的最终结果进行预测。

(3)模型性能比较：所设计的模型的性能与其他方法进行了比较。文本中提到了各种方法，但未提供具体细节。

(4)实验设计与结果：根据提供的信息，实验分为三个预测部分进行，然后将这些部分的结果相加作为最终预测结果。实验结果表明，与其他现有形式的支持向量机相比，所提出的例子是有效的。

总的来说，戴等人设计的日高峰电力负荷预测系统采用了完全集成经验模式分解、改进的灰狼优化和支持向量机等方法。实验结果表明，这个系统在预测精度方面表现出较好的能力和较高的可靠性，但具体与其他方法相比细节尚不清楚。SVM 样本约简算法需要分批次存储数据，对计算机的存储需求和计算能力要求很高，为减少训练时间和降低计算成本，使用基于数据流的增量学习算法对大规模数据进行样本约简是值得研究的重要问题。初始训练子集对 SVM 分类器至关重要。基于增量学习、主动学习及随机抽样算法的方法大多需要确立初始训练子集的大小。

支持向量机(SVM)是一种常用于分类和回归分析的机器学习算法，也可以应用于短期电力负荷预测。在电力负荷预测中，可以将天气、温度等参数作为输入特征，而电力负荷则作为输出变量。通过对历史负荷数据和相关特征进行训练，SVM 可以学习建立一个较好的模型，用于预测未来的电力负荷。SVM 的基本模型是定义在特征空间上的间隔最大化的线性分类器。它寻求一个分类超平面，使得它与最靠近不同类别之间的样本点之间的间隔最大化。这个最大间隔的概念使得 SVM 与感知机等其他线性分类器有所不同。此外，SVM 也可以通过使用核函数来处理非线性分类问题。核函数将样本从输入特征空间映射到一个更高维的特征空间，使得数据在新的特征空间中线性可分。这使得 SVM 成为实质上的非线性分类器。SVM 的学习策略是通过最大化间隔来寻求最优化解。这可以形式化为一个求解凸二次规划问题，也可以等价地表示为最小化正则化的合页损失函数的问题。总的来说，SVM 作为一种二分类模型，在短期电力负荷预测中可以考虑天气、温度等参数作为输入特征，并通过最大化间隔的学习策略来建立预测模型。它的核技巧使其能够处理非线性分类问题。SVM 的学习算法就是求解凸二次规划的最优化算法。下面我们通过图 10-2 来介绍一下约简算法。

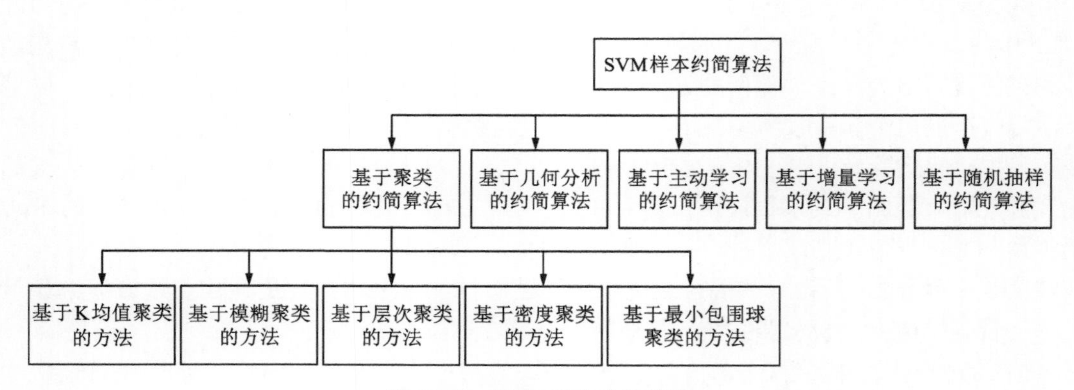

图 10-2　SVM 样本约简算法

对于基于聚类的约简算法，它是一种用于无监督数据分析的方法，主要用于数据的划分。与监督学习不同，聚类算法不依赖于任何先验知识或背景假设，而是根据数据之间的相似性进行自然划分。

聚类算法的目标是将数据分为不同的组或簇，使得每个组内的数据点之间的相似性最大化，而不同组之间的相似性最小化。通过对数据进行聚类，可以发现隐藏在数据中的模式、结构或关联性。

传统的聚类算法包括 K 均值聚类算法、层次聚类算法、密度聚类算法等。这些方法在聚类过程中采用不同的思想和策略。

K 均值聚类算法是一种迭代分组算法，它将数据点划分为 K 个簇。算法的主要思想是通过迭代优化，将每个数据点分配到离其最近的簇中心，然后更新簇中心，直到达到收敛。

层次聚类算法通过计算数据点之间的相似性或距离来构建聚类树形结构。它从每个数据点作为一个簇开始，然后逐渐合并最相似的簇，最终形成一个层次化的聚类结果。

密度聚类算法基于数据点之间的密度来划分簇。这种算法会寻找样本空间中的高密度区域，并将其作为簇的中心，然后扩展簇以包含密度可达的样本。

聚类算法在数据挖掘、模式识别、图像分析、社交网络分析等领域都有广泛的应用。它们可以帮助揭示数据中的内在结构，发现异常值，进行数据约简和特征选择等任务。然而，聚类结果的质量和可解释性取决于算法的选择和数据的特性，需要根据具体问题进行合适的算法选择和参数调整。

首先是 K 均值聚类法，它将数据集中起来划分出不同的簇，划分依据是让数据与簇中心的欧式距离最小。我们来分析一下具体步骤：

(1) 在 p 个数据中随机选取 q 个对象当初始聚类中心$\{m_i\}$。

(2) 计算每个数据点到初始 q 个聚类中心的欧式距离，通过最小距离进行分类。

(3) 计算第一次分类后每一个聚簇的平均值，然后得出新的簇类中心。

(4) 往复进行步骤(2)和步骤(3)，直到第三步中算出的新的聚类中心不再改变或者改变值小于设定的限定值。我们由此得到新的聚类中心的表达式如下：

$$m_i = \frac{1}{n_i}\sum_{j=1}^{n_i} x_j \tag{10-3}$$

式中：n_i 为簇内样本的个数。

$$\|x - m_i\| < \|x - m_j\| \tag{10-4}$$

在不断的迭代过程中，不断依据式(10-4)将数据点分配给不同的簇。如果式(10-4)满足，就将该点分配给簇 m_i，反之则分配给簇 m_j。

其次是基于密度的聚类法，基于密度的聚类方法是一种无监督学习算法，它通过发现具有相似密度结构的数据点来进行聚类，而不受数据类型和形状的限制。这类算法中的一个代表是 DBSCAN。DBSCAN 通过定义核心点、边界点和噪声点的概念来划分聚类。核心点是在一个给定的半径范围内包含足够数量的数据点的点，边界点是在核心点的邻域内但不满足核心点的要求的点，噪声点则是既不是核心点也不是边界点的点。DBSCAN 算法的基本思想是利用核心点之间的密度连接将数据点聚类成簇，而噪声点则被认为是孤立的点。该算法的优势在于能够处理噪声点和发现任意形状的聚类，对参数的依赖较少。

然而，基于密度的聚类方法也存在一些问题。首先，该方法对于数据分布的先验知识依赖较强，需要用户设置一些参数(如同类样本阈值、核心点纯度、邻域等)。这些参数的选取可能依赖于具体数据的特征，对于缺乏先验知识的用户或高维数据而言，很难选择合适的参数。其次，对于密度相差较大的簇或数据集中存在大量的噪声点，该方法的性能可能会下降。因此，在应用基于密度的聚类方法时需要谨慎选择参数，并对数据的分布情况进行合理的分析。同时，与其他聚类算法相比，对数据进行预处理和特征选择等步骤也是常见的做法，以提高聚类的准确性和效果。还有基于几何分析的约简算法，我们要从训练样本的几何分布上看，最有可能成为支持向量的样本分布在边界上或者靠近边界的区域。包裹能刻画数据样本的局部分布。

我们写出包裹的定义：

$$CH(T)=\left\{\sum_{i=1}^{t}\tau_i x_i,\ x_i\in T\quad \sum_{i=1}^{t}\tau_i,\ \tau_i>0\right\} \tag{10-5}$$

壳向量似乎是一种对支持向量的非正式描述，可能意指支持向量和超平面周围的样本，以便构成一个“壳”或边界层。这个想法可能是为了强调支持向量周围的数据点在 SVM 中具有重要性，因为它们帮助定义了分类边界的位置和宽度。支持向量在 SVM 中扮演了关键的角色，用于定义分类边界，而且由于数量相对较少，因此通常用于提高训练速度。

对于线性可分训练集，通过构造包含每个类的最小包裹，并在包裹中找到最近点，连接最近点之间的线段，选择垂直平分该线段的超平面作为最优分类超平面。针对线性不可分的情形，提出了约简凸包算法。RCH 与包裹的区别在于引入了上界因子，约简包裹通过式(10-6)定义：

$$RCH(T,\ \delta)=\left\{\sum_{i=1}^{t}\tau_i x_i,\ x_i\in T\quad \sum_{i=1}^{t}\tau_i=1,\ 0\leqslant\tau_i<\delta\right\} \tag{10-6}$$

式中，$0<\delta\leqslant1$，并且 $RCH(T,\ \delta)\in CH(T)$。如果 δ 减小，约简包裹非均匀地向质心收缩，会让更多的数据点离开包裹。当 $\delta=\frac{1}{t}$，约简包裹只含质心；当 $\delta=1$，$RCH(T,\ \delta)=CH(T)$。不同类包裹的重叠可以通过改变 δ 的大小来实现，同时满足线性不可分转化为线性可分的要求。

Mavroforakis 等人提出了 RCH-SK 算法，该算法通过计算 RCH 中的极值点在特定方向上的投影值，选取投影值最小的数据用于训练，该算法可以直接用于线性不可分的数据集。受 RCH 算法的启发，RCH 的复杂性随着约简因子 δ 的变小而增加，此外，极值点的数量和 RCH 的形状随约简因子 δ 的变化而变化。有人提出了一种 SCH-SK 算法，该算法更容易计算极值点在特定方向上的投影，同时选极值点考虑了每类数据分布，因此该算法具有良好的泛化能力。

基于增量学习的约简算法是与传统的机器学习和深度学习方法相比，旨在解决灾难性遗忘问题的一类方法。灾难性遗忘是指当一个模型学习新任务时，它会忘记先前学习的任务。这种问题在传统的机器学习和深度学习中尤为显著，因为这些模型通常假设数据分布是固定的，而在实际应用中，数据分布可能会不断变化。增量学习旨在模拟人类学习的能力，即在学习新知识的同时保留旧知识。这可以通过以下方法之一来实现：

(1)重播缓冲区(replay buffer)：基于增量学习的方法通常会维护一个重播缓冲区，用于存储先前学习的样本和任务。这些样本可以周期性地用于再训练模型，以确保旧任务的知识不会被遗忘。

(2)正则化技巧：一些增量学习算法使用正则化技巧，如(elastic weight consolidation，EWC)和(progressive neural networks，PNN)，来保护旧任务的权重，使其不容易被新任务的梯度更新所覆盖。

(3)记忆网络：基于增量学习的方法还可以使用记忆网络或外部记忆系统，以便在学习新任务时可以方便地访问旧任务的知识。

(4)知识蒸馏(knowledge distillation)：这是一种将一个复杂模型的知识压缩到一个简单模型中的方法。在增量学习中，旧任务的知识可以通过知识蒸馏传递给新模型。

(5)元学习(meta-learning)：元学习方法旨在使模型能够更快地适应新任务，从而解决灾难性遗忘的问题。

这些方法的目标是在学习新任务时最小化对旧任务性能的不利影响。尽管增量学习是一个活跃的研究领域，但仍然存在挑战，如样本选择、任务选择和模型稳定性等问题，需要进一步研究和改进。增量学习的应用领域包括自动驾驶、智能机器人、自然语言处理等需要不断适应新情境的领域。

在解决灾难性遗忘问题时，确实存在一个稳定性和可塑性的平衡点，以兼顾新知识的整合和旧知识的保留。传统的机器学习方法通常假设数据分布是固定或平稳的，但在实际情况下，数据往往是连续的数据流，其分布是非平稳的。当模型从这种非平稳的数据流中不断学习新知识时，新知识可能会干扰或覆盖旧知识，导致性能下降。从头训练模型确实可以完全解决灾难性遗忘问题，但这种方法效率非常低，尤其是在训练大规模数据或复杂模型的情况下。因此，增量学习的目标是在保证稳定性的同时，最大化利用计算和存储资源，在不重新训练整个模型的情况下，实时地学习新数据。为了达到这个目标，增量学习研究了各种方法和技术，如预训练网络初始化、重播缓冲区、正则化技巧、记忆网络、知识蒸馏和元学习等。这些方法旨在让模型具备可塑性，能够整合新知识并适应新任务，同时保持稳定性，防止新输入对已有知识的干扰。通过在模型中引入这些技术和方法，增量学习能够在一定程度上解决灾难性遗忘问题，并且能够在实时数据流中进行学习，适应新的环境和任务。然而，增量学习仍然是一个活跃的研究领域，尚有许多挑战需要克服，如动态任务选择、样本选择、模型稳定性和性能衡量等方面的问题。

在支持向量机的增量学习中，数据被分批次进行学习，每次学习只保留支持向量(即对决策边界有贡献的样本)，而丢弃所有的非支持向量。对于每一批新数据，先前保留的支持向量被用作候选支持向量集，用于训练新批次的数据。这样做极大地减少了原始训练集的样本数量，提高了训练速度。然而，增量学习中的分批次训练对计算机的内存要求较高。而且，如果候选支持向量集与新一批参与训练的样本存在显著差异，那么该算法的准确率可能会降低。因此，在应用增量学习算法时，需要仔细考虑数据集的分布问题，并确定合适的参数和策略来平衡稳定性和可塑性，以获得高效且准确的学习结果。

在此基础上出现了一种基于压缩的 k 近邻增量学习算法。该算法采用主动增量学习和 k 近邻算法提取位于类边界附近的数据点，避免了以批处理方式训练 SVM 需要大量内存的问题，提出了增量学习的精确解，即增加一个训练样本或减少一个训练样本对拉格朗日系数 α_i 和支持向量的影响。除此之外，该算法利用增量训练前距离分类超平面的距离来设置删除数据的区域。但如果存在超平面随着增量训练旋转的问题，那么远离超平面的数据又可能成为支持向量，因此该方法对于分离超平面的旋转适应性是相对脆弱的。

基于压缩的近邻增量学习算法是一种结合了主动增量学习和近邻算法的方法，旨在解决传统增量学习算法中需要大量内存的问题。该算法通过提取位于类边界附近的数据点来进行增量学习，以压缩存储需求。该算法提出了增量学习的精确解，即增加或减少一个训练样本对拉格朗日系数和支持向量的影响。这可以有效处理增量学习中样本添加或删除的情况，避免重新训练整个模型的开销。此外，该算法还利用增量训练前数据点和分类超平面的距离来设置删除数据的区域。这意味着离超平面较远的数据点可能会被删除，从而减少了数据存储的需求。通过这种方式，算法可以在保持模型性能的同时实现对数据的压缩。然而，该方法存在一个潜在的问题，即当超平面随着增量训练旋转时，远离超平面的数据点可能成为支持向量。这可能导致该算法对于分离超平面的旋转适应性相对脆弱。解决这个问题的方法之一是使用更复杂的模型或采用其他技术来动态调整分类超平面，以适应数据分布的变化。总的来说，基于压缩的近邻增量学习算法通过结合主动增量学习和近邻算法，以及利用数据压缩和存储优化的策略，可以在处理大规模数据时减少内存需求，同时保持模型的性能。然而，在处理超平面旋转等特定情况时，需要进一步研究和改进算法的鲁棒性和适应性。

从概率分布的角度看还有一种基于随机抽样的约简算法，它可以通过选择具有代表性的数据子集来降低数据集的规模，并在训练中使用这个数据子集来获得较好的模型性能。

具体来说，这是一种约减方法。随机抽样是通过从整个样本集中随机选择一个子集，并将它作为训练集来代表整个样本集。这种方法可以帮助减少训练数据的数量，从而减少计算和计算资源的需求，同时降低过拟合的风险。从一个小的初始约减集开始，并通过在训练过程中迭代地将一部分误分类点添加到约减集中来改进模型性能。这可能是一种主动学习方法，其中算法通过选择那些对模型分类效果有最大贡献的样本进行迭代的训练。这种方法可以有效地减少所需的训练样本数量，并减少训练时间。相比于传统的随机抽样，这种约减方法可能有以下优势：数据过拟合风险减少：通过减小数据集的规模，可以降低模型过拟合的风险，从而在测试集上获得更好的结果。快速训练：减少训练数据的数量可以显著减少训练时间和计算资源的需求。自动生成更小的约减集：通过迭代地选择对模型贡献最大的样本，可以生成比随机抽样更小的约减集，从而更有效地利用数据。

基于随机抽样的约简算法的思想是随机抽取一部分训练集，并将此作为约简后的训练集用于训练，该算法思想简单且容易理解，并且可以显著减小原始训练集的规模。

10.3.3 决策树(DT)

决策树是一种常用于建模和预测的机器学习方法，而在需求功率预测和电力负荷预测方面的应用得到了广泛研究。DudeK 设计了一种使用随机森林决策树进行需求功率预测的方法，所提出的方法在波兰的数据集上进行了测试。与当前其他方法的结果相比，该系统的性能是高度准确的。Hambali 等人应用并测试了用于电力负荷预测的 REPTree 决策树。将所设计的系统与标准和其他决策树进行了比较，所提出的电力负荷预测系统在性能上是有效的。李等人设计了一个决策树模型来估计短期内的未来需求功率。输入特征是天气数据和电力负载，而当前负载用作系统的输出。实验结果表明，在电力负荷预测中，这个决策树模型具有有效性。这些研究都突出了决策树在电力系统中的应用，尤其是在需求功率预测和电力负荷预测方面。随机森林作为一种集成学习方法，通过整合多个决策树的预测结果，通常能够提高模型的性能。这些方法的准确性和有效性证实了决策树在处理电力系统数据方面的潜力。

以下的研究探讨了特征选择和随机森林在短期需求功率预测和电力负荷预测中的应用。学者研究了广义最小冗余和最大相关性特征选择与随机森林的短期需求功率预测：该研究使用了广义最小冗余和最大相关性方法进行特征选择，并将随机森林应用于短期需求功率预测。结果表明，该方法能够捕捉到重要的特征，并且预测结果优于其他测试过的现有模型。有研究在突尼斯使用随机森林技术进行了提前一天一小时的短期电力需求预测，发现设计的系统具有极快的预测速度，并且不需要对方法进行任何改进。在 2018 年，Moon 等人的研究设计了两个阶段(移动平均法和随机森林)来预测日电力负荷，包括移动平均法和随机森林，并使用时间序列交叉验证对预测结果进行了评估，所提出的模型的结果在比较中优于其他模型，证明了其有效性。在西班牙，该研究使用卡塔赫纳一所校园大学的数据集，设计并测试了四种回归树模型(套袋、随机森林、条件森林和升压)用于电力负荷预测，其中包括将温度、日历信息和天数类型作为预测因素，以提高模型性能。所设计的系统已在特殊和常规的日子进行了测试，以验证其有效性。在中国南方，刘等人使用梯度提升决策树的电力负荷预测模型在中国南方的应用。刘等人的研究在中国南方使用一天的平均湿度、平均温度、前三天的湿度平均值、前三天温均值和前三天同一时刻的历史负荷作为预测因素，使用梯度提升决策树模型进行电力负荷预测。该研究评估了预测准确性，并与其他现有系统进行了比较，结果证明了所设计的负荷预测方法的有效性。这些研究证明了随机森林和其他决策树模型在短期电力需求功率和负荷预测中的有效性，并通过实证分析和比较结果来支持这一观点。这些方法可以帮助电力系统管理者做出准确的需求预测，从而提高电力系统的效率和可靠性。

决策树是一种常用的机器学习算法，用于解决分类和回归问题。如图 10-3 所示，它以树状结构的形式表示决策过程，通过对属性的选择逐步拆分数据集，进行预测或分类。下面对提到的一些关键概念进行解释。

(1)节点：决策树的节点代表一个特征或属性，并根据该属性的取值将数据集划分成不同的子集。

(2)决策节点：通常用矩形框表示，表示对数据进行划分的属性节点。

(3)机会节点：通常用圆圈表示，表示需要进一步探索的属性节点。

(4)终结节点：通常用三角形表示，表示叶节点，对应于最终的分类或回归结果。

(5)属性选择：在构造决策树的过程中，选择合适的属性对数据集进行划分是关键。常见的属性选择指标包括信息增益、基尼指数和方差等。

(6)分类：对于分类问题，决策树通过属性的划分将数据集分类到不同的类别中。

(7)回归：对于回归问题，决策树利用属性的划分来预测数值型的输出。

决策树的构建是一个自上而下、分而治之的过程。从根节点开始，选择合适的属性进行划分，生成子节点，并递归地重复这个过程，直到满足预定义的停止条件(如节点纯度达到要求或达到最大深度)。构建好的决策树可以用于对新样本进行分类或预测。

决策树的优点包括易于解释和理解、能够处理离散和连续类型的数据、对异常值具有鲁棒性等。然而，决策树也有一些限制，例如对于包含大量特征和高维数据的问题，决策树可能过于复杂或容易过拟合。为了缓解这些问题，可以采用剪枝、随机森林或梯度提升等技术来改进决策树算法的性能。

总之，决策树是一种常用的机器学习算法，通过根据不同属性的取值对数据进行划分，构建树状结构来进行分类或回归预测。它在实践中被广泛应用于各种领域，包括数据挖掘、图像识别、自然语言处理等。

决策树的核心算法有三种，分别是 ID3 算法、C4.5 算法和 CART 算法。

(1)ID3 算法：其核心是在决策树的各级节点上，把信息增益方法作为属性的选择标准，它衡量了使用某个属性进行划分后样本集合的纯度提升程度。信息增益越大，说明使用该属性进行划分能够更好地区分不同的类别，因此是一个合适的选择。

(2)C4.5 算法：生成算法相对于 ID3 算法的重要改进是使用信息增益率来选择节点属性。信息增益率是相对于 ID3 算法的一种改进，用于解决 ID3 算法只适用于离散描述属性的限制。信息增益率除了考虑信息增益，还考虑了属性的划分能力和属性的取值数目对信息增益的影响。通过引入属性的取值数目，信息增益率可以更好地处理离散和连续描述属性。

(3)CART 算法：CART 决策树是一种十分有效的非参数分类和回归方法，通过构建树、修剪树、评估树来构建一个二叉树。当终结点是连续变量时，该数为回归树；当终结点是分类变量。

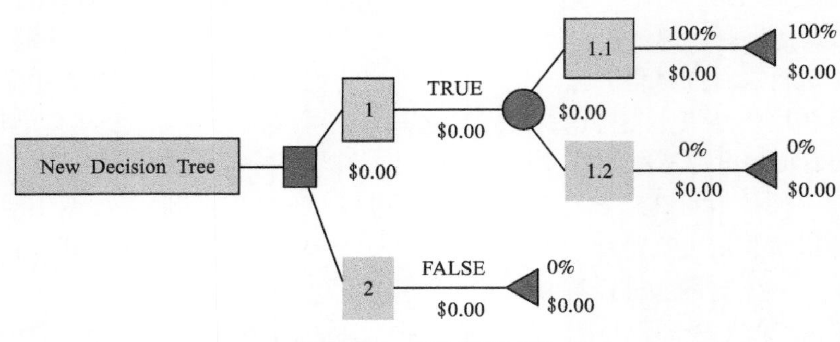

图 10-3　决策树示例图

10.3.4　线性回归(LR)

电力负荷预测是电力系统运营和规划中的关键任务之一，它有助于确保电力供应的可靠性和经济性。STLF(short-term load forecasting)是一种负荷预测的方法，主要用于预测未来短期内(通常是几小时到几天)的电力负荷情况。STLF 方法的研究和改进对于电力系统的管理和优化至关重要。Aprillia 等人采用了一种综合的方法来进行 STLF，结合了小波分解和多元线性回归技术。多元线性回归是一种常用的统计建模技术，适用于考虑多个输入特征对输出的影响。在电力负荷预测中，历史负荷数据、天气因素、季节性因素等都可以作为输入特征，以帮助建立准确的负荷预测模型。总的来说，这种综合方法结合了小波分解和多元线性回归技术，有望提高 STLF 的准确性和适用性，特别是在考虑不同季节和工作日/假日情境下。这种方法的优势在于能够处理多尺度的负荷变化和多个相关特征，从而更好地预测电力负荷的短期变化。

研究人员进行了一系列实验，重点关注旱季和雨季的情况。Saber 和 RezaulAlam 使用多元线性回归对大数据集进行分析，以确定天气条件与需求功率之间的关系。为了处理大数据，他们还采用了多核并行处理技术。该系统的 MAPE 误差约为 3.99%，实现时间比其他现有模型(如 ANN)更快。他们研究了将聚类 K-最近邻(K-NN)和 K-means 与多元线性回归相结合来提高基于 STLF 的聚类 K-最近邻(K-NN)和 K 均值的准确性。使用的输入变量为最高和最低温度，以及以前的功率负载。组合模型的 MAPE 约为 3.345%，即优于多元线性回归。

10.3.5　模糊集合(FS)

的确，模糊逻辑和自适应神经模糊推理系统(ANFIS)在电力负荷预测领域得到了广泛应用和研究。这些方法使用模糊化技术将输入的脆弱数值转换为模糊值或隶属度，并将目标输出进行相同处理。在电力负荷预测中使用和设计模糊模型的研究很多。主要思想是将输入的脆值转换为模糊值或隶属度(模糊化)，如气温、风速等。对目标输出(电力负载)使用相同的程序。在模糊推理过程中，模糊输入通过推理机进行处理，推理机包括多个模糊规则，这些模糊规则基于专家的知识或经验。这样的规则可以根据具体的负荷预测问题进行设计和调整，以达到更好的预测效果。最后一个阶段是去模糊化，将推理机的输出从模糊值转换为清晰值，以表示预测的电力负荷。这一步骤可以使用不同的方法，如模式平均化、重心法等。

研究人员在负荷预测领域探索了多种模糊集的配置方法，并取得了良好的结果。例如，Cevik 和 Cunka 已经使用模糊逻辑和 ANFIS 进行短期负荷预测的研究。这些模型经过测试，并与其他负荷预测系统进行了比较。结果显示，模糊逻辑和 ANFIS 的误差分别约为 2.1%和 1.85%，验证了所提出模型的有效性。此外，Mamlook 等人在约旦进行了使用模糊控制的短期负荷预测的研究。他们考虑了前一天的负荷、前一周的负荷、当天的温度、预测的温度、天气和指标日等因素，并将其分类为周末或工作日。实验结果证实了该系统在需求功率预测方面的有效性。

总的来说，模糊逻辑和自适应神经模糊推理系统在电力负荷预测中具有一定的优势和应用潜力。通过模糊化和去模糊化过程，这些方法可以更好地处理不确定性和复杂性，并提高负荷预测的准确性和鲁棒性。然而，选择适合特定情况和数据集的模糊规则和配置仍然是一个重要的任务，需要根据实际情况进行调整和优化。

Khosravi 和 Nahavandi 提出了一种用于电力负荷预测的基于区间型二模糊逻辑系统(IT2FLS)的人工神经网络的新型约简(TR)。本文将规划系统的结果与五个传统 TR 进行了比较，数值结果表明，设计模型的性能优于 IT2FLS 和传统 TR。Khosravi 等人将 IT2FLS 应用于短期负荷预测，所使用的输入变量是滞后功率需求、气象数据和日历信息，其中遗传算法用于训练系统。仿真结果证明了 IT2FLS 对 STLF 问题的有效性，它优于 1 型模糊系统和 ANN。Manoj 和 Shah 应用了模糊逻辑系统的电力需求预测，其中温度、类似的前一天负荷和时间被用作输入变量，对预测负荷和实际负荷进行了比较，误差范围在+2.69%和-1.88%之间。

极限学习机(extreme learning machine，ELM)是一种用于训练神经网络的算法，最早由 Hassan 等人提出。ELM 在设计电力负荷预测模型方面得到了应用。该研究使用了来自澳大利亚国家电力市场和安大略电力市场的数据集进行实验，将拟议系统的性能与使用 KF 算法训练的 ANN(人工神经网络)、ANFIS(自适应神经模糊推理系统)和 IT2FLS(类型-2 模糊系统)的性能进行了比较。实验结果表明，所设计的模型在负荷预测方面表现更好，并且优于其他比较系统。此外，等人进行了另一项研究，使用该算法设计了用于负荷预测的模型，并使用印度尼西亚的数据集进行了测试。该系统使用了 2005 年和 2006 年两年的数据集，其中 2005 年和 2006 年的数据集误差的值分别约为 5.1%和 1.96%。

得出结论，相较于标准模糊逻辑方法，ELM 在解决负荷预测问题方面表现更好。该研究还得出结论，IT2FLS 比标准模糊逻辑更能解决负荷预测问题。其中介绍了使用模糊逻辑系统分析需求功率预测。所使用的输入变量是温度、湿度和风速，而电力负载被用作目标输出。该模型针对不同的天数进行了测试：假期和工作日。另一项研究于 2016 年设计了一个基于模糊集的需求功率预测模型。该模型使用温度、时间和前一天的负荷作为输入参数。该模型的性能为 Z，并且观察到温度是影响电力负荷最重要的天气参数之一。还有一项研究设计了一个模糊模型，用于预测不同日期的小时负荷。时间和日期类型（工作日、周末或假日）被用作输入变量。所提出的模型显示出令人满意的结果。然而，研究者得出结论称该模型无法处理负载的突然变化。在伊朗，研究人员使用从伊朗收集的数据集和局部线性模型树来训练神经模糊模型，该模型已用于分析短期电力负荷预测。局部线性模型树有助于设置参数并建立灵活的神经模糊模型。总的来说，这些研究表明在电力负荷预测领域，极限学习机（ELM）算法和模糊逻辑系统具有良好的性能和应用前景。它们在处理多变因素和预测需求变化方面显示出了一定的优势。然而，不同的模型可能适用于不同的预测任务和数据集，并需根据特定情况对不同方案进行选择和调整。

模糊集合这种方法把待考察的对象及反映它的模糊概念作为一定的模糊集合，建立适当的隶属函数，通过模糊集合的有关运算和变换，对模糊对象进行分析。模糊集合论以模糊数学为基础，研究有关非精确的现象。客观世界中，大量存在着许多亦此亦彼的模糊现象。

模糊系统主要是区别于经典系统（或称为常规系统）。在研究人机系统，管理系统，特别是经济和社会系统时，由于加入人的逻辑、推理、判断，很多决策很难做到完全精确，这些和人有关的系统就拥有了某种模糊性。模糊系统主要是区别于经典系统（或称为常规系统）。在研究人机系统，管理系统，特别是经济和社会系统时，由于加入人的逻辑、推理、判断，很多决策很难做到完全精确，这些和人有关的系统就拥有了某种模糊性。在常规系统中，如果一个系统在某刻的状态和输入一旦确定，下个时刻的状态和输出就可以确定。如果下一个状态不能确定，但是可以给出概率分布，就成为随机系统。如果概率分布都不能给出，但是可以给出所有可能状态的集合，而且所有可能状态的集合使用模糊集合来表示，就成为模糊系统。客观世界中普遍存在着模糊现象，比如“年轻人”和“老年人”就是模糊概念，它们没有明确内涵和外延，但是使用这些概念时却很少产生误解和歧义。可以说值逻辑只是理想世界的模型，而不是现实世界的模型。

在模糊集合中有一些特定的概念，例如特征函数，特征函数是针对经典集合而言的，是为了描述经典集合中元素对集合的关系，其实也可以把特征函数看作是隶属函数的在经典集合中的表示。经典集合的关系比较明确，只有属于和不属于两种关系，因此其对应的特征函数的取值也只有两种：

$$x_A(x)=\begin{cases}0, & x\notin A\\ 1, & x\in A\end{cases} \tag{10-7}$$

特征函数具有下列性质：

$$A\subseteq B\Leftrightarrow \chi_A(x)\leqslant \chi_B(x) \tag{10-8}$$

$$A=B \Leftrightarrow \chi_A(x)=\chi_B(x) \tag{10-9}$$

$$\chi_{A\cap B}(x)=\min\{\chi_A(x), \chi_B(x)\}=\chi_A(x) \wedge \chi_B(x) \tag{10-10}$$

$$\chi_{A\cup B}(x)=\max\{\chi_A(x), \chi_B(x)\}=\chi_A(x) \vee \chi_B(x) \tag{10-11}$$

$$\chi_{A^C}(x)=1-\chi_A(x) \tag{10-12}$$

隶属函数是用来度量元素与模糊集合之间隶属关系强度的数学工具。它将每个元素映射到一个隶属度值，表示该元素属于模糊集合的程度或真实程度。隶属函数通常在区间[0, 1]上取值，表示隶属度的程度，其中 0 代表不属于集合，1 代表完全属于集合。

隶属函数可以是离散的或连续的，具体取决于模糊集合的性质和应用需求。离散隶属函数将元素的隶属度限定在有限的几个取值中，例如{0, 0.2, 0.5, 0.8, 1}，表示隶属度的程度分别为完全不属于、弱属于、中等属于、较强属于和完全属于集合。连续隶属函数则将元素的隶属度视为一个连续的变量，可以在整个[0, 1]区间内取值，例如使用高斯函数、S 形函数等进行建模。

隶属函数的运算包括交、并和补等操作，用于模糊集合的组合和表达。交运算表示两个模糊集合的相交部分，即取两个集合中元素的隶属度的较小值，并运算表示两个模糊集合的并集，即取两个集合中元素的隶属度的较大值。补运算表示对一个模糊集合求补集，即将集合中元素的隶属度取 1 减去原始隶属度。这些运算可用于模糊集合的推理、融合和决策等应用中。图 10-4 是一个示意图，用于展示模糊集合的交、并、补运算。

交集	$A\cap B=\{x \mid x\in A 且 x\in B\}$	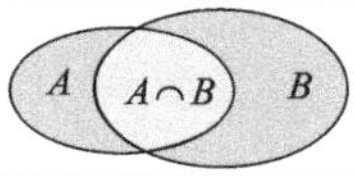 A　$A\cap B$　B
并集	$A\cup B=\{x \mid x\in A 且 x\in B\}$	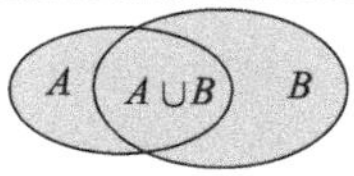 A　$A\cup B$　B
补集	$C_UA=\{x \mid x\in U 且 x\notin A\}$	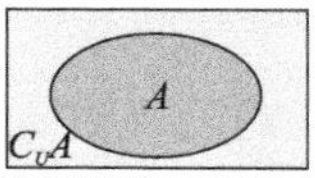 A　C_UA

图 10-4　隶属函数交、并、补运算

但是值得注意的是，这个运算算子只是比较经典的算子之一，每个人都可以基于实际问题提出合适的算子。

10.3.6　工业园区电力负荷预测模型

当涉及工业园区电力负荷预测模型时，有几种常见的方法可供选择。这些方法包括传统的统计方法，如回归分析、时间序列分析，以及基于机器学习和深度学习的方法，如支持向量机、随机森林(RF)、多层感知器(MLP)等。在 CNN 预测模型和 LSTM 预测模型的基础上，我们构造了工业园区电力负荷预测模型。首先我们对 CNN 预测模型和 LSTM 预测模型进行介绍。

CNN 又称卷积神经网络，是深度学习中非常常见的算法(模型)，以下是一种将卷积神经网络(CNN)和长短时记忆神经网络(LSTM)结合的常见方法，用于时间序列预测。

(1)数据准备：将时间序列数据转换为监督学习问题的形式，即将每个时间步的观测作为输入特征，对应地，将下一个时间步的观测作为输出。可以创建滑动窗口来生成多个数据样本。

(2)卷积层设计：将转换后的输入数据视为一维结构，使用一维卷积层来提取特征。可以通过设置不同大小的卷积核来捕捉不同尺度的特征。卷积层通常会应用激活函数，如ReLU，对卷积结果进行非线性处理。

(3)池化层设计：在卷积层之后使用池化层进行下采样，以减小特征图的尺寸并保留关键特征。常用的池化方式有最大池化和平均池化。

(4)LSTM 层设计：在卷积和池化层之后添加 LSTM 层，以捕捉时间序列的长期依赖关系和动态特征。LSTM 层通过门限单元控制信息的流动和状态的更新，以更好地处理长期依赖性。

(5)全连接层和输出层：在 LSTM 层之后可以添加全连接层，将得到的特征图映射到目标预测值的空间。最后使用一个输出层，如全连接层或线性层，生成最终的预测结果。

(6)模型训练：使用训练数据对模型进行训练。可以使用优化算法(如随机梯度下降)来最小化预测误差，同时可以使用适当的损失函数(如均方根误差)来度量预测值与实际值之间的差异。

(7)模型评估：使用测试数据对训练好的模型进行性能评估。可以使用不同的指标(如均方根误差、平均绝对误差)来评估预测结果的准确性和稳定性。

(8)预测结果：使用训练好的模型对未来的时间序列数据进行预测。输入之前的观测，根据模型生成下一个时间步的预测值。

LSTM 模型又称长短期记忆递归神经网络，在其基础结构上增加了三个门限单元：输入门(inputgate)、输出门(outputgate)和遗忘门(forgetgate)。这些门限单元通过乘法操作控制信息的流动和状态的更新，使得 LSTM 能够在训练过程中选择性地保留有用的历史信息，同时遗忘与当前任务无关的信息。

输入门控制着新输入的流入程度，遗忘门控制着前一时刻状态的遗忘程度，而输出门控制着当前时刻状态的输出程度。通过对这些门限单元的适当设计，LSTM 可以有效地捕捉到长期的时序依赖关系，从而更好地利用历史信息。

LSTM 的关键组成部分是记忆单元(Memory unit)，它在整个序列处理过程中负责存储和传递信息。记忆单元通过添加或删除信息来更新自身，以适应当前时刻的输入和门限控制。这种记忆单元的机制使得 LSTM 能够灵活地处理长序列中的信息，并有效地解决梯度消失和梯度爆炸问题。

在时间序列预测任务中，LSTM 可以通过对输入序列的历史信息进行建模，从而预测未来的数值。通过适当地设置 LSTM 的网络结构和参数，可以使其适应特定的时间序列模式和数据特点。然而，对于某些具有强烈长期依赖性的时间序列，LSTM 可能仍然存在一定的限制。在这种情况下，可以考虑结合其他方法，如更复杂的循环神经网络(如 GRU)或注意力机制，以进一步改进预测效果。综合考虑传统的统计方法和深度学习方法，可以选择最佳的预测模型并取得更好的结果。长短期记忆递归神经网络具体结构如下图 10-5 所示。

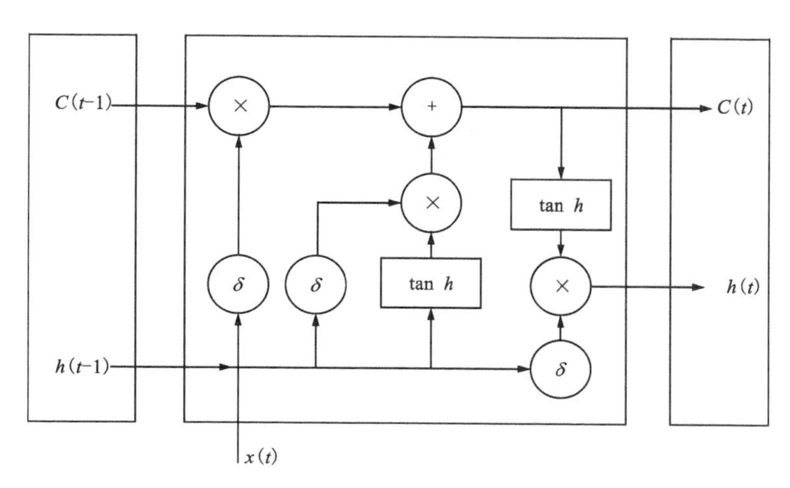

图 10-5　LSTM 结构图

10.4　工业园区电力负荷预测模型设计

我们以深圳市工业园区实际负荷为对象来研究工业园区电力负荷预测模型。在构建工业园区电力负荷预测模型时，需要考虑负荷的季节性、周期性和趋势性等特征，并选取合适的模型进行建模和预测。同时，还需要收集和整理相关的数据，如负荷数据、气象数据、工作日和节假日等信息，以提高预测模型的准确性和可靠性。

通过建立精确的工业园区电力负荷预测模型，可以为电力供应部门、能源规划部门和工业园区管理者提供重要的决策依据，帮助其合理规划电力供应和调度，提高能源利用效率，降低成本，并确保电力供应的可靠性和稳定性。

首先我们进行负荷特性的分析。随着季节变化，负荷变化具有一定规律。为进一步分析该地区负荷变化情况，将数据进行四季划分，得到春、夏、秋、冬负荷数据，分别为 184 天、184 天、106 天、150 天，不同季节的负荷变化趋势相似，但量级存在差异，冬季因供暖需求大，故负荷需求量较大，春季次之，夏、秋季负荷需求量较小。

还有周负荷的变化，周负荷曲线变化具有周期性。工业园区情况不同于住宅区和农村，工作日与休息日有较大差异，与一般的办公场所相同。

除此之外，还有日负荷这个负荷特性。我们在对日负荷进行分析时，首先按照节气来划分区域。我们以春分、夏至、秋分及冬至四个典型日为例，分析日负荷的变化情况。

我们可以知道，日负荷变化趋势呈“三峰两谷”特性，冬至因供暖需求使得负荷值较大，波峰分别为早上 7—9 时、下午 1—3 时、晚上 7—9 时，反映了工业园区人们的用电生活。

为提高预测精度及训练速度，需采用相关分析法筛选影响因素。灰色关联度法是灰色理论的重要分支，可分析多因素之间的关联度。因其对样本数量要求不高、计算量小等特点，本书选择该方法筛选影响因素，步骤如下：

(1)确定参考序列和比较序列：

$$X_0=\{x_0(1),\ x_0(2),\ \cdots,\ x_0(n)\} \tag{10-13}$$

$$X_i=\{x_i(1),\ x_i(2),\ \cdots,\ x_i(n)\} \tag{10-14}$$

(2)采用均值化法无量纲处理：

$$X'_i(k)=\frac{X_i(k)}{\bar{X}_i} \tag{10-15}$$

(3)计算绝对值差：

$$\Delta_i(k)=|X'_0(k)-X'_i(k)| \tag{10-16}$$

(4)由绝对值差计算极差：

$$a=\max_i\max_n\Delta_i(k) \tag{10-17}$$

$$b=\min_i\min_n\Delta_i(k) \tag{10-18}$$

(5)求关联度系数：

$$\xi_i(k)=\frac{b+\rho a}{\Delta_i(k)+\rho a} \tag{10-19}$$

为准确评估预测模型性能，本书选择平均绝对误差(*MAE*)、平均平方根误差(*RMSE*)、平均绝对百分误差(*MAPE*)作为评价指标，其中 t_i 为预测值，y_i 为实际值。平均绝对误差反映预测值与实际值的偏离情况，值越小，预测模型越精确。平均平方根误差与原始数据具有相同的量纲，对异常值更敏感，值越小，预测越准确，平均绝对百分误差采用百分率来说明误差的大小。计算方法如下：

$$MAE=\frac{1}{n}\sum_{i=1}^{n}|t_i-y_i| \tag{10 - 20}$$

$$RMSE=\sqrt{\frac{1}{n}\sum_{i=1}^{n}(t_i-y_i)^2} \tag{10 - 21}$$

$$MAPE=\frac{1}{n}\sum_{i=1}^{n}\left|\frac{t_i-y_i}{y_i}\right|\times 100\% \tag{10 - 22}$$

预测模型输入节点数为4，输出节点数为1，隐层采用单层结构，同时设置不同的隐层神经元数量，为避免网络权值随机初始化影响，运行10次求平均值。

第 11 章 深圳市工业园区供电改造工程项目安全风险应对

在前文中，我们已经对深圳市工业园区供电改造工程进行了详细的安全风险识别和评估工作，得出了相对准确的安全风险评价结果。本章将致力于采用四种关键手段，即风险规避、风险转移、风险缓解及风险利用，以应对深圳市工业园区供电改造工程中的安全风险。同时，我们还将加强规范的监控措施，以确保整个安全风险管理过程的有效实施，从而保障工程的顺利进行和最终成功的实施。

11.1 安全风险应对原则

针对深圳市工业园区供电改造工程的安全风险管理，本书采用四种方法：风险规避、风险转移、风险缓解和风险利用，以应对不同性质和程度的安全风险。在选择适当的安全风险应对方法时，我们将根据各安全风险因素的权重值大小及风险程度的高低来进行权衡和决策，以确保风险管理的有效性和效率。具体的选择方案如表 11-1 所示。

表 11-1　安全风险应对方法选择

安全风险因素权重	风险程度	风险应对方法
大	高	风险规避
大	低	风险转移
小	高	风险缓解
小	低	风险利用

11.2 安全风险应对方法

11.2.1 风险规避

风险规避是一种重要的安全风险管理方法，其目标是通过特定的施工手段或技术方法，从根本上阻止潜在风险的发生，以确保工程项目的安全性和顺利实施。在深圳市工业园区供电改造工程中，我们可以考虑采用教育法和程序法这两种常见的风险规避方法，而终止法则不适用于此项目，因为它涉及项目的完全放弃，与项目目标相悖。

（1）教育法：教育法是一种通过教育和培训来增强施工人员的安全认知和技能，以降低潜在风险的方法。对于深圳市工业园区供电改造工程，我们可以实施有针对性的安全培训，包括但不限于以下方面：

1）安全操作培训：确保施工人员了解和遵守相关安全操作规程，包括使用安全装备和工具的方法。

2）风险识别培训：培训施工人员如何识别潜在的危险和风险，以及如何采取适当的措施来应对。

3）应急响应培训：培训施工人员在紧急情况下如何迅速做出反应，并采取适当的措施来保障安全。

（2）程序法：程序法侧重于通过制定严格的施工程序来确保每一步施工作业过程的安全性。在深圳市工业园区供电改造工程中，可以考虑以下措施：

1）制定详细的工程施工程序，明确每个工作阶段的安全标准和操作要求。

2）强调安全检查和监控，确保程序的准确执行，及时发现并修正潜在问题。

3）建立紧急情况处理程序，以应对突发事件，并确保施工人员知晓如何执行这些程序。

通过教育法和程序法的结合应用，深圳市工业园区供电改造工程可以更好地管理安全风险，减少事故发生的可能性，确保工程项目平稳进行。这两种方法的有效实施将为项目的成功提供重要保障。

根据风险应对原则，我们注意到在深圳市工业园区供电改造工程中，两个重要的风险因素是现场人员安全意识和现场人员技术水平。这两个因素对风险后果的影响较大，而且当前阶段的风险程度较高。因此，我们选择采用风险规避方法，针对这两个因素进行应对。

（1）现场人员安全意识是关键因素之一。为了提高安全意识，我们采取了“教育法”。安全教育培训在保障作业人员人身安全方面起着不可或缺的作用。培训的质量和内容直接决定了员工在项目中的行为安全性。因此，制订合理的安全教育培训计划至关重要。

在培训中，我们要强调以下三个方面：

1）安全意识的强化：通过教育员工了解安全的重要性及忽视安全管理可能导致的严重事故，我们可以从根本上改善员工的安全意识。这需要将员工从“要我安全”的态度转变为“我要安全”的态度，以使安全施工的意识成为他们行为的自然驱动力。

2）安全规章制度的遵守：通过强调员工必须严格遵守现场的安全规章制度，我们可以确保他们在工作中积极采取安全措施。这可以通过培训来强化，以便员工在每个工作环节都能自觉地遵守安全规程。

3）安全文化的培养：借助培训，我们能够逐渐营造出安全文化，以确保每位员工内心深处都深刻铭记安全原则。这将有助于提高安全行为的自发性，最终增强公司的安全管理效果。

通过以上教育培训方法，我们可以显著提高现场人员的安全意识，确保他们在工程项目中采取安全行为，降低事故风险，从而为工程的成功实施提供坚实的安全保障。

(2)对于现场人员技术水平的风险因素，我们选择采用“程序法”来进行应对。在深圳市工业园区供电改造工程中，工作票制度被视为一种规范的作业程序，严格执行该制度对于避免安全事故的发生至关重要。以下是我们采取的程序法的关键步骤。

1)工作票的编制：在施工作业开始之前，需要将施工所需的工作项目及相应的安全措施逐步编写在工作票上。这包括详细列出每项工作的步骤和所需的技术措施。编制工作票的过程中，需要指定专人负责审核和核准。

2)安全技术交底：在工作票核准通过后，必须对工作班成员进行安全技术交底。这确保了每名作业人员都已经掌握了工作中必要的安全技术和操作要求，以保障施工的安全性。

3)唱票复诵制度：在工作票的执行过程中，必须严格按照规定执行唱票复诵制度。这意味着工作负责人需要大声而清晰地交代每个操作步骤，而操作人员则要准确地重复。只有在确认操作内容无误后，工作负责人才能发出执行指令，作业方可开始。

4)检查和确认：每完成一项操作，都需要进行检查和确认，以确保操作无误。只有在确认操作无误后，方可继续下一步操作。这个过程需要特别细致和严格，以防止潜在的技术问题或风险。

5)安全结束：在所有任务操作完成后，需要进行最终检查，确保工作用具全部收回，相关工作人员已经全部撤离现场，以及自行布置的安全接地线已经全部拆除。只有在上述程序按要求完成后，才能视作一次作业的彻底安全结束。

通过严格执行工作票制度和上述程序，我们可以确保施工作业在技术上得到充分的掌控和管理，从而降低了潜在的技术风险，提高了作业的安全性。这有助于确保深圳市工业园区供电改造工程的安全施工，减少事故风险，同时也有利于工程项目的成功实施。

11.2.2 风险转移

风险转移是一种重要的风险管理方法，它旨在将自身需要承担的风险后果和风险责任转移到他人身上，让他人代替自己承担潜在风险。通常，风险转移分为保险类和非保险类两种方式。

(1)保险类：保险类的风险转移方法包括购买各种形式的保险。通过购买保险，当风险事件发生时，您可以获得资金赔偿，从而降低潜在的经济损失。这种方式适用于那些风险后果可能导致重大财务损失的情况，例如人身伤害、财产损失等。在深圳市工业园区供电改造工程中，可以考虑购买适当的施工保险和责任保险，以降低风险带来的潜在损失。

(2)非保险类：非保险类的风险转移方法包括通过合同规定、施工分包等方式将风险责任主体转移给他人，从而减少自身风险。这种方式通常适用于风险后果较小或风险程度较低的情况，但仍需要确保风险得以管理。在深圳市工业园区供电改造工程中，可以考虑通过合同中的明确规定，将某些风险责任分担给相关的合作伙伴或承包商，以降低项目的风险。

根据风险应对原则，我们注意到在深圳市工业园区供电改造工程中，安全风险管理资金投入和施工设备是两个重要的风险因素，它们的风险后果可能会对项目产生较大的影响。然而，目前阶段的风险程度相对较低。因此，我们选择采用风险转移方法，以降低潜在的经济损失和责任风险。这可以通过购买适当的保险和通过合同规定等方式来实现，以确保项目的安全管理和经济效益。

(1)安全风险管理资金投入：这是确保在深圳市工业园区供电改造工程中应对潜在安全事故的关键要素。这些资金用于应急处理，确保在意外事件发生时能够及时采取必要的措施。在工程项目中，安全事故可能带来严重的后果，包括人员伤亡、财产损失，以及项目延期等，这些后果可能是不可弥补的。然而，有时由于各种原因，安全风险管理资金可能无法准确和及时到位，这可能会对项目的安全性和顺利进行产生潜在威胁。

鉴于这种情况，一种有效的应对方法是采取购置保险的策略，以确保安全风险应急措施的资金供给得以保障。通过为深圳市工业园区供电改造工程购买适当的保险，项目管理团队可以获得以下优势：首先，保险公司在安全事故发生时提供资金赔付，这有助于迅速应对紧急情况，采取必要的措施来遏制事故的发展。这种资金的即时可用性可以极大地减少事故可能造成的损失，包括物质和人员损害。其次，购买保险可以降低财务风险。项目资金不再完全依赖于自身资金来应对意外事件的紧急需要。这可以维护项目的经济稳定性，避免安全事故导致的不必要的财务困难。最后，知道有保险支持可以增强项目管理层和团队的信心。他们可以安心，知道在需要时有可靠的财务支持可用，这有助于他们更加果断地采取应急措施，以保证工程项目的安全性和成功实施。

然而，购买保险也需要仔细考虑不同类型的风险和保险政策的范围和限制。因此，项目管理团队应当与专业的保险机构合作，选择适当的保险政策，以确保在需要时能够获得及时的赔付和支持。通过购买适当的保险，可以有效地应对安全风险管理资金投入不足的问题，保障深圳市工业园区供电改造工程的安全性和成功实施。

(2)施工设备：在深圳市工业园区供电改造工程中，施工设备的使用是工程进展的重要组成部分。这些设备和机具通常是通过租赁从设备持有方处获得的。在这个过程中，确保施工设备的安全性和质量是至关重要的。以下是一些关键方面，用于应对与施工设备相关的安全风险。

首先，设备持有方应提供设备的安全合格证和质量合格证。这些证书是验证设备在安全性和质量方面符合标准的重要文件。安全合格证明确说明设备在使用过程中的安全性，而质量合格证则确认了设备的制造和维护符合质量标准。这些证书的存在可以帮助确保使用的设备是安全可靠的。

其次，在租赁文件合同中，需要明确规定责任和赔偿条款。具体来说，如果深圳市工业园区供电改造工程发生安全事故，并且经过事故调查和分析确认是由设备持有方提供的施工设备本身的质量问题或设备质量伪造所导致的，那么合同应规定设备持有方需按照合同规定承担相应的经济赔偿责任。这种明确的责任和赔偿规定有助于确保设备持有方对其提供的设备的质量和安全性承担责任，从而降低了潜在的风险。此外，合同中还可以包括其他相关的安全条款，例如设备的维护责任和检查义务。这些条款可以确保设备在整个工程过程中得到适当的维护和检查，以保证其性能和安全性。

综上所述，通过确保设备持有方提供的施工设备具有相应的安全和质量证明，以及通过合同明确规定责任和赔偿条款，可以有效地管理与施工设备相关的安全风险。这有助于确保深圳市工业园区供电改造工程在施工过程中的安全性和顺利实施。

11.2.3　风险缓解

风险缓解，作为一项重要的风险管理策略，致力于通过采取有针对性的措施，从根本上减少风险事件的发生概率，或者在不可避免时减轻其可能带来的不利后果，以有效地控制项目的风险水平。尽管风险缓解并不能完全消除风险，但它在将风险维持在可接受范围内方面发挥着关键作用，有助于降低风险对项目的负面影响。值得强调的是，风险缓解的成功实施取决于方案制订者对工程施工的深刻理解，以及所采取措施的合适性。选择不当的风险缓解方法可能会导致资源的浪费，因此方案制订者需要具备高度的专业知识和技能，以准确评估和有效管理风险。遵循风险应对原则，我们可以明确在深圳市工业园区供电改造工程中，以下三个因素对风险后果的影响较小，但由于当前风险程度较高，因此选择采取风险缓解方法来应对这些风险。

(1)施工人员身心健康：在深圳市工业园区供电改造工程的安全管理中，除了统筹管理工作，还应重点关注施工人员的身心健康，以确保他们的工作状态符合安全要求。为此，我们需要综合考虑两个关键方面的健康指标。

首先，我们需要关注作业人员的身体健康状况。在工程项目开始前，必须依据作业人员最近的体检报告来确定其是否符合作业条件。只有在确认他们的身体状况良好的情况下，才能批准他们参与工程作业。此外，作业开始前，工作负责人应该询问作业班组成员的健康状况，确保没有人在作业前身体不适，严格禁止带病作业。这一步骤不仅是为了保障施工人员的身体健康，还有助于确保工程项目的健康进行。

其次，我们需要关注作业人员的心理健康。在施工过程中，要密切关注作业人员是否出现情绪低落和消极怠工等情况，了解他们情绪波动的情况及可能的原因。通过充分理解和积极解决问题，确保作业人员不会将负面情绪带入工作中，从而保障施工的安全性。如果需要，可以邀请公司内部的心理专家为情绪受挫的人员提供心理疏导。此外，为了保持施工人员的心理健康，应该提供丰富多彩的业余活动，以让他们在下班后能够放松身心，缓解紧张的神经。正如一句古语所说“至刚易折”，只有在张弛有度的情况下，才能确保安全风险管理在项目中得以可持续发展。

(2)安全防护用品：安全防护用品扮演着关键角色，它们被视为在事故发生时最终保障作业人员生命安全的重要措施。因此，强化对安全防护用具的管理对于降低安全事故的严重程度具有至关重要的作用。采取适当的管理方法，如妥善存放和定期检验，可以有效提高这些防护用具的可靠性和有效性。

首先，在管理安全防护用具时，需要严格控制它们的存放条件，包括温度和湿度。安全防护用具的质量和性能会受到环境因素的影响，因此必须确保它们存放在适宜的环境中，以防止劣质或受损的用具在关键时刻失效。其次，要建立严格的出入登记制度，以确保安全防护用具的取存过程受到监管和记录。这有助于跟踪每一次用具的使用情况，以便及时察觉潜在问题并采取必要的措施来解决它们。此外，对于那些经过定期测试合格的安全防护用品，可以粘贴安全合格证，以明确它们在有效期内。这种措施有助于保障施工人员的生命安全，因为他们可以相信这些用具在需要时能够提供有效的保护。

综上所述，对于深圳市工业园区供电改造工程，严格管理安全防护用具是确保施工安全的不可或缺的一环。通过正确地存放、定期检验和记录，我们可以确保这些用具在关键时刻发挥作用，从而最大程度地保障施工人员的生命安全。

(3)自然灾害因素：自然灾害因素无疑是工程施工中的一大潜在威胁，因为自然界的气候变化常常具有不可预测性和极端性。为了降低自然灾害因素引发的安全风险事故的概率，需要采取有效的控制措施，特别是在深圳市工业园区供电改造工程这种施工周期较长、受自然环境影响较大的项目中。

考虑到季节特点，一方面，夏季高温天气可能对施工人员的身体健康构成严重威胁。特别是对于从事重体力劳动的工人来说，高温容易导致中暑，如果中暑事件发生在高风险作业中，后果可能不堪设想。因此，有必要采取相应的措施来降低高温天气对施工的不利影响。这包括避免在气温升高的中午等时段进行作业，或者采取遮阳措施，以减轻高温的影响。另一方面，在冬季寒冷天气下，冻伤风险也需要引起重视。在充分保暖的情况下，由于厚重的工作服可能会限制工人的行动，影响施工安全性。因此，有必要采取预防措施，如增加室内作业的比例，以减轻严寒对施工人员的影响。

总之，针对不同季节的气候特点，制订相应的应对措施是关键。通过降低自然灾害因素引发的潜在安全风险，可以提高施工安全性，并确保工程项目在各种气候条件下顺利进行。这些措施对于维护施工人员的健康和安全至关重要，同时也有助于减轻项目因自然灾害而引发的不利后果。

11.2.4 风险利用

风险利用是一种积极的风险管理策略，它与消极的坐以待毙态度相反，强调在面对风险时应该善于发现其中的机遇，以促进项目的发展和成长。与其他风险应对方法不同，风险利用的核心理念在于将潜在的风险转化为有利于项目的机遇，从而增强项目本身应对风险的能力。

在实际施工中，很多风险可能并不具备严重的风险隐患，或者在一定程度上可以被改善或利用。这时候，风险管理者需要具备敏锐的洞察力，能够充分识别潜在的机遇，并利用这些机遇来增加项目的价值和可持续性。这种策略不仅有助于降低风险带来的负面影响，还能够提高项目的竞争力和回报率。

根据风险应对原则，我们可以确定在深圳市工业园区供电改造工程中，有两个因素对风险后果的影响较小，同时当前阶段的风险程度较低。因此，选择采用风险利用的方法来应对这些因素是合适的。通过充分利用这些因素所带来的机遇，可以进一步提升工程的整体表现，从而实现更好的项目管理和绩效。这种积极的风险管理方法有助于项目的可持续发展和成功实施。

(1)人员生活区环境：人员生活区设置在施工现场附近，通常会受到机械运转噪声、施工作业噪声，以及施工材料飞溅等环境污染和危害的影响。然而，在深圳市工业园区供电改造工程中，这个风险因素实际上可以被有效地利用。这种环境的特点可以被视为一种激励机制，有助于保持施工人员的警觉性和安全意识，特别是考虑到该工程的高风险性质。施工人员通常需要面对噪声、材料飞溅等工作环境的不适，这些因素可能会引起一些不适感或者懈怠情绪。然而，深圳市工业园区供电改造工程本身属于高风险领域，要求施工人员时刻保持高度的安全防护意识。在这种情况下，人员生活区的环境特点可以被充分利用，以保持施工人员的高度警觉和安全防护意识。通过利用这一环境特点，可以建立并强化施工人员的安全文化，鼓励他们积极参与安全培训和意识提升活动。这有助于确保每位施工人员都能够自觉地遵守安全规程和操作程序，降低事故发生的概率，提高整体施工的安全性和质量。因此，人员生活区环境特点的充分利用可以被看作是一项有效的风险利用策略，有助于项目的安全和顺利进行。

（2）安全风险管理措施：深圳市工业园区供电改造工程的特殊性，尤其是其不停电的施工要求，使得安全风险管理措施需要具备更高的精细度和灵活性。虽然过去的经验和方案分析在制订措施时发挥了关键作用，但也必须认识到这些措施存在一定的局限性。因此，在工程实际施工过程中，需要不断地对安全风险管理措施进行监测和改进，以确保其与深圳市工业园区供电改造工程的实际情况相匹配。实践被认为是检验真理的唯一标准，这一理念同样适用于安全风险管理。在实际施工中，可能会出现一些意料之外的情况和问题，这些情况可能需要及时地反馈给安全风险管理团队。这样的反馈可以是事故的发生，也可以是潜在风险的观察或者员工的建议。通过这些反馈，团队可以更好地了解工程的实际风险状况，发掘潜在问题，并迅速采取行动以进行改善。在实际施工中，一边发现问题，一边进行安全风险管理措施的完善是至关重要的。这种实时反馈和改进的循环过程有助于确保措施的及时性和有效性。同时，也可以促进安全文化的建设，鼓励员工更加积极地参与安全管理，提高整体施工的安全性和可靠性。因此，安全风险管理措施的不断完善和优化对于深圳市工业园区供电改造工程的安全和顺利进行至关重要。

11.3　安全风险监控

11.3.1　监控目的

安全风险监控在安全风险管理中扮演着至关重要的角色。一旦安全风险应对措施确定，其有效的实施和监督就变得至关重要。以下是安全风险监控的目的和重要性的进一步阐述。

（1）保证安全风险应对方案的实施：保证安全风险应对方案的实施至关重要，因为它直接关系到工程项目的安全性和可持续性。在项目开始之前，必须明确制订详细的安全风险应对方案，以识别潜在的危险和风险因素，并制订相应的对策和控制措施。这些方案应该基于科学研究和先进的工程实践，确保工程施工过程中的风险最小化。然而，安全风险应对方案的制订只是第一步，真正的挑战在于实施和监控这些方案。在施工过程中，必须确保所有制订的措施得以正确、全面和有力地执行。为了实现这一目标，必须建立严格的监测和评估机制，以追踪安全措施的执行情况，并在必要时进行调整和改进。安全风险监控是确保项目安全性的关键环节。通过定期的检查、报告和数据分析，可以及时识别潜在的风险和事故，并采取必要的纠正措施。监控还有助于确保工程人员和承包商严格遵守安全标准和程序，从而降低发生事故的可能性。

（2）保证安全风险应对方案的准确性和有效性：确保安全风险应对方案的准确性和有效性是项目管理中不可或缺的一环，这需要经过严格的验证和实践检验。通过对措施的实施效果进行监控和评估，我们可以深入了解它们在特定施工环境下的适用性，以及它们是否能够达到预期的安全目标。这种验证过程是确保方案真正可行的重要一步，同时也为项目的安全性提供了更为坚实的保障。首先，实施效果的监控可以帮助我们识别出方案中的潜在问题和不足之处。通过与实际情况进行比较，我们可以确定哪些措施表现出色，哪些措施可能需要进一步改进或调整。例如，某项措施在理论上看似有效，但在实际施工中可能会面临不同的挑战，这就需要及时调整以确保其适应性和实用性。其次，只有在实际实施中验证的方案才更具说服力。通过收集相关数据和经验教训，我们能够建立更为可靠的安全管理体系，以便将来面对类似的风险时能够更好地应对。这种经验基础不仅可以增强项目团队的信心，还可以为项目的各方利益相关者提供更多的透明度和信任感。最后，验证安全风险应对方案的准确性也符合科学方法的原则，即在实践中不断检验和修正假设。这有助于不断优化安全管理策略，提高安全性，并最大程度地降低潜在风险的影响。

综上所述，安全风险监控是安全管理的不可或缺的组成部分。它不仅有助于实施安全风险应对措施，还确保这些措施的准确性和效果。通过持续的监控和控制，可以增进施工项目的安全性，降低潜在风险和事故发生的概率，进而确保项目能够顺利推进。

11.3.2 监控内容

从深圳市工业园区供电改造工程开始，到工程作业中期，再到工程作业收尾，各个阶段都需要严格的安全风险监控，以确保工程安全和成功完成。以下是各个阶段的安全风险监控内容。

1. 项目启动阶段

(1) 现场评估：进行详尽的现场评估，包括地质情况、气象条件、环境因素等的评估。这些评估将有助于识别潜在的危险源和安全风险。例如，地质评估可以确定土壤稳定性和地震风险，气象评估可以考虑极端天气事件的可能性，环境因素评估可以确定是否有化学物质或污染物的存在。

(2) 安全规划：制订全面的安全规划是确保工程安全性的基础。在这一阶段，需要明确项目的安全目标、标准和指导原则。这包括制订安全管理计划、应对紧急情况的计划、工程安全手册等。同时，确定必要的安全管理团队，明确各个团队成员的职责，确保有足够的专业知识和技能来管理安全风险。

2. 设计和规划阶段

(1) 设计审查：对工程设计进行审查，确保在设计中考虑了安全因素。它主要包括三个方面：1) 结构强度：审查工程设计中的结构是否足够强健，能否承受各种外部压力和负荷，包括自然灾害和设备故障。2) 材料选择：检查所选用的材料是否符合安全标准，并且能否在工程寿命周期内保持其性能。3) 安全设备：确保在设计中包括了必要的安全设备，例如紧急停机装置、安全栏杆、消防系统等，以提供安全保护和应急应对措施。

(2) 危险分析：进行危险分析和风险评估，识别潜在的危险并制订相应的应对措施。它主要包括三个方面：1) 危险源识别：识别可能存在的危险源，包括物理、化学、生物、机械等各类危险源。2) 风险评估：评估每个危险源的潜在风险，考虑概率和严重性，并确定哪些风险是最紧迫需要应对的。3) 应对措施：制订应对措施，这些策略包括风险的减轻、转移、避免及接受。确保这些措施在设计中得到充分考虑和实施。

3. 采购和物资准备阶段

(1)供应商审查：审查供应商的安全记录和资质是确保所采购材料和设备的安全性的重要步骤。以下是与供应商审查相关的内容：1)安全记录：审查供应商的历史安全记录，包括过去的事故或安全违规情况。这有助于评估供应商的安全文化和承诺。2)资质认证：确保供应商具备适当的资质认证，如ISO认证或其他行业标准。这些认证通常要求供应商遵守一定的安全标准和程序。3)供应商合规：确保供应商遵守相关法规和法律要求，特别是与安全相关的法规。这包括供应商在员工培训、设备维护和安全措施方面的合规性。

(2)物资检查：物资检查是为了验证所采购的材料和设备的质量和安全性。以下是与物资检查相关的内容：1)质量检查：对所采购的材料和设备进行质量检查，以验证其是否符合规定的质量标准。这包括检查材料的强度、耐久性、耐腐蚀性等。2)安全性检查：检查材料和设备是否符合相关的安全标准，例如符合标志、安全标签、使用说明等。确保它们可以在施工过程中安全使用。3)材料追溯：追踪材料和设备的来源，确保它们没有质量问题或不合规问题。这有助于避免使用次品或不合格材料。

4. 施工阶段

(1)施工人员培训：施工人员培训是确保所有工程人员具备必要安全知识和技能的关键环节。以下是关于施工人员培训的更详细信息：1)安全规定培训：施工人员接受培训，以了解工程现场的安全规定和程序。这包括使用安全设备、遵循操作规程，以及应对紧急情况等方面的培训。2)作业风险培训：根据工程中的特定风险，施工人员接受培训，以识别和应对高风险作业的挑战，确保操作的安全性。3)紧急救援培训：工程人员接受紧急救援培训，以了解如何在紧急情况下采取行动，如何正确使用紧急救援设备，以及如何协同工作以应对突发事件。4)持续培训：培训是持续的过程，需要根据工程的不同阶段和变化的安全需求进行更新和加强。培训计划应与工程进展同步，确保工程人员始终了解最新的安全标准和最佳实践。

(2)现场安全监测：现场安全监测是通过进行日常巡检和实时观察，以确保施工现场严格按照预定的安全程序和措施进行操作。这一过程需要高度专业的安全监管人员坐镇，他们具备以下职责和任务：1)巡检和观察：安全监管人员定期巡视施工现场，观察工程人员的操作行为，确保他们严格遵守安全规定和程序。2)危险源识别：监管人员有责任识别潜在的危险源，例如未固定的设备、材料堆放不当、不安全的作业姿势等，并立即采取纠正措施。3)记录和报告：监管人员记录巡检的结果和观察到的情况，特别是涉及违规行为或潜在危险的情况，并及时向相关部门汇报，以采取必要的行动。4)培训和指导：根据观察到的情况，监管人员可能会为现场工人提供培训和指导，以确保他们了解如何安全地进行工作。

5. 工程作业中期

(1)持续监测：持续监测是指对工程进展和安全状况的持续观察和评估，以确保工程在整个过程中都保持在安全状态。以下是关于持续监测的更详细信息。

1)工程进展监测：持续追踪工程的进展，包括进度、质量和安全性方面的指标。这有助于及时发现可能影响工程安全的问题，并采取纠正措施。

2)安全风险变化：特别关注可能随着工程进展而变化的安全风险。这包括工程阶段的转变、新设备的引入或环境条件的改变。对这些因素进行监测和评估，以及时调整安全措施。

3)数据分析：通过收集和分析相关数据，可以识别安全趋势和潜在的问题。这有助于制订更有效的安全策略和改进计划。

(2)危机应对计划：危机应对计划是为应对突发事件和紧急情况而制订的计划，旨在确保在出现问题时能够迅速采取行动，最大程度地减少损失。以下是关于危机应对计划的更详细信息：1)突发事件识别：明确定义可能发生的突发事件和紧急情况，并建立一套识别这些事件的方法和程序。2)行动方案：为各种突发事件和紧急情况制订详细的行动方案。这包括安全撤离程序、紧急通信计划、应急装备和资源清单等。3)培训和演练：确保工程团队和关键人员了解危机应对计划，并进行定期的培训和演练。这有助于提高应急响应的效率和协同作战的能力。4)通信和协调：建立有效的通信渠道和协调机制，以便在紧急情况下能够及时沟通和协作，确保救援和应对工作的顺利进行。

6. 工程作业的收尾

(1)质量控制：质量控制是工程项目的最终阶段，它涉及对工程进行全面的质量和安全检查，以确保工程符合安全标准和质量要求。以下是关于质量控制的更详细信息：1)最终检查：进行最终的工程检查，包括结构、设备、材料和操作过程的综合审查。确保工程的每个方面都符合预定的安全和质量标准。2)安全性评估：再次评估工程的安全性，特别关注潜在的安全风险和问题。如果发现问题，必须采取必要的纠正措施。3)遵守标准：核实工程是否符合适用的国家和行业标准，以确保安全性和质量满足法规要求。4)文件审查：审查所有相关文件，确保工程文件的完整性和准确性，包括设计文档、施工计划和安全记录。

(2)文件归档：文件归档是将所有安全记录和报告妥善保存的关键步骤，以备将来的审查、教训和参考。以下是关于文件归档的更详细信息：1)安全记录归档：将所有与安全相关的记录和报告归档，包括巡检报告、事故报告、安全培训记录、供应商审查报告等。2)完整性和可访问性：确保文件的完整性和可访问性，以便在需要时能够方便地检索和审查。采用适当的文件命名和存储结构。3)历史参考：文件归档不仅用于将来的审查，还可作为工程历史的重要参考。它可以用于类似项目的经验汲取和教训学习。4)合规性要求：遵守任何适用的法规和法律要求，确保文件的保存时间和方式符合法律法规。

通过在每个阶段实施上述安全风险监控措施，可以最大程度地降低潜在的安全风险，确保深圳市工业园区供电改造工程安全、高效、顺利地完成。安全管理的持续性和系统性对于项目的成功至关重要。

11.3.3 监控方法

针对深圳市工业园区供电改造工程的施工特点，以下是十条适用的安全风险监控方法，以确保工程的安全性和成功完成。

(1)风险评估：在进行电力变电站容量扩展和翻新工程时，确保安全性至关重要。为了实现这一目标，必须在施工前进行全面的风险评估，以识别潜在的危险和风险源。这个风险评估应该涵盖多个方面，包括设备操作、高电压操作、作业环境等等。通过仔细考虑这些因素，可以更好地理解项目中可能出现的潜在危险，并为应对这些风险制订相应的风险管理计划。这个计划应该包括明确的控制措施、责任人员、时间表和资源分配，以确保风险得以降低和控制。此外，还需要制订紧急响应计划，以处理未预见的风险事件，并确保所有工作人员都明白如何在紧急情况下采取行动。持续的监测、审查和记录也是确保工程安全性的关键因素，以及在不断变化的风险环境中进行改进。总之，在电力变电站容量扩展和翻新工程中，风险评估和管理计划应成为确保工程安全性的不可或缺的一部分，以保障工作人员和设备的安全。

(2)培训和教育：在电力变电站容量扩展和翻新工程中，培训和教育是确保工作人员的安全性和项目成功的关键因素之一。对施工人员进行充分的培训至关重要，以确保他们了解安全操作程序、紧急情况响应和电力设备的特性。首先，培训计划应涵盖详细的安全操作程序，以确保工作人员能够正确操作电力设备，最大程度地减少潜在的危险。其次，紧急情况响应的培训是至关重要的，工作人员需要知道在发生事故或紧急情况时应采取何种行动，包括如何报告事故、如何使用紧急设备，以及如何迅速撤离危险区域。高风险因素，尤其是高电压操作，需要额外的关注，培训课程应强调电压等高风险因素的潜在危险，以及如何在操作中避免电击风险，包括正确使用绝缘设备、佩戴个人防护装备，以及遵守安全距离等操作规程。最后，定期进行安全教育对于保持员工的安全意识至关重要，这包括定期举行会议、安全提示和案例研究，以便员工分享和学习有关安全的经验教训。通过这些培训和教育举措，可以降低潜在风险，提高工作人员的安全意识，确保电力变电站容量扩展和翻新工程的成功完成。

(3)使用个人防护装备(PPE)：必须确保所有工作人员在电力变电站容量扩展和翻新工程中使用适当的个人防护装备(PPE)。这包括但不限于绝缘手套、护目镜、耳塞等装备，旨在减少电击、火花和噪声等潜在风险对工作人员的影响。个人防护装备的使用对于保护工作人员的生命和健康至关重要，并且是确保工程安全性的必要措施之一。绝缘手套是防止电击危险的关键装备，确保工作人员与高电压设备接触时能够安全地工作。同时，护目镜可确保工作人员眼睛免受可能产生的火花或飞溅物的伤害。此外，耳塞或耳罩可以减少工作人员在高噪声环境下受到的噪声干扰，有助于维护工作人员听力健康。为确保 PPE 的有效使用，必须进行相关培训，以确保工作人员了解何时、如何正确佩戴和使用这些装备。此外，PPE 的定期检查和维护也至关重要，以确保其性能不受损害。管理层应提供必要的资源和支持，以确保工作人员能够随时获得适当的 PPE，并始终遵守 PPE 的使用规定。综上所述，使用个人防护装备是电力变电站容量扩展和翻新工程必不可少的一部分，旨在最大程度地减少电击、火花、噪声等潜在风险对工作人员的影响。通过提供适当的 PPE、培训和监督，可以有效地保障工作人员的健康和安全，确保工程的安全进行。

(4)施工计划和监控：施工计划和监控是电力变电站容量扩展和翻新工程中的关键环节，对确保项目的顺利进行和风险降低至关重要。首先，必须制订详尽的施工计划，以确保工作流程合理安排，避免设备过载和电力中断等不良后果。这包括确保资源(如人员、设备和材料)的适时供应，以及工作任务的合理分配。

监控施工进度是关键，通过这种方式可以确保工序按计划进行，从而降低潜在风险。这包括持续跟踪工程进度，识别可能的延误或问题，并及时采取纠正措施。对施工进度的有效监控可以帮助确保项目按时完成，减少可能导致风险增加的紧急情况。此外，施工计划和监控也应考虑电力设备的正常运行。这可能包括定期的设备检查和维护，以确保其在施工过程中不会出现故障或损坏。监测电气状态和设备性能也是重要的，以及时识别潜在的问题。最后，施工计划和监控需要密切与项目管理和安全管理相协调。这可以确保项目计划与安全措施相一致，并在需要时进行调整。此外，必须建立有效的沟通渠道，以确保所有团队成员都了解工程进展和任何可能发生的问题。综上所述，施工计划和监控在电力变电站容量扩展和翻新工程中起着至关重要的作用，有助于降低潜在风险，确保工程的成功完成。通过合理的规划、监测和协调，可以有效地管理项目的复杂性，提高项目的安全性和可靠性。

(5)设备检查和维护：一方面，电力设备的定期检查和维护对于确保电力变电站容量扩展和翻新工程的顺利进行至关重要。这一流程的核心任务在于确保设备正常运转，以及及早发现并解决潜在的故障和问题。首要任务是进行定期的机械和电气检查，以确保设备各方面处于良好状态。检查的频率和内容应根据设备的类型、规模和制造商的建议进行规划和执行。此外，对电气设备状态的监测至关重要。通过连续监测电流、电压、温度及绝缘电阻等关键参数，可以及时发现潜在的电气问题，从而减少可能导致设备故障或火灾的风险。这种监测可以在设备运行期间实施，以提高故障检测的灵敏度。另一方面，预防性维护也应纳入计划中。这包括根据设备的使用情况和工程特点，定期更换耐磨部件、润滑设备，以及执行校准和校验工作。通过定期的维护和维修，可以延长设备的寿命，降低意外故障的风险，确保电力变电站工程的持续稳定运行。因此，在电力变电站容量扩展和翻新工程中，设备的检查和维护程序应得到严格执行，以确保工程的顺利完成和设备的可靠性。

(6)电气工作许可证系统：电气工作许可证系统在电力变电站容量扩展和翻新工程中具有关键作用，它有助于确保只有经过培训和合格的人员才能进行电气工作，从而降低潜在的电击和设备故障风险。以下是相关的注意事项：首先，电气工作许可证系统应设立，确保只有具备必备资格和培训的人员才能执行电气工作。这意味着工作人员需要接受适当的培训，以了解电气工作的安全操作程序和最佳实践。只有在获得许可证后，才能执行相关电气工作。其次，必须建立清晰的工作许可程序和标准。这些程序应明确规定如何申请和颁发工作许可证，包括许可证的有效期限、可执行的工作范围、所需的控制措施，以及工作期间的监督。标准应包括工作人员的资格要求、电气设备的安全要求，以及紧急情况响应计划等方面的要求。最后，必须确保工作许可证系统的执行和监督。这包括培训负责颁发许可证的人员，以及建立监督机制来确保工作人员遵守许可证的规定。在工程中，工作许可证系统的有效性和合规性需要定期审查和评估，以确保其与工程的要求保持一致。总之，电气工作许可证系统是电力变电站容量扩展和翻新工程中的必要措施之一，有助于降低电气工作相关的潜在风险。通过严格的许可证颁发、清晰的程序和标准，以及有效的执行和监督，可以确保工作人员的安全，同时保障电气设备的可靠性和完整性。

(7)火灾安全：火灾安全在电力变电站容量扩展和翻新工程中具有至关重要的地位，以确保工程的安全性和保护人员的生命和财产安全。以下是相关的注意事项：首先，必须确保施工现场配备了适当的灭火设备，例如灭火器、灭火器箱、消防水带等。这些设备应根据现场的特点和潜在的火灾风险进行合理的布置，以确保在紧急情况下能够迅速采取灭火行动。此外，应定期检查这些设备，确保其处于工作状态，维护其有效性。其次，应制订明确的应急方案，以应对潜在的火灾风险。这包括确定火灾报警和撤离程序，确保所有员工了解如何响应火灾警报，安全地撤离危险区域，并采取必要的措施来扑灭火源。应急方案还应明确责任人员和联系信息，以便在紧急情况下进行协调和通信。定期检查潜在的火灾风险也是至关重要的。这包括检查电气设备、电缆、暴露在外的电线，以确保它们没有损坏或短路的迹象。此外，要关注施工现场的火源，确保明火使用受到适当的控制，以防止意外火灾的发生。最后，培训工作人员，使他们能够识别潜在的火灾风险，并知道如何正确使用灭火设备和执行应急方案。员工应具备灭火技能和火灾逃生知识，以便在紧急情况下采取适当的行动。综上所述，火灾安全是电力变电站容量扩展和翻新工程不可或缺的一部分。通过确保适当的灭火设备、应急方案的制订和员工培训，以及定期的火灾风险检查，可以最大程度地降低火灾风险，确保工程的安全进行。

(8)通信和紧急响应：在电力变电站容量扩展和翻新工程中，建立高效的通信和紧急响应系统至关重要。这一系统的目标是确保在发生问题时，能够及时通知相关人员，并采取适当的紧急措施以保障工程的安全进行。首要任务是确保施工现场和项目团队之间存在可靠的通信渠道，涵盖了现代通信技术(如手机、对讲机和电子邮件等)，以及备用通信渠道，以防止通信中断。其次，建立明确的紧急响应计划，包括不同紧急情况下的行动步骤和责任分工。这个计划还应覆盖火灾、电击、设备故障、人员伤害等各种紧急情况，强调紧急情况报告和紧急撤离程序。员工需要接受培训，了解紧急响应程序和通信系统的操作，以及如何应对各种紧急情况。最后，紧急响应系统需要定期测试和审查，以确保其有效性，包括演练、通信设备可靠性的评估，以及应急响应计划的不断更新和改进。这一系统的建立和维护有助于降低潜在风险，保障工程的成功进行。

(9)定期审查和改进：定期审查和改进安全计划和程序是电力变电站容量扩展和翻新工程中的关键措施，旨在确保工程持续的安全性和可靠性。这一过程的核心在于对已实施的安全计划和程序进行深入审查，以评估其有效性。这包括对过去一段时间内发生的安全事件和事故进行详尽的分析，以了解可能存在的问题和趋势。经验教训是宝贵的，可用于指导未来的改进措施。基于这些教训，必须制订具体的改进计划，以消除潜在问题并提高工程的安全性。改进可能涉及更新安全程序、增强培训、改善设备维护标准，或根据变化的风险情况进行工程计划的调整。此外，随着工程条件和环境的变化，安全计划和程序也需要灵活适应，以确保其持续有效。最后，定期的安全培训和意识提升活动有助于员工时刻保持对安全的高度警惕，从而提高工程的整体安全水平。综上所述，定期审查和改进安全计划和程序是电力变电站工程的不可或缺的组成部分，通过不断优化安全性，有助于确保工程的顺利进行和工作人员的安全。这一过程需要持续的监督、数据驱动的决策以及对安全的不懈追求。

(10)合规性和法规遵守：在电力变电站容量扩展和翻新工程中，合规性和法规遵守是至关重要的要素，旨在确保工程的合法性和可持续性，并降低法律风险。首先，全面了解并遵守适用的法律法规和电力行业标准，这需要对国家、地区或地方政府，以及电力行业组织发布的法规和标准进行深入研究。这些法规和标准可能涵盖了安全、环境、设备标准、劳工法律等多个方面，因此确保工程的合规性需要广泛的法律和行业知识。其次，建立有效的合规性监测体系是不可或缺的。项目团队必须了解并遵守法规和标准，并建立监测机制来持续跟踪合规性。定期的内部审核和合规性检查有助于确保项目团队的合规性，及时发现和修正潜在问题。透明度和记录的保持同样重要。所有与合规性相关的文件、报告和记录都必须被妥善保存，并可供监管机构审查。这些记录包括了解工程计划、审批文件、安全培训记录等，有助于证明工程的合法性和合规性。最后，培训项目团队应确保员工们了解并能够遵守法规和标准。员工培训应涵盖法规要求、安全标准、环境规定等多个方面，以确保他们在工程中能够全面合规。总之，合规性和法规遵守是电力变电站容量扩展和翻新工程中的关键原则，有助于确保工程的合法性和可持续性，并降低法律风险。通过深入了解法规、建立监测机制、保持透明度和进行员工培训，可以最大程度地确保工程的合规性，从而维护公司的声誉和可信度。

11.4 本章小结

本章根据前文中风险识别及风险评价的结果，采取风险规避、风险转移、风险缓解，以及风险利用四种方法对深圳市工业园区供电改造工程的安全风险进行应对。风险规避策略涉及在工程规划阶段识别并排除可能导致安全问题的因素，例如，选择合适的工程地点和设备，以减少潜在的危险。风险转移则包括购买适当的保险，将部分风险分担给保险公司，以减轻项目团队的负担。风险缓解策略涉及采取措施来减少风险的概率和影响，例如，实施更严格的安全措施和培训，以降低事故发生的可能性。最后，风险利用策略是针对某些风险情况，通过采取一定的措施来实现风险的积极管理，以获取一定的回报或优势。

通过有针对性的应对措施，可以大幅降低深圳市工业园区供电改造工程的安全风险，提高工程的整体安全性。这不仅对于本工程的成功实施具有重要意义，还为同类其他工程提供了有力的借鉴和经验积累。在风险规避、风险转移、风险缓解和风险利用四个方面的成功实践，将有助于电力行业在未来更好地应对各种挑战，确保工程的可持续发展和安全运行。

最后，有效的安全风险监控措施是确保安全风险管理得以顺利实施的关键保障。这包括持续监督工程进展、及时发现和修正潜在问题、确保风险管理策略的有效性。有效的监控还包括定期审查和更新风险管理计划，以确保其与工程的实际情况保持一致。通过这一过程，可以建立起一种全面的风险管理体系，为工程的成功实施提供坚实的支持。

第 12 章 结论与展望

12.1 研究结论

随着中国城市化进程的迅速推进，人口不断涌入城市，尤其是一线城市。这一趋势对电力系统提出了巨大的挑战和机遇。为了应对人们日益增长的用电需求，降低能源消耗和碳排放，许多城市电网已积极采取行动，展开电网改造和配电网建设工程。在这一城市电力变革中，可持续能源和智能化技术扮演着关键角色。中国的城市电网正在积极推动可再生能源的利用，如太阳能和风能，以减少对传统燃煤等高碳能源的依赖。这种举措不仅有助于减少碳排放，还为城市电网提供了更加灵活和可持续的电力供应。此外，智能化技术的应用也在城市电力系统中崭露头角。智能电表、远程监控系统和数据分析工具被广泛采用，以优化电力分配和供应。这不仅提高了电网的效率，还使城市能够更好地应对电力需求的波动，例如峰值用电时段。

本项目依托深圳市工业园区供电环境综合升级改造项目，融合了多学科方法，包括理论分析法和机器学习算法等，以应对施工区段内出现的各种棘手问题，这些问题在工程项目中常常充满挑战。我们致力于深入研究该项目的施工要点和难题，旨在为项目实施提供全面的指导和可行性评估。在这一背景下，我们特别强调了机器学习算法的应用，以进行复杂环境下电力改造施工的可靠度评估，这将在项目决策中扮演至关重要的角色。深圳市工业园区供电环境综合升级改造项目作为一个综合性工程，面临着多种复杂挑战，包括供电设施老化、负荷波动、环境变化等。为了更好地解决这些问题，我们采用了跨学科的方法，不仅依赖传统的理论分析，还引入了机器学习算法。这种多学科融合的方式使我们能够更全面地理解和评估项目面临的挑战，为决策提供了坚实的依据。

机器学习算法的应用是本项目的一大亮点。通过分析大量的数据，我们能够建立精确的模型，以评估电力改造施工的可靠性。这不仅有助于提前识别潜在问题，还能够优化施工计划，降低风险，提高工程的成功率。在项目的决策制定中，这些机器学习算法将为我们提供关键的决策支持，使项目能够更加高效、可行且成功地实施。

根据上述行文思路，本书进行了以低碳环保节能为基本原则的供电环境土建改造与风险评估研究，主要取得了以下研究成果：

(1)首先明确定义了项目评价的主要因素，这些因素对于工业园区供电环境的改善至关重要。其中包括供电设施更新程度，用于衡量项目中供电设施的更新和升级情况，以确保其与时俱进；供电可靠性提升，用于评估项目是否成功提高了供电系统的可靠性，减少了停电次数和缩短了停电时长。这些因素的明确定义为项目评价提供了明确的方向和有力的指导，使项目管理者和决策者能够更好地了解项目的状况和效果。

(2)建立了项目实施程度评价指标，这些指标将在项目执行过程中发挥关键作用。这些指标包括供电设施更新率、可靠性提升幅度等，它们将用于监测项目的实际进展并评估是否达到了预期目标。这将有助于及时发现潜在问题并提供改进建议，以确保项目能够顺利实施并达到预期效果。

(3)通过综合考虑实际的现场作业环境和工艺流程，对电缆敷设和电力电缆试验等多种作业类型的风险种类和风险等级进行了全面的识别。通过此方法，我们覆盖了各种可能的风险情景，包括但不限于人员安全、设备损坏等多个方面。这个全面的风险识别过程为制定有效的风险管理策略提供了重要的基础和指导，有助于确保电网改造工程的安全性和可靠性。

(4)基于支持向量机的项目风险评价研究表明，支持向量机在项目风险评价中具有很高的准确性和有效性，有助于项目管理者更好地识别和分类项目风险，进而采取风险管理措施。这为项目风险管理提供了一种强大的工具。基于支持向量数据描述的项目风险预警研究展示了支持向量机在项目风险预警方面的潜力。通过建立描述数据分布的超球体，能够有效地捕捉异常和风险点，提前警示项目管理者可能出现的问题，从而及时采取纠正措施。这对于避免潜在风险的不利影响具有重要价值。最后，基于支持向量回归的项目风险预测研究强调了支持向量机在预测项目风险方面的应用。支持向量机在建模复杂项目风险因素时表现出色，提供了准确的风险预测结果。这有利于项目规划和决策过程中更好地理解和预测潜在风险，有助于提高项目的成功率和效率。

12.2 不足与展望

研究基于低碳环保节能的供电环境土建改造与风险评估不仅在技术和经济层面上有着深远的影响，还具备广泛的社会意义。

首先，从技术和经济的角度看，这项研究有助于实现电网系统的优化和供电系统的稳定性提升。通过采用低碳环保和节能技术，供电设施可以更加高效地运作，减少资源浪费和能源消耗。这不仅降低了企业的运营成本，还有助于减少对有限能源资源的依赖，从而增加供电系统的可持续性。此外，对供电环境的土建改造将提高设施的耐久性和可靠性，减少维护成本，确保电力供应的连续性，降低了潜在的停电风险。这些措施将直接提高企业的经济效益，并增强其在市场竞争中的地位。

其次，从社会角度来看，这项研究也对社会稳定和可持续发展产生积极影响。低碳环保和节能措施有助于减少污染物排放，提高空气质量，保护生态环境，进一步提升了居民的生活质量。此外，供电系统的稳定性提高将减少突发停电事件对社会生活和工业生产的不利影响，有助于社会的和谐发展。而低碳环保技术的应用还能促进新的产业链和就业机会的形成，推动经济的绿色增长。

本书所述固然代表了我个人在研究中的尽力付出，然而，我也深知研究的广度和深度在学识、时间及精力等多重限制下仍然存在不足之处。首先，机器学习模型的训练是一个复杂且多层次的过程，尤其是在数据量有限或者噪声干扰较大的情况下，模型的稳定性和泛化能力仍然需要进一步提高。在今后的研究中，我将更深入地探索如何有效地优化和训练这些模型，以提高其性能和预测准确度。

其次，评价指标体系的应用也是一个关键问题。虽然我们已经建立了一套评价指标来衡量研究中的效果，但这只是一个起点。在未来的研究中，需要更加精细地制定和应用评价指标，以确保研究结果的客观性和可重复性。此外，还需要探索不同场景下评价指标的适用性和灵活性，以便更好地应对多样化的研究问题。

参考文献

[1] WILLS H L, LINDA A F, MICHAEL J, B. forecasting electric demand of distribution system planning in rural and sparsely populated regions [J]. IEEE Transactions on power systems, 1995, 10(4): 2008-2013.

[2] TAO X H, HANS H. A two-stage heuristic method for the planning of medium voltage distribution networks with large-scale distributed generation[J]. 9th international conference on probabilistic methods applied to power systems, 2006: 11-15.

[3] YU Y X, WANG C S, XIAO J. adecision making support system for urban distribution planning [J]. Models, methods and experiences, 2007: 451-458.

[4] SnjezanaBlagajac, et al. CADDIN=DATA+GIS+GA [J]. 2003: 58-62.

[5] SKOK M, KRAJCAR S, STRLEC D. dynamic planning of medium voltage open-loop distribution networks under uncertainty [J]. 2006: 254-261.

[6] BOEHM B W. software risk management: principles and practices[J]. IEEE software, 1991, 8(1): 32-41.

[7] DESTER W S, BLOCKLEY D I. safety—behaviour and culture in construction[J]. Engineering, Construction and Architectural Management, 1995, 2(1): 17-26

[8] LAITINEN H, RUOHOMÄKI I. the effects of feedback and goal setting on safety performance at two construction sites[J]. Safety science, 1996, 24(1): 61-73.

[9] JANNADI M O, ASSAF S. safety assessment in the built environment of Saudi Arabia[J]. Safety Science, 1998, 29(1): 15-24.

[10] GUENAB F, BOULANGER J L, SCHON W. safety of railway control systems: a new preliminary risk analysis approach [C] //2008 IEEE international conference on industrial engineering and engineering management. IEEE, 2008: 1309-1313.

[11] CARTER G, SMITH S D. safety hazard identification on construction projects[J]. Journal of construction engineering and management, 2006, 132(2): 197-205.

[12] PERLMAN A, SACKS R, BARAK R. hazard recognition and risk perception in construction[J]. Safety science, 2014, 64: 22-31.

[13] BENEKOS I, DIAMANTIDIS D. on risk assessment and risk acceptance of dangerous goods transportation through road tunnels in Greece[J]. Safety science, 2017, 91: 1-10.

[14] TEO E A L, LING F YY. developing a model to measure the effectiveness of safety management systems of construction sites[J]. Building and environment, 2006, 41(11): 1584-1592.

[15] TAYLAN O, BAFAIL A O, ABDULAAL R M S, et al. construction projects selection and risk assessment by fuzzy AHP and fuzzy TOPSIS methodologies[J]. Applied Soft Computing, 2014, 17: 105-116.

[16] LEU S S, CHANG C M. bayesian-network-based safety risk assessment forsteelconstruction projects [J]. Accident Analysis and Prevention, 2013, 54 (5): 122-133.

[17] MAHBOOB Q, STRAUB D. comparison of fault tree and bayesian networks for modeling safety critical components in railway systems[C]. European Safety and ReliabilityConference: Advances in Safety, Reliability and Risk Management, 2011: 89-95.

[18] 王福莹. 电网负荷预测方法及其实现[J]. 科技创新导报, 2010(27): 102.

[19] 刘远龙, 龚文杰. EM 算法优化 WDRNN 短期负荷预测模型[J]. 电力系统及其自动化学报, 2010, 22(5): 51-55.

[20] 袁季修. 电力系统安全稳定控制[M]. 北京: 中国电力出版社, 1996.

[21] 彭新良. 巴彦淖尔农垦地区配电网改造项目的研究[D]. 保定: 华北电力大学, 2008.

[22] 王宇. 南票区农村电网改造设计与效益分析[D]. 保定: 华北电力大学, 2013.

[23] 靳福东. 通州区农村电网建设与改造项目的后评价研究[D]. 衡阳: 南华大学, 2010.

[24] 褚占军. 项目后评价在阜新县农村电网改造项目中的研究与应用[D]. 西安: 西安理工大学, 2011.

[25] 赵蕊, 樊梅荣, 丁楠, 等. 石油企业安全管理与风险识别分析[J]. 安全, 2018, 39(11): 37-38.

[26] 欧阳波. 提升安全风险管理有效性的对策[J]. 低碳世界, 2018(11): 146-147.

[27] 方东平, 李铭恩, 陈洁, 等. 项目承包风险评价[J]. 建筑经济, 2002(8): 10-13.

[28] 苏旭明, 王艳辉, 祝凌曦. 改进的故障模式及影响分析在城市轨道交通运营安全评价中的应用[J]. 城市轨道交通研究, 2011, 14(5): 65-69.

[29] 宋海侠. 我国石油开发项目风险管理研究[D]. 大庆: 东北石油大学, 2017.

[30] 金德民. 工程项目全寿命期风险管理系统理论及集成研究[D]. 天津: 天津大学, 2004.

[31] 麦晓庆. 安全管理视角下营销风险的预防与管控: 以宁夏电力公司中卫供电局为例[J]. 科技信息, 2012(29): 494-495.

[32] 王莉. 建筑企业安全管理的成本效益分析[J]. 企业经济, 2012, 31(7): 82-85.

[33] 周国华, 张羽, 李延来, 等. 基于前景理论的施工安全管理行为演化博弈[J]. 系统管理学报, 2012, 21(4): 501-509.

[34] 周姝. 电力生产班组安全管理能力成熟度模型研究[J]. 中国安全生产科学技术, 2012, 8(04): 161-165.

[35] 张军. 建筑施工危险源安全评价及管理的方法研究[D]. 大连: 大连理工大学, 2007.

[36] 张登伦. 机电安装工程项目施工安全风险管理研究[D]. 北京: 中国矿业大学, 2013.

[37] 李俊松. 基于影响分区的大型基坑近接建筑物施工安全风险管理研究[D]. 成都: 西南交通大学, 2012.

[38] 刁枫. 基于石油化工项目 ABS 装置的施工安全风险管理研究[J]. 石油化工建设, 2017, 39(5): 47-49.

[39] 赵巍飞, 万俊强. 基于集对分析的航空公司安全风险评估研究[J]. 安全与环境学报, 2018, 18(5): 1711-1715.

[40] 黄峻航, 李冠霖. 县级电网改造效益评估及未来发展建议[J]. 机电信息, 2020(30): 136-137.

[41] 顾亚楠, 滕婕. 城乡电网改造工程项目进度管理分析[J]. 智能计算机与应用, 2018, 8(6): 206-210.

[42] 陈锦锋. 浅谈电网改造中配电工程施工的管理[J]. 科技资讯, 2015, 13(32): 37-39.

[43] 李超, 孙莹. 基于系统理论的事故致因模型研究与应用[A]. 中国城市燃气协会安全管理工作委员会. 2021 第五届燃气安全交流研讨会论文集(上册)[C]. 中国城市燃气协会安全管理工作委员会: 中国城市燃气协会, 2023: 236-249.

[44] 丁剑桥. 现代事故因果连锁模型的改进研究与应用[J]. 建筑安全, 2013, 28(8): 48-51.

[45] 李汉卿. 协同治理理论探析[J]. 理论月刊, 2014(1): 138-142.
[46] 郝意闻, 胡文韬. 电网基建安全风险管理分析[A]. 吉林省电机工程学会. 吉林省电机工程学会2022年学术年会获奖论文集[C].
[47] 左志远. 浅谈电网基建安全风险管理[J]. 科技创新导报, 2016, 13(33): 104-105.
[48] 王东, 王佳琪, 陈红, 等. 基于贝叶斯网络的我国电网安全风险关联分析[J]. 安全与环境学报, 2021, 21(5): 1947-1956.
[49] 向鹏成, 陆坦. 工程项目风险生成机理探讨[J]. 建筑经济, 2011, (9): 43-45.
[50] 殷峰, 石小帅, 张天坤, 等. 电网技改大修项目全过程风险管理策略研究[J]. 中国管理信息化, 2021, 24(10): 127-128.
[51] 刘岚川. 安全生产风险管理体系在电网建设企业的建设与应用[J]. 电力设备管理, 2021, (1): 115-117.
[52] 杨志勇. 电网企业财务风险内部控制体系构建与实施[A]. 中国电力设备管理协会. 中国电力设备管理协会第二届第一次会员代表大会论文集[C]. 2022.
[53] 张俊. 用故障树分析法分析井控系统中的人为失误[J]. 内蒙古石油化工, 2007, (10): 18-19.
[54] 薛雨桐. 我国高铁项目社会稳定风险生成机理及控制研究[D]. 重庆: 重庆大学, 2021.
[55] 吕涵. 中新生态城配电网改造工程风险管理研究[D]. 天津: 天津大学, 2019.
[56] 振荣. 工程管理相关理论综述[J]. 四川水泥, 2018(1): 209.
[57] 陈勇强, 顾伟. 工程项目风险管理研究综述[J]. 科技进步与对策, 2012, 29(18): 157-160.
[58] 钟玲. 电网建设工程项目风险管理及应用研究[J]. 技术与市场, 2019, 26(12): 215-216.
[59] 肖润民. 电网建设工程项目风险管理方法略谈[J]. 科学技术创新, 2017(30): 188-189.
[60] 纪坤. 电网建设工程项目风险管理及应用研究[D]. 北京: 华北电力大学, 2017.
[61] 裴旭柯. 浅谈电网工程项目施工招标与风险管理[J]. 中国新技术新产品, 2016(7): 159-160.
[62] 杨红. 电网建设工程项目风险管理研究[J]. 中国市场, 2015(37): 98, 100.
[63] 张顺成, 李海梅. 浅谈电网工程项目施工招标与风险管理[J]. 青海电力, 2009, 28(S1): 78-81.
[64] 钟波. 电网工程项目风险管理的探讨[J]. 陕西电力, 2009, 37(5): 82-85.
[65] 陈旭. 电网工程项目风险管理体系建设研究[D]. 广州: 华南理工大学, 2016.
[66] Engineering - Construction Engineering. studies from kielce university of technology yield new data on construction engineering (comprehensive risk management in horizontal directional drilling projects) [J]. Journal of Engineering, 2020, 146(5): 04020034.
[67] Alberto O, Chiara P, Giuseppe Z, et al. HPLC and NMR quantification of bioactive compounds in flowers and leaves of Brassica rapa: the influence of aging[J]. Taylor & Francis, 2020, 34(9): 1288-1291.
[68] MALIK M F, ZAMAN M, BUCKBY S. enterprise risk management and firm performance: role of the risk committee[J]. Journal of Contemporary Accounting & Economics, 2020, 16(1): 100-178.
[69] 郝敏. X变电站智能化改造工程风险管理研究[D]. 青岛: 青岛大学, 2021.
[70] 李春鹏. 高密市110 kV姚哥庄农网改造工程风险评价研究[D]. 保定: 华北电力大学, 2012.
[71] 任中杰, 李思成, 王晖晖. 基于机器学习的高层建筑火灾风险评估[J]. 消防科学与技术, 2018, 37(11): 1471-1474.
[72] 唐碧秋, 韩佳, 郭国峰, 等. 基于粒子群算法改进最小二乘支持向量机的工程投资风险评价模型[J]. 土木工程与管理学报, 2019, 36(2): 98-103.
[73] 刘宣. 光伏发电投资风险综合评价研究[D]. 保定: 华北电力大学, 2015.
[74] 唐琳. 基于机器学习的土壤-水稻系统重金属污染分析与风险评估研究[D]. 长沙: 湖南农业大学, 2020.
[75] 苏婕. 风力发电投资风险评价方法研究[D]. 保定: 华北电力大学, 2013.

[76] 赵永霞. 电力上市公司财务风险评价及预警研究[D]. 保定：华北电力大学，2014.
[77] 张浩驰. 基于 RS 和机器学习的陕南地区地质灾害风险性评价研究[D]. 西安：长安大学，2022.
[78] 姜振翔，徐镇凯，彭圣军，等. 基于贝叶斯支持向量机的溃坝生命损失风险评价方法[J]. 水力发电，2014，40(4)：31-34.
[79] 李静，谢珍珍，陈小波. 基于 SVM 的海上风电项目运行期风险评价[J]. 工程管理学报，2013，27(4)：51-55.
[80] 高亚蒙. 基于优化支持向量机的风电项目投资风险评价[D]. 保定：华北电力大学，2018.
[81] 张清. 基于随机森林的煤矿瓦斯爆炸灾害风险评价[D]. 武汉：武汉理工大学，2020.
[82] 王状. 基于粒子群-支持向量机的 EPC 工程项目采购风险评价[D]. 成都：西华大学，2022.
[83] 赵京海. 基于小波支持向量机的多式联运风险分析[D]. 大连：大连海事大学，2015.
[84] 陈世旺. 支持向量机在役电站锅炉风险评价中的应用[J]. 化学工程与装备，2017(12)：5.
[85] 伍浏阳. 因子分析和支持向量机的信息系统风险评价[J]. 微电子学与计算机，2016，33(2)：144-148.
[86] 刘昕，刘澜静，刘扬. 基于支持向量机的城市轨道交通 PPP 项目风险评价指标体系研究[J]. 项目管理技术，2019，17(4)：48-53.
[87] 王晓慧，李云飞. 基于支持向量机的个人信用风险评价研究[J]. 西华师范大学学报(自然科学版)，2017，38(2)：195-198.
[88] 曾梓铭. 基于支持向量机的农业供应链金融信用风险评价[J]. 吉林金融研究，2020(12)：46-49.
[89] 韩娜. 集成支持向量机方法及在信用风险中的应用研究[D]. 郑州：郑州大学，2013.
[90] 周梅，赵素娟，朱姣兰. 基于支持向量机的输变电工程造价风险评价[J]. 武汉理工大学学报(信息与管理工程版)，2016，38(2)：187-191.
[91] 钱进. 新农村建设中农村电网改造问题研究[J]. 科技资讯，2021，19(23)：31-33.
[92] 王建斌. 我国刘军峰农村电网变电站项目综合效益分析评价[D]. 保定：华北电力大学，2009.
[93] 杨嘉. 农村变电站设备运行维护及故障诊断研究[J]. 乡村科技，2017(6)：89-90.
[94] DAVID M J T, ROBERT P W D. Support Vector Data Description[J]. Machinelearning，2024，54(1)，45-66.
[95] 凌萍，荣祥胜，高大金. 一种基于收缩超平面的支持向量分类算法[J]. 小型微型计算机系统，2014，35(12)：2717-2726.
[96] 张仙伟，邢佳瑶. 双最小二乘支持向量数据描述[J]. 西安科技大学学报，2021，41(3)：559-565.
[97] 李翔宇，李瑞兴，曾燕清. 基于改进核函数的支持向量机时间序列数据分类[J]. 信阳农林学院学报，2021，31(1)：121-126.
[98] 林蔚彭. 基于 Leave-one-out 方法的保险公司系统性风险研究[D]. 上海：上海财经大学，2022.
[99] 孙佳琪. 双超球支持向量数据描述与非平行超平面顺序回归机[D]. 乌鲁木齐：新疆大学，2019.
[100] 李翔宇，李瑞兴，曾燕清. 基于改进核函数的支持向量机时间序列数据分类[J]. 信阳农林学院学报，2021，31(1)：121-126.
[101] 刘军峰. 加大支持力度持续推进农村电网改造升级[N]. 国家电网报，2022-03-10(4).
[102] 杨迪，张璐，杨力人，等. 基于 CNN 与 LSTM 的农村电力负荷预测研究[J]. 电器工业，2022(9)：26-29，38.
[103] 张新月，沙凯辉，宋淑霞，等. 基于 Logistic 回归模型与决策树模型分析缺血性脑卒中后抑郁影响因素[J]. 护理研究，2023，37(18)：3293-3300.
[104] 张浩，仇晨光，闫朝阳，等. 基于人工神经网络的电网运行维护优化决策策略[J]. 高电压技术，2023，49(S1)：122-127.